艺境

中文版

After Effects
影视后期特效设计与制作
全视频实战228例　　孙芳◎编著

清华大学出版社
北京

内 容 简 介

本书是一本全方位、多角度讲解After Effects视频编辑剪辑的案例式教材，注重案例实用性和精美度。全书共设置228个精美实用案例，按照技术和行业应用统一进行划分，清晰有序，可以方便零基础的读者由浅入深地学习本书，从而循序渐进地提升After Effects的视频处理能力。

本书共分为14章，针对After Effects常用操作、图层、关键帧动画、文字效果、滤镜特效、蒙版、调色特效、跟踪与稳定、视频输出、粒子和光效、高级动画等技术进行了超细致的案例讲解和理论解析。本书第1章主要讲解软件入门操作，是最简单、最需要完全掌握的基础章节。第2～8章是按照技术划分每个门类的高级案例操作，影视处理的常用技术技巧在这些章节中有详细介绍。第9～11章是综合应用和作品输出，是从制作作品到渲染输出的流程介绍。第12～14章是综合项目实例，是专门为读者设置的高级大型综合实例提升章节。

本书资源内容包括案例文件、素材文件、视频教学，通过扫描二维码可以直接下载视频进行学习，非常方便。

本书不仅可以作为大中专院校和培训机构数字艺术设计、影视设计、广告设计、动画设计、微电影设计及其相关专业的学习教材，还可以作为视频爱好者的参考书使用。

图书在版编目(CIP)数据

中文版After Effects影视后期特效设计与制作全视频实战228例 / 孙芳编著. — 北京：清华大学出版社，2019（2024.6重印）
（艺境）

ISBN 978-7-302-51205-9

Ⅰ. ①中… Ⅱ. ①孙… Ⅲ. ①图像处理软件 Ⅳ. ①TP391.413

中国版本图书馆 CIP 数据核字（2018）第 211764 号

责任编辑： 韩宜波
封面设计： 杨玉兰
责任校对： 吴春华
责任印制： 沈　露

出版发行： 清华大学出版社
　　　　　　网　　　址：https://www.tup.com.cn，https://www.wqxuetang.com
　　　　　　地　　　址：北京清华大学学研大厦 A 座　　　　邮　　编：100084
　　　　　　社 总 机：010-83470000　　　　　　　　　邮　　购：010-62786544
　　　　　　投稿与读者服务：010-62776969，c-service@tup.tsinghua.edu.cn
　　　　　　质 量 反 馈：010-62772015，zhiliang@tup.tsinghua.edu.cn
印 装 者： 涿州汇美亿浓印刷有限公司
经　　销： 全国新华书店
开　　本： 210mm×260mm　　　　**印　张：** 20.25　　　　**字　数：** 648 千字
版　　次： 2019 年 1 月第 1 版　　　**印　次：** 2024 年 6 月第 7 次印刷
定　　价： 89.80 元

产品编号：072502-01

After Effects是Adobe公司推出的视频特效软件，广泛应用于影视设计、电视包装设计、广告设计、动画设计等。基于After Effects在视频行业的应用度很高，我们编写本书，选择了视频制作中最为实用的228个案例，基本涵盖了视频特效的基础操作和常用技术。

与同类书籍介绍大量软件操作的编写方式相比，本书最大的特点是更加注重以案例为核心，按照技术+行业相结合划分，既讲解了基础入门操作和常用技术，又讲解了大型综合行业案例的制作。

本书共分为14章，具体安排如下。

第1章为After Effects常用操作，介绍初识After Effects中新建项目、序列，各种类型素材的导入等基本操作。

第2章为图层，包括各种图层的创作与设计。

第3章为关键帧动画，讲解了关键帧动画制作常用动画效果。

第4章为文字效果，讲解了文字的创建、编辑及文字动画等效果的制作。

第5章为滤镜特效，以40个案例讲解了常用滤镜效果的应用方法。

第6章为蒙版，以10个案例讲解了蒙版工具的创建、编辑。

第7章为调色特效，讲解了各种画面颜色的调整方法。

第8章为跟踪与稳定，讲解了视频跟踪和稳定处理。

第9章为视频输出，讲解了输出不同格式的文件的方法。

第10章为粒子和光效，讲解了粒子和光效特效的制作方法。

第11章为高级动画，讲解了常用高级动画的制作方法。

第12～14章为综合项目案例，其中包括影视栏目包装设计、经典特效设计和广告设计的多个大型综合项目实例的完整创作流程。

本书特色如下。

内容丰富。除了安排228个精美案例外，还设置了一些"提示"模块，辅助学习。

章节合理。第1章主要讲解软件入门操作——超简单；第2～8章按照技术划分每个门类的高级案例操作——超实用；第9～11章是综合应用和作品输出——超详细；第12～14章是综合项目实例——超震撼。

实用性强。精选了228个实用的案例，实用性非常强大，可应对多种行业的设计工作。

流程方便。本书案例设置了操作思路、操作步骤等模块，使读者在学习案例之前就可以非常清晰地了解如何进行学习。

本书采用After Effects CC 2017版本进行编写，请各位读者使用该版本或更高版本进行练习。如果使用过低的版本，可能会造成源文件无法打开等问题。

本书由孙芳编著，其他参与编写的人员还有齐琦、荆爽、林钰森、王萍、董辅川、杨宗香、孙晓军、李芳等。

由于时间仓促，加之水平有限，书中难免存在错误和不妥之处，敬请广大读者批评和指出。

本书提供了案例的素材文件、源文件以及最终文件，扫一扫下面的二维码，推送到自己的邮箱后下载获取。

第1～8章

第9～14章

编　者

After Effects 目录

第4章 文字效果

第5章 滤镜特效

中文版After Effects影视后期特效设计与制作全视频 实战228例 After Effects

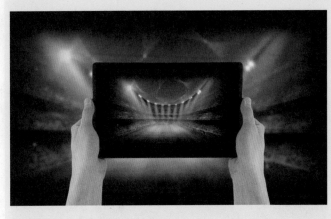

第6章　蒙版

第一站：海岛

第7章　调色特效

艺境　中文版After Effects影视后期特效设计与制作全视频　实战228例

第8章　跟踪与稳定

第9章　视频输出

第10章　粒子和光效

第12章　影视栏目包装设计

第11章　高级动画

第13章　经典特效设计

第14章 广告设计

第**1**章

After Effects常用操作

本章概述

在学习After Effects的各个功能之前，需要对After Effects的常用操作进行了解，包括打开文件、保存文件、导入各种格式素材、编辑文件等，这些是本书最基础的内容。

本章重点

◆ 认识After Effects
◆ 掌握After Effects的基本操作方法
◆ 了解After Effects常用功能

/ 佳 / 作 / 欣 / 赏 /

实例001　打开文件

文件路径	第1章 \ 打开文件
难易指数	★★★★★
技术要点	打开文件

扫码深度学习

操作思路

本例主要掌握打开After Effects文件的不同方式。

操作步骤

01 选择本书配备的"001.aep"素材文件，并双击鼠标左键打开，如图1-1所示。

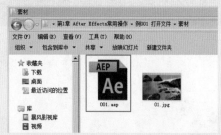

图1-1

02 此时打开"001.aep"素材文件，如图1-2所示。

图1-2

实例002　保存文件

文件路径	第1章 \ 保存文件
难易指数	★★★★★
技术要点	保存文件

扫码深度学习

操作思路

本例主要掌握在菜单栏中保存和另存为文件的方法。

操作步骤

01 打开本书配备的"002.aep"素材文件，如图1-3所示。

图1-3

02 选择菜单栏中的【文件】|【另存为】|【另存为】命令，如图1-4所示。

图1-4

03 然后在弹出的【另存为】对话框中设置路径和名称，最后单击【保存】按钮，如图1-5所示。

图1-5

实例003 编辑素材

文件路径	第 1 章 \ 编辑素材
难易指数	★★★★★
技术要点	编辑素材

🔍扫码深度学习

💡操作思路

本例主要掌握如何在After Effects中编辑素材的基础属性和添加特效效果。

🎤操作步骤

01 打开本书配备的"003.aep"素材文件，如图1-6所示。

图1-6

02 选 择 素 材 "01.jpg"，设 置【缩放】为67.0,67.0%，如图1-7所示。

图1-7

03 为素材"01.jpg"添加【亮度和对比度】效果，设置【亮度】为20、【对比度】为20，如图1-8所示。

图1-8

04 此时的画面效果如图1-9所示。

图1-9

实例004 导入图片素材

文件路径	第 1 章 \ 导入图片素材
难易指数	★★★★★
技术要点	导入图片素材

🔍扫码深度学习

💡操作思路

本例主要掌握在After Effects中导入图片素材的方法。

🎤操作步骤

01 选择图片素材，然后直接将其拖曳到项目对话框中，如图1-10所示。

图1-10

02 此时项目对话框中出现导入的图片素材文件，如图1-11所示。

图1-11

实例005 导入视频素材

文件路径	第1章 \ 导入视频素材
难易指数	★★★★★
技术要点	导入视频素材

Q 扫码深度学习

操作思路

本例主要掌握在After Effects中导入视频素材的方法。

操作步骤

01 选择视频素材，然后直接将其拖曳到项目对话框中，如图1-12所示。

图1-12

02 此时项目对话框中出现导入的视频素材文件，如图1-13所示。

图1-13

实例006 导入PSD分层素材

文件路径	第1章 \ 导入 PSD 分层素材
难易指数	★★★★★
技术要点	导入 PSD 文件

Q 扫码深度学习

操作思路

本例主要掌握在After Effects中导入PSD分层素材的方法。

操作步骤

01 选择PSD素材，然后直接将其拖曳到项目对话框中，如图1-14所示。

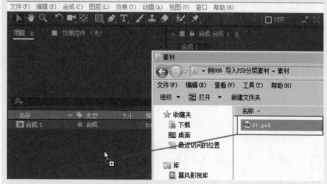

图1-14

02 在弹出的对话框中设置【导入种类】为【合成】，设置【图层选项】为【合并图层样式到素材】，如图1-15所示。

03 此时可以在项目对话框中展开文件夹，其中包括了很多PSD中的图层，如图1-16所示。

图1-15　　图1-16

实例007 导入序列素材

文件路径	第1章 \ 导入序列素材
难易指数	★★★★★
技术要点	导入序列素材

Q 扫码深度学习

操作思路

本例主要掌握在After Effects中导入序列素材的方法。

操作步骤

01 新建项目和合成，并在项目对话框双击鼠标左键，如图1-17所示。

图1-17

02 在弹出的对话框中，选择第一个文件"输出_0000.tga"，并勾选【Targa序列】，最后单击【导入】按钮，如图1-18所示。

·图1-18

03 此时可以在项目对话框中看到序列已经成功导入，如图1-19所示。

图1-19

实例008 导入音频

文件路径	第1章\导入音频
难易指数	★★★★★
技术要点	导入音频

扫码深度学习

操作思路

本例主要掌握在After Effects中导入音频的方法。

操作步骤

01 选择"01.mp3"音频素材文件，然后直接将其拖曳到项目对话框中，如图1-20所示。

图1-20

02 此时项目对话框中出现导入的音频素材文件，如图1-21所示。

图1-21

实例009 改变工作界面中区域的大小

文件路径	第1章\改变工作界面中区域的大小
难易指数	★★★★★
技术要点	改变界面区域大小

扫码深度学习

操作思路

鼠标的指针在各个工作界面区域间会变成箭头形状，方便改变界面区域大小。本例主要掌握利用鼠标在After Effects中改变工作界面区域大小的方法。

操作步骤

01 打开本书配备的"009.aep"素材文件，如图1-22所示。

02 将鼠标移至项目对话框和合成对话框之间时，鼠标变成左右箭头。然后按住鼠标左键左右拖动，即可横向改变项目对话框和合成预览对话框的宽度，如图1-23所示。

图1-22

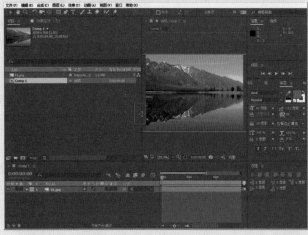

图1-23

03 将鼠标移至项目对话框、合成对话框和时间线对话框三者之间时，其鼠标指针发生变化，此时按住鼠标左键上下左右拖动，可以改变项目对话框、合成预览对话框和时间线对话框的大小，如图1-24所示。

图1-24

艺境 中文版After Effects影视后期特效设计与制作全视频 实战228例

实例010　剪切、复制、粘贴文件

文件路径	第1章\剪切、复制、粘贴文件
难易指数	★★★★★
技术要点	剪切、复制、粘贴

扫码深度学习

操作思路

剪切、复制、粘贴素材文件是经常应用的编辑方法。本例主要掌握在After Effects中剪切、复制、粘贴文件的方法。

操作步骤

01 打开本书配备的"010.aep"素材文件，如图1-25所示。

图1-25

02 选择时间线对话框中的"02.jpg"素材文件，然后选择菜单栏中的【编辑】|【剪切】命令，或按快捷键Ctrl+X，如图1-26所示。

03 选择时间线对话框，然后选择菜单栏中的【编辑】|【粘贴】命令，或按快捷键Ctrl+V，如图1-27所示。

图1-26　　　　　　　　　图1-27

04 选择时间线中的"01.jpg"素材文件，然后选择菜单栏中的【编辑】|【复制】命令，或按快捷键Ctrl+C，

如图1-28所示。

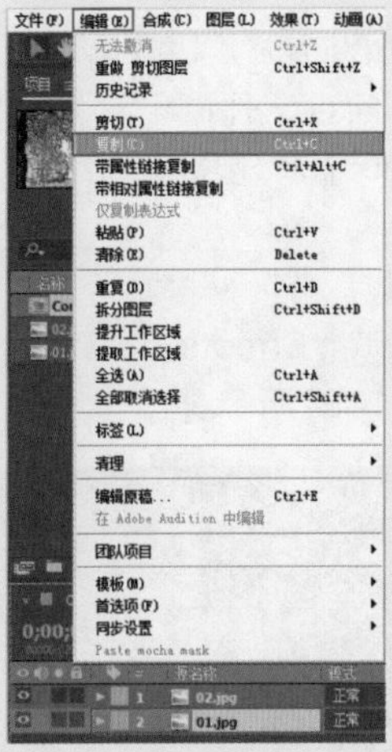

图1-28

05 然后按快捷键Ctrl+V执行粘贴，如图1-29所示。

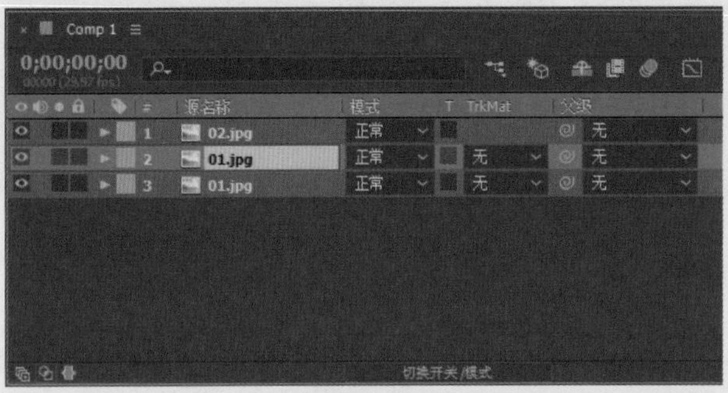

图1-29

图1-30

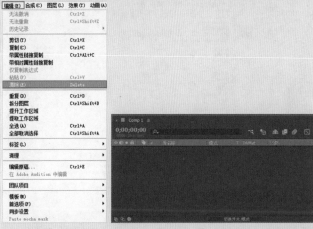

图1-31   图1-32

实例011 删除素材

文件路径	第1章\删除素材
难易指数	★★★★★
技术要点	清除

扫码深度学习

操作思路

在制作时会有不需要的素材，这就需要对该素材进行删除。本例主要掌握在After Effects中使用菜单栏命令和快捷键删除素材的方法。

操作步骤

01 打开本书配备的"011.aep"素材文件，如图1-30所示。

02 选择时间线中的"01.jpg"素材文件，然后选择菜单栏中的【编辑】|【清除】命令，或按Delete键，如图1-31所示。

03 此时可以看到时间线中选择的素材已经删除，如图1-32所示。

实例012 收集文件

文件路径	第1章\收集文件
难易指数	★★★★★
技术要点	收集文件

扫码深度学习

操作思路

由于导入的素材文件并没有使用，项目的素材文件被删除或移动，会导致项目出现错误，文件打包功能可以将项目包含的素材、文件夹、项目文件等统一放到一个文件夹中，确保项目及其所有素材的完整性。本例主要掌握在After Effects中文件打包的方法。

操作步骤

01 打开本书配备的"012.aep"素材文件，如图1-33所示。

02 选择菜单栏中的【文件】|【整理工程（文件）】|【收集文件】命令，如图1-34所示。

图1-33

图1-34

03 在弹出的对话框中单击【收集】按钮，如图1-35所示。

04 打包后在储存路径下出现打包文件夹，如图1-36所示。

图1-35

图1-36

实例013	新建项目
文件路径	第1章\新建项目
难易指数	★☆☆☆☆
技术要点	新建项目

🔍扫码深度学习

操作思路

在操作After Effects时，需要新建项目与合成，在制作过程中所保存的为项目文件，也称为工程文件。本例主要掌握在After Effects中新建项目的方法。

操作步骤

01 打开Adobe After Effects CC 2017软件，出现一个空白界面，如图1-37所示。

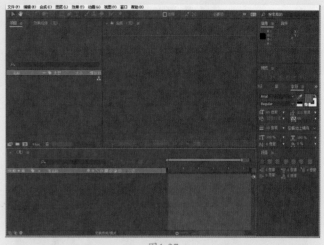

图1-37

02 选择菜单栏中的【文件】|【新建】|【新建项目】命令即可，如图1-38所示。

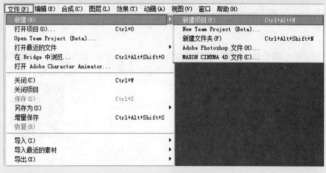

图1-38

实例014	新建合成
文件路径	第1章\新建合成
难易指数	★★★★★
技术要点	新建合成

🔍扫码深度学习

操作思路

本例主要掌握在After Effects中利用菜单命令和快捷键新建合成的方法。

操作步骤

01 在项目窗口中右击鼠标,在弹出的快捷菜单中选择【新建合成】命令,如图1-39所示。

02 在弹出的【合成设置】对话框中对合成进行设置,如图1-40所示。

图1-39　　　　　　　　　　图1-40

实例015　选择不同的工作界面

文件路径	第1章\选择不同的工作界面
难易指数	★★★★★
技术要点	设置【工作区】

扫码深度学习

操作思路

在使用After Effects时,可以根据不同的需要,选择相应的工作空间方案的界面。

操作步骤

01 打开本书配备的"015.aep"素材文件,在界面中单击【工作区域】右侧的 >> 按钮,并选择方式为【标准】,如图1-41所示。

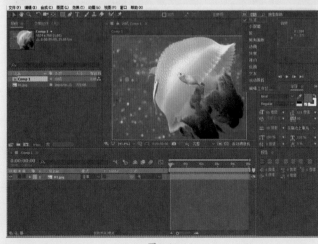

图1-41

02 单击【工作区域】右侧的 >> 按钮,并选择方式为【动画】的界面效果,如图1-42所示。

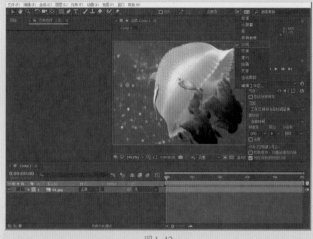

图1-42

03 单击【工作区域】右侧的 >> 按钮,并选择方式为【效果】的界面效果,如图1-43所示。

图1-43

04 单击【工作区域】右侧的 >> 按钮,并选择方式为【文本】的界面效果,如图1-44所示。

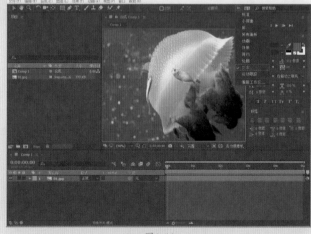

图1-44

实例016 复位工作界面

文件路径	第1章\复位工作界面
难易指数	⭐⭐⭐⭐⭐
技术要点	将"标准"重置为已保存的布局

🔍扫码深度学习

操作思路

After Effects提供了强大而灵活的界面方案，用户可以随意组合工作界面。

操作步骤

01 打开After Effects CC 2017软件，在进行操作时，例如将界面的区域进行调整时，如图1-45所示。

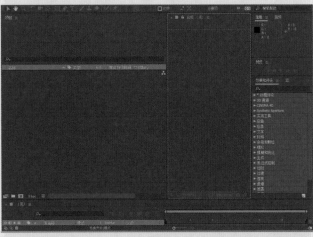

图1-45

02 选择菜单栏中的【窗口】|【工作区】|【将"标准"重置为已保存的布局】命令，工作界面即恢复到初始状态，如图1-46所示。

图1-46

03 此时的当前界面被复位到了标准的布局，如图1-47所示。

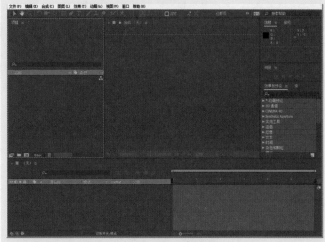

图1-47

实例017 更改界面颜色

文件路径	第1章\更改界面颜色
难易指数	⭐⭐⭐⭐⭐
技术要点	更改界面颜色

🔍扫码深度学习

操作思路

在使用After Effects时，可根据需要更改界面的颜色。

操作步骤

01 选择菜单栏中的【编辑】|【首选项】命令，然后单击【外观】，此时界面是深灰色，如图1-48所示。

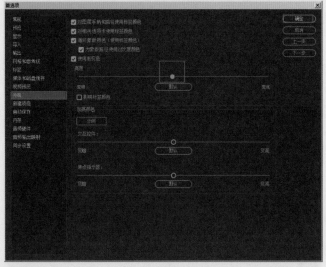

图1-48

02 选择菜单栏中的【编辑】|【首选项】命令，然后单击【外观】，并拖动设置【亮度】为最右侧。如图1-49所示，此时界面变为了更浅的灰色。

艺境 中文版After Effects影视后期特效设计与制作全视频 实战228例

After Effects

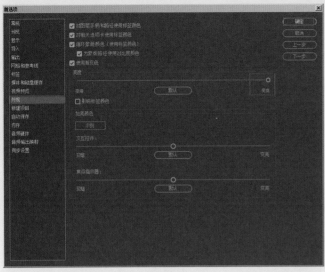

图1-49

实例018　为素材添加效果

文件路径	第1章＼为素材添加效果
难易指数	★★★★★
技术要点	为素材添加效果

Q扫码深度学习

操作思路

本例主要掌握为素材添加效果，并修改参数制作特效的方法。

操作步骤

01 打开本书配备的"018.aep"素材文件，如图1-50所示。

图1-50

02 为素材"01.jpg"添加【卡片擦除】效果，设置【翻转轴】为X、【翻转方向】为正向、【翻转顺序】为从左到右，如图1-51所示。

图1-51

03 此时的画面效果如图1-52所示。

图1-52

实例019　添加文字

文件路径	第1章＼添加文字
难易指数	★★★★★
技术要点	横排文字工具

Q扫码深度学习

操作思路

本例主要掌握使用【横排文字工具】创建文字，并设置描边文字的方法。

操作步骤

01 打开本书配备的"019.aep"素材文件，如图1-53所示。

图1-53

02 单击 T（横排文字工具），在画面中单击鼠标创建一组文字，如图1-54所示。

图1-54

03 设置【字符】面板中的【字体大小】为65像素，【描边宽度】为10像素，激活 T（仿粗体）和 TT（全部大写字母）按钮，如图1-55所示。

04 最终效果如图1-56所示。

图1-55

图1-56

实例020 整理素材

文件路径	第1章\整理素材
难易指数	★★★★★
技术要点	删除未用过的素材

（扫码深度学习）

操作思路

本例主要掌握在After Effects中进行素材整理，自动清除未使用过的、重复的素材。

操作步骤

01 打开本书配备的"020.aep"素材文件，如图1-57所示。

02 选择菜单栏中的【文件】|【整理工程（文件）】|【删除未用过的素材】命令，如图1-58所示。

03 在弹出的After Effects提示框中单击【确定】按钮，如图1-59所示。

04 整理完成之后，发现项目面板中未使用过的素材"03.jpg"已经被删除，重复的素材"01.jpg"和

"02.jpg"只各自保留了一份，如图1-60所示。

图1-57

图1-58

图1-59

图1-60

艺圃 中文版After Effects影视后期特效设计与制作全视频 实战228例

第 **2** 章

图层

 本章概述
　　图层是构成合成图像的基本组件。在合成图像窗口添加的素材都将作为层使用。在 **After Effects** 中，合成影片的各种素材可以从项目窗口直接拖曳到时间线窗口中（自动显示在合成图像窗口中），也可以直接拖动到合成图像窗口中。在时间线窗口中可以看到素材之间层与层的关系。

 本章重点
◆ 了解图层类型
◆ 掌握图层的多种创建方法
◆ 掌握图层功能及属性的应用

/ 佳 / 作 / 欣 / 赏 /

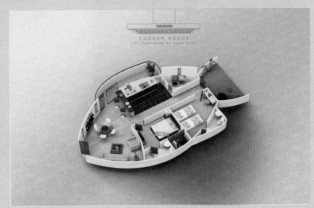

实例021 选择单个或多个图层

文件路径	第2章\选择单个或多个图层
难易指数	★★★★★
技术要点	选择单个或多个图层

扫码深度学习

操作思路

在制作项目的过程中，要针对某些图层进行编辑，需要选择该层进行编辑。本例主要掌握选择图层的方法。

案例效果

案例效果如图2-1所示。

图2-1

操作步骤

01 打开本书配备的"021.aep"素材文件，如图2-2所示。

图2-2

02 在时间线中用鼠标单击目标层可以选择该层，如图2-3所示。

图2-3

03 按住键盘上的Ctrl键，可以选择多个图层，也可以按住鼠标左键拖动进行框选，如图2-4所示。

图2-4

提示

通过菜单栏命令可以对图层进行全选

在菜单栏中选择【编辑】|【全选】命令（快捷键为Ctrl+A），即可选择【时间线】窗口中的所有层，如图2-5所示。选择【编辑】|【全部取消选择】命令（快捷键为Ctrl+Shift+A）可以将选中的层全部取消，如图2-6所示。

图2-5　　　　　图2-6

实例022　快速拆分图层

文件路径	第2章 \ 快速拆分图层
难易指数	★★★★★
技术要点	拆分图层

扫码深度学习

操作思路

在After Effects中可以将图层首尾之间的任何时间点分开。本例主要掌握拆分图层的方法。

案例效果

案例效果如图2-7所示。

图2-7

操作步骤

01 打开本书配备的"022.aep"素材文件，如图2-8所示。

图2-8

02 将时间线拖曳到第16秒的位置，然后选择时间线中的全部图层。选择菜单栏中的【编辑】|【拆分图层】命令，也可以使用组合键Ctrl+Shift+D，如图2-9所示。

图2-9

03 此时时间线中的图层已经被分割，如图2-10所示。

图2-10

提示　新建图层的多种方法

选择菜单栏中的【图层】|【新建】命令，也可以创建新图层，且功能、属性与案例中所用方法相同。在进行操作时，可根据个人习惯来选择合适的操作方式，如图2-11所示。

图2-11

实例023　更改图层排序

文件路径	第2章\更改图层排序
难易指数	★★★★★
技术要点	更改图层排序

Q 扫码深度学习

操作思路

在After Effects中可以对图层的排序进行调节。本例主要掌握移动图层的方法。

案例效果

案例效果如图2-12所示。

图2-12

操作步骤

01 打开本书配备的"023.aep"素材文件，如图2-13所示。

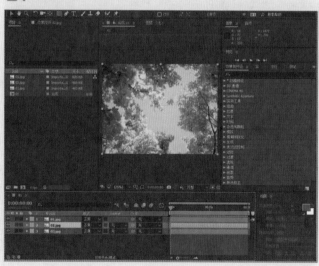

图2-13

02 在时间线窗口中选择"02.jpg"图层，然后按住鼠标左键进行向上或向下拖动来调节层的顺序。也可以使用快捷键，【Ctrl+]】为图层向上，【Ctrl+[】为图层向下，如图2-14所示。

图2-14

03 更改图层顺序后，显示出了不同的效果，如图2-15所示。

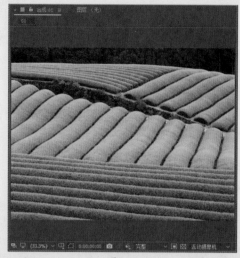

图2-15

实例024　图层混合模式制作唯美画面

文件路径	第2章\图层混合模式制作唯美画面
难易指数	★★★★★
技术要点	更改混合模式

Q 扫码深度学习

操作思路

混合模式主要用于图层之间，更改图层的混合模式可以达到不同的效果。本例主要掌握更改图层混合模式的方法。

案例效果

案例效果如图2-16所示。

图2-16

操作步骤

01 打开本书配备的"024.aep"素材文件，如图2-17所示。

02 设置时间线窗口中的"02.jpg"图层的【模式】为【柔光】，如图2-18所示。

03 此时拖动时间线滑块查看更改图层混合模式后的效果，如图2-19所示。

图2-17

实例025	纯色层制作蓝色背景◄
文件路径	第2章\纯色层制作蓝色背景
难易指数	★★★★★
技术要点	● 新建纯色层 ● 创建蒙版

🔍扫码深度学习

💡**操作思路**

　　纯色层可以用来制作蒙版效果，也可以添加特效制作出背景效果。本例主要掌握利用纯色层制作背景的方法。

🖐**案例效果**

　　案例效果如图2-23所示。

图2-23

图2-18

图2-19

04 选择时间线窗口中的"02.jpg"素材文件，按快捷键Ctrl+D，此时复制出了一个图层，如图2-20所示。

05 将复制出的图层的【模式】更改为【屏幕】，并设置【不透明度】为50%，如图2-21所示。

图2-20

图2-21

06 此时得到了最终的唯美效果，如图2-22所示。

图2-22

🎤**操作步骤**

01 在项目窗口右击鼠标，在弹出的快捷菜单中选择【新建合成】命令，如图2-24所示。

图2-24

02 在弹出的【合成设置】对话框中设置【宽度】为720px，【高度】为576px，如图2-25所示。

03 在时间线窗口中右击鼠标，在弹出的快捷菜单中选择【新建】|【纯色】命令，如图2-26所示。

图2-25

图2-26

04 此时设置【颜色】为青色，如图2-27所示。

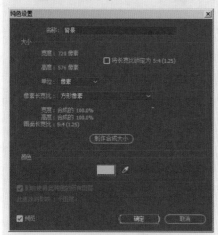

图2-27

05 选择该纯色层，单击 ■（椭圆工具），然后拖曳出一个椭圆遮罩，如图2-28所示。

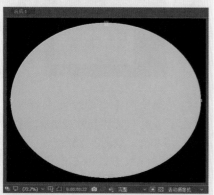

图2-28

06 设置遮罩属性。打开固态层下的遮罩效果，设置【蒙版羽化】为270.0,270.0像素，【蒙版扩展】为100.0像素，如图2-29所示。

07 此时背景产生了柔和的羽化效果，如图2-30所示。

图2-29 图2-30

08 导入素材"01.png"到时间线窗口，设置【缩放】为69.0，69.0%，如图2-31所示。

09 此时得到了最终效果，如图2-32所示。

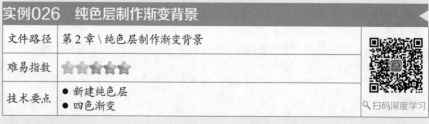

图2-31 图2-32

实例026　纯色层制作渐变背景

文件路径	第 2 章\纯色层制作渐变背景
难易指数	★★★★★
技术要点	● 新建纯色层 ● 四色渐变

Q扫码深度学习

操作思路

新建纯色层，并添加四色渐变制作渐变背景效果。

案例效果

案例效果如图2-33所示。

图2-33

操作步骤

01 在项目窗口右击鼠标，在弹出的快捷菜单中选择【新建合成】命令，在弹出的【合成设置】对话框中单击【确定】按钮。然后在时间线窗口中右击鼠标，在弹出的快捷菜单中选择【新建】|【纯色】命令，如图2-34所示。

02 在弹出的【纯色设置】对话框中设置【宽度】为1920像素，【高度】为1200像素，【颜色】为青色，如图2-35所示。

图2-34　　　　　　　　图2-35

03 时间线窗口中出现了蓝色固态层，如图2-36所示。

04 为该纯色添加【四色渐变】，并设置点和颜色参数，如图2-37所示。

图2-36　　　　　　　　图2-37

05 导入素材"01.png"到时间线窗口，如图2-38所示。

图2-38

06 最终效果如图2-39所示。

图2-39

实例027　形状图层制作彩色背景

文件路径	第2章\形状图层制作彩色背景
难易指数	★★★★★
技术要点	● 形状图层 ● 矩形工具

操作思路

本例首先创建【形状】图层，并使用【矩形工具】绘制三个不同颜色的矩形。

案例效果

案例效果如图2-40所示。

图2-40

操作步骤

01 在项目窗口右击鼠标，在弹出的快捷菜单中选择【新建合成】命令，在弹出的【合成设置】对话框中单击【确定】按钮（注意：在后面的案例中不再重复说明新建合成的步骤了，读者在制作时可参照视频教学新建适合的合成）。然后在时间线窗口中右击鼠标，在弹出的快捷菜单中选择【新建】|【形状图层】命令，如图2-41所示。

02 选择该形状图层，单击【矩形工具】按钮■，绘制3个矩形，并分别设置填充为灰色、青色、粉色，如图2-42所示。

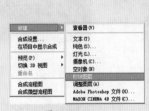

图2-41　　　　　　　　图2-42

03 选择【形状图层1】，设置【旋转】为0×+29.0°，如图2-43所示。

图2-43

04 此时产生了倾斜背景效果，如图2-44所示。

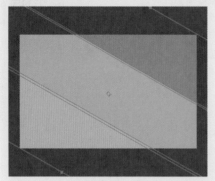

图2-44

05 导入素材"01.png"到时间线窗口，如图2-45所示。

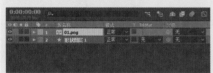

图2-45

06 最终效果如图2-46所示。

图2-46

实例028　调整图层修改整体颜色

文件路径	第2章\调整图层修改整体颜色
难易指数	⭐⭐⭐⭐⭐
技术要点	【颜色平衡】效果

🔍扫码深度学习

💡 操作思路

　　本例为新建调整图层，并为其添加【颜色平衡】效果，修改颜色效果。

🖱 案例效果

　　案例效果如图2-47所示。

图2-47

🎤 操作步骤

01 将素材"01.jpg"和"02.png"导入到项目窗口中，然后依次将其拖动到时间线窗口中，如图2-48所示。

图2-48

02 选择"02.png"，设置【位置】为488.5,204.0，设置【缩放】为79.0,79.0%，如图2-49所示。

图2-49

03 此时的合成效果如图2-50所示。

图2-50

04 在时间线窗口选择【新建】|【调整图层】命令，如图2-51所示。

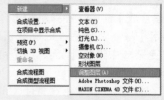

图2-51

05 为该调整图层添加【颜色平衡】效果，设置【阴影红色平衡】、【阴影绿色平衡】、【阴影蓝色平衡】为100.0，设置【中间调蓝色平衡】为50.0，如图2-52所示。

图2-52

06 最终产生了整体调色的效果，如图2-53所示。

图2-53

实例029　调整图层制作卡片擦除效果

文件路径	第2章\调整图层制作卡片擦除效果
难易指数	⭐⭐⭐⭐⭐
技术要点	【卡片擦除】效果

🔍扫码深度学习

艺境 中文版After Effects影视后期特效设计与制作全视频 实战228例 After Effects

操作思路

本例新建调整图层，并为其添加【卡片擦除】效果制作动画。

案例效果

案例效果如图2-54所示。

图2-54

操作步骤

01 将素材"01.jpg"导入到项目窗口中，然后将其拖动到时间线窗口中，如图2-55所示。

图2-55

02 此时的效果如图2-56所示。

图2-56

03 在时间线窗口选择【新建】|【调整图层】命令，如图2-57所示。

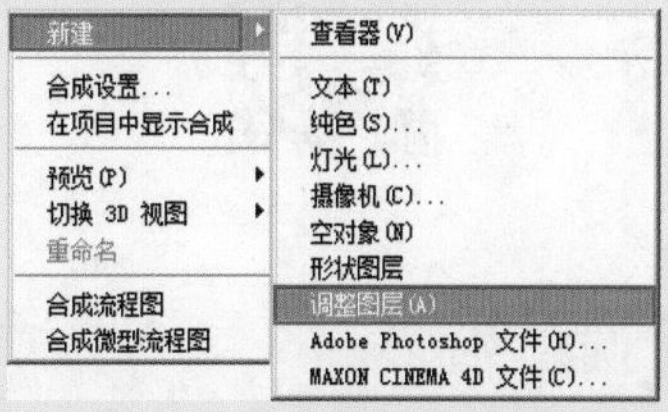

图2-57

04 选择调节图层，为其添加【卡片擦除】效果，设置【卡片缩放】为1.20，【翻转轴】为X，【翻转方向】为正向，【翻转顺序】为从左到

右，如图2-58所示。

图2-58

05 此时产生了卡片擦除的画面效果，如图2-59所示。

图2-59

实例030 调整图层制作模糊背景

文件路径	第2章\调整图层制作模糊背景
难易指数	★★★★★
技术要点	【高斯模糊】效果

🔍 扫码深度学习

操作思路

本例新建调整图层，并添加【高斯模糊】效果制作模糊背景。

案例效果

案例效果如图2-60所示。

图2-60

操作步骤

01 将素材"01.png"和"02.jpg"导入到时间线窗口中。设置素材"01.png"的【位置】为362.0,385.0，设置素材"02.jpg"的【缩放】为76.0,76.0%，如图2-61所示。

图2-61

02 此时的效果如图2-62所示。

图2-62

03 在时间线窗口选择【新建】|【调整图层】命令，如图2-63所示。

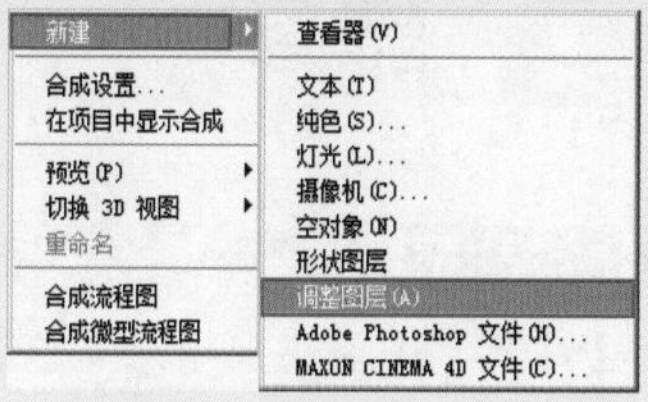

图2-63

04 将【调整图层1】移动到时间线窗口的两个图层之间，如图2-64所示。

图2-64

05 为【调整图层1】添加【高斯模糊】效果，设置【模糊度】为20.0，如图2-65所示。

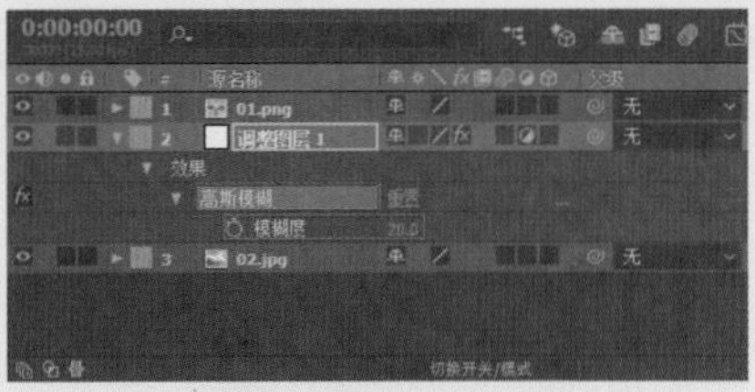

图2-65

06 最终效果如图2-66所示。

图2-66

实例031	灯光图层制作聚光光照
文件路径	第2章\灯光图层制作聚光光照
难易指数	★★★★★
技术要点	灯光图层

扫码深度学习

操作思路

　　【灯光】图层主要用来为该图层下的三维图层起到光照效果，可以根据需要设置灯光类型。本例主要掌握新建灯光图层的方法。

案例效果

　　案例效果如图2-67所示。

图2-67

操作步骤

01 将素材"01.jpg"导入到时间线窗口中，并单击打开【3D图层】按钮，如图2-68所示。

图2-68

02 此时的效果如图2-69所示。

图2-69

03 在时间线窗口选择【新建】|【灯光】命令，如图2-70所示。

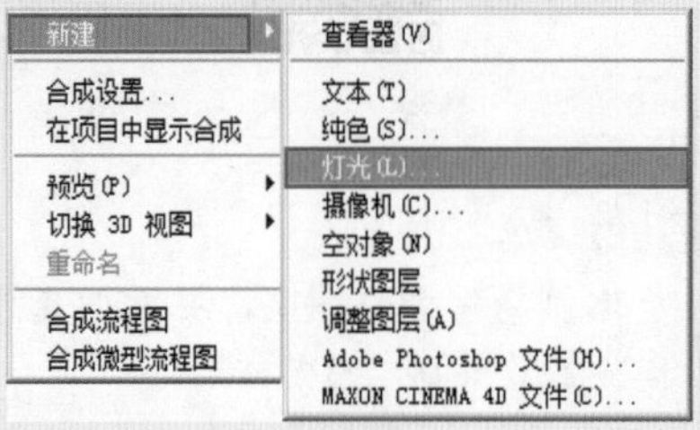

新建 ▶
合成设置…
在项目中显示合成
预览(P) ▶
切换3D视图 ▶
重命名
合成流程图
合成微型流程图

查看器(V)
文本(T)
纯色(S)…
灯光(L)
摄像机(C)…
空对象(N)
形状图层
调整图层(A)
Adobe Photoshop 文件(H)…
MAXON CINEMA 4D 文件(C)…

图2-70

04 设置【目标点】为673.7,538.1,183.9。设置【位置】为1200.0,224.5,−531.1。设置【灯光选项】为聚光，设置【强度】为150%，【颜色】为浅黄色，【锥形角度】为80.0°，【锥形羽化】100%，【衰减】为平滑，【半径】为1000.0，如图2-71所示。

05 此时该灯光的位置如图2-72所示。

06 此时的灯光效果如图2-73所示。

图2-71

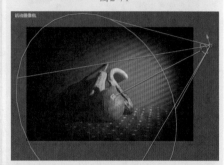

图2-72

图2-73

实例032	3D图层制作镜头拉推近
文件路径	第2章\3D图层制作镜头拉推近
难易指数	★★★★★
技术要点	3D图层

扫码深度学习

操作思路

　　本例应用【3D图层】技术，通过添加关键帧制作镜头动画。

案例效果

案例效果如图2-74所示。

图2-74

操作步骤

01 将素材"01.jpg"导入到时间线窗口中，并单击打开【3D图层】按钮，如图2-75所示。

图2-75

02 此时的画面效果如图2-76所示。

图2-76

03 单击【位置】和【方向】前面的 ◎（开启关键帧）按钮，将时间线拖到第0秒，设置【位置】为960.0,600.0,0.0，设置【方向】为0.0°,0.0°,0.0°，如图2-77所示。

图2-77

04 将时间线拖到第9秒24帧，设置【位置】为1034.7,715.5,−1593.6，设置【方向】为0.0°,32.9°,0.0°，如图2-78所示。

图2-78

05 此时的动画效果如图2-79所示。

图2-79

实例033 文本图层制作风景文字

文件路径	第2章\文本图层制作风景文字
难易指数	★★★★★
技术要点	文本图层

扫码深度学习

操作思路

本例通过新建文本图层，创建适合的文字效果。

案例效果

案例效果如图2-80所示。

图2-80

操作步骤

01 将素材"01.jpg"导入到时间线窗口中，如图2-81所示。

图2-81

02 在时间线窗口中右击鼠标，在弹出的快捷菜单中选择【新建】|【文本】命令，然后输入文字，如图2-82所示。

图2-82

03 将刚刚输入的文字全选，然后在【字符】面板中设置文字颜色、字体大小、字体类型等，如图2-83所示。

04 选择【风景】两个字，如图2-84所示。

图2-83   图2-84

05 设置一个合适的【字体大小】，如图2-85所示。

06 最终文字效果如图2-86所示。

图2-85   图2-86

实例034　摄影机图层制作三维空间旋转

文件路径	第2章\摄影机图层制作三维空间旋转
难易指数	★★★★★
技术要点	摄影机图层

扫码深度学习

操作思路

　　【摄影机】图层主要对下面的三维图层起作用，可以对素材制作出镜头效果和摄影机动画等。本例主要掌握利用摄影机图层制作镜头效果的方法。

案例效果

　　案例效果如图2-87所示。

图2-87

操作步骤

01 将素材"01.jpg"导入到时间线窗口中，并单击打开【3D图层】按钮，如图2-88所示。

图2-88

02 在时间线窗口中右击鼠标，在弹出的快捷菜单中选择【新建】|【文本】命令，然后输入文字，并单击打开【3D图层】按钮，设置【位置】为324.0,529.0,0.0，如图2-89所示。

图2-89

03 此时的文字效果如图2-90所示。

图2-90

04 将刚才的文字按Ctrl+D快捷键复制一份，并设置【缩放】为100.0，-97.0，100.0。设置【方向】为300.0°，0.0°，0.0°。最后添加【高斯模糊】效果，设置【模糊度】为10.0，如图2-91所示。

图2-91

05 更改文字颜色为土黄色，如图2-92所示。

图2-92

06 此时的文字倒影效果如图2-93所示。

图2-93

07 在时间线窗口中右击鼠标，在弹出的快捷菜单中执行【新建】|【摄像机】命令，如图2-94所示。接着在弹出的【摄影机设置】对话框中单击【确定】按钮。

08 设置【光圈】为25.3。将时间线拖到第0秒，单击【位置】前面的 ⏱ （开启关键帧）按钮。设置【位置】为500.0，375.0，-1388.9，如图2-95所示。

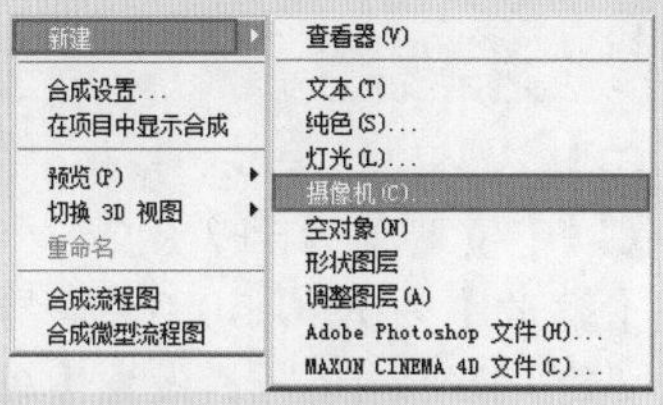

图2-94

图2-95

09 将时间线拖到第10秒，设置【位置】为674.0，663.0，-694.0，如图2-96所示。

图2-96

实例035　图层Alpha轨道遮罩制作文字图案

文件路径	第2章\图层Alpha轨道遮罩制作文字图案
难易指数	★★★★★
技术要点	● 文本 ● 轨道遮罩

🔍扫码深度学习

💡 操作思路

在After Effects中可以通过设置图层的不同轨道蒙版来得到各种蒙版遮罩效果。本例主要掌握设置轨道蒙版的方法。

🖱 案例效果

案例效果如图2-97所示。

图2-97

操作步骤

01 导入素材"1（7）.jpg"，设置【位置】为517.8,247.1。设置【缩放】为50.0,50.0%。导入素材"2（15）.jpg"，设置【缩放】为64.0,64.0%，如图2-98所示。

图2-98

02 此时的画面效果如图2-99所示。

图2-99

03 在时间线窗口中右击鼠标，在弹出的快捷菜单中选择【新建】|【文本】命令，如图2-100所示。

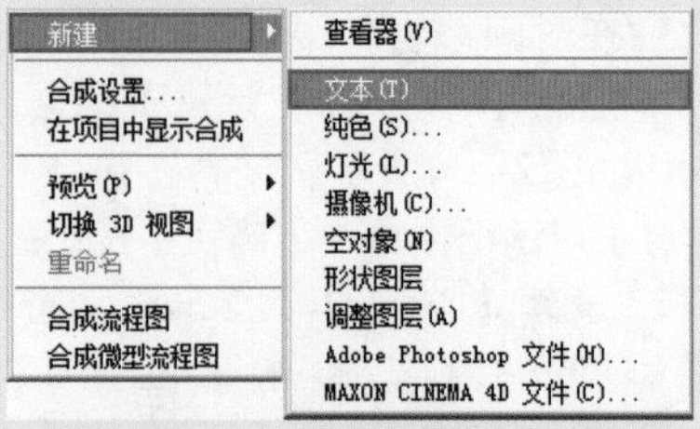

04 此时输入文字，如图2-101所示。

图2-100

图2-101

05 设置【字符】面板中的参数，如图2-102所示。

图2-102

06 设置文字的【位置】为60.1,309.4。【缩放】为100.0,100.0%，如图2-103所示。

图2-103

07 设置图层【1（7）.jpg】的【轨道遮罩】为【Alpha 遮罩"GREEN"】，如图2-104所示。

图2-104

08 最终效果如图2-105所示。

图2-105

第 **3** 章

关键帧动画

本章概述

关键帧动画是 After Effects 中常用的功能，用于制作丰富的动画。通过对图层的位置、旋转、缩放等属性设置关键帧动画，从而产生属性的动画变化。而且可以对图层中的特效等参数设置关键帧动画，使其产生更丰富的变化。

本章重点

◆ 了解什么是关键帧
◆ 掌握关键帧的创建方法
◆ 掌握使用关键帧制作动画的方法

/ 佳 / 作 / 欣 / 赏 /

实例036 创建关键帧

文件路径	第3章\创建关键帧
难易指数	⭐⭐⭐⭐⭐
技术要点	【位置】和【缩放】的关键帧动画

🔍扫码深度学习

💡操作思路

　　本例通过对【位置】和【缩放】设置关键帧动画，从而达到位置和缩放的变换。

🎤操作步骤

01 将本书配备的"01.jpg"素材文件导入到时间线窗口中，如图3-1所示。

02 此时的效果如图3-2所示。

图3-1

图3-2

03 将时间线拖动到第0秒，打开【位置】和【缩放】前面的◎按钮，设置【位置】为960.0,600.0，【缩放】为100.0,100.0%，如图3-3所示。

图3-3

04 将时间线拖动到第10秒，设置【位置】为500.0,950.0，【缩放】为200.0,200.0%，如图3-4所示。

图3-4

05 此时拖动时间线，可以看到动画，如图3-5所示。

图3-5

> **提示**
> **为图层制作动画的关键帧条件**
> 　　为动画属性制作关键帧动画时，至少要添加两个不同参数的关键帧，使其在一定时间内产生不同的运动或变化，这个过程就是动画。

实例037 选择关键帧

文件路径	第3章\选择关键帧
难易指数	⭐⭐⭐⭐⭐
技术要点	选择一个或多个关键帧

🔍扫码深度学习

💡操作思路

　　本例讲解了选择单个或多个关键帧的方法。

案例效果

案例效果如图3-6所示。

图3-6

操作步骤

01 单击■（选择工具），然后在需要选择的关键帧上，单击鼠标即可选择该关键帧，如图3-7所示。

图3-7

02 按住Shift键并单击，即可选择多个关键帧，如图3-8所示。

图3-8

03 拖动鼠标左键框选，可以选择多个连续的关键帧，如图3-9所示。

图3-9

实例038　复制和粘贴关键帧

文件路径	第3章＼复制和粘贴关键帧
难易指数	★★★★★
技术要点	复制和粘贴关键帧

扫码深度学习

操作思路

本例讲解了使用快捷键复制和粘贴关键帧的方法。

案例效果

案例效果如图3-10所示。

图3-10

操作步骤

01 打开本书配备的"038.aep"素材文件。单击■（选取工具），然后拖动鼠标左键框选3个关键帧，然后按快捷键Ctrl+C进行复制，如图3-11所示。

图3-11

02 将时间线滑块移动到第3秒的位置，如图3-12所示。

图3-12

03 按快捷键Ctrl+V，将刚才复制的3个关键帧粘贴出来，如图3-13所示。

图3-13

应用菜单栏中的复制和粘贴命令

不使用快捷键Ctrl+C（复制）和Ctrl+V（粘贴），而使用菜单栏中的【编辑】|【复制】命令，或【粘贴】命令也一样，如图3-14所示。

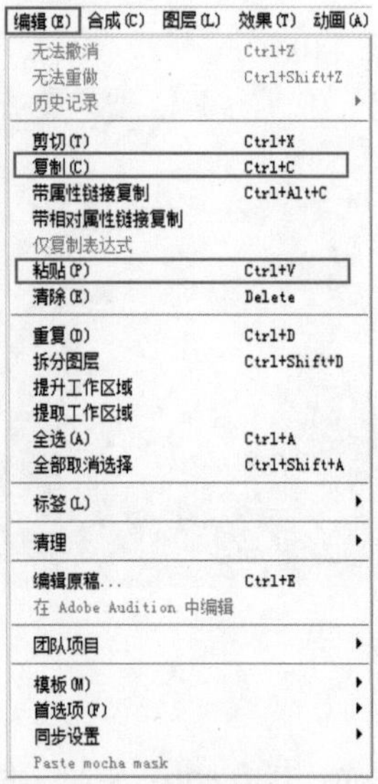

图3-14

图3-16　　　　　　　　　　图3-17

图3-18

显示图层中全部关键帧的快捷键

当制作项目的图层较为复杂，动画关键帧也较多时，分层查看会非常麻烦，所以我们可以使用快捷键快速切换出关键帧。选择需要显示关键帧的图层，然后按U键即可显示出该图层所有的关键帧，如图3-19所示。

图3-19

实例039　删除关键帧

文件路径	第3章\删除关键帧
难易指数	★★★★★
技术要点	删除关键帧

扫码深度学习

操作思路

本例讲解了选择关键帧并删除的方法。

案例效果

案例效果如图3-15所示。

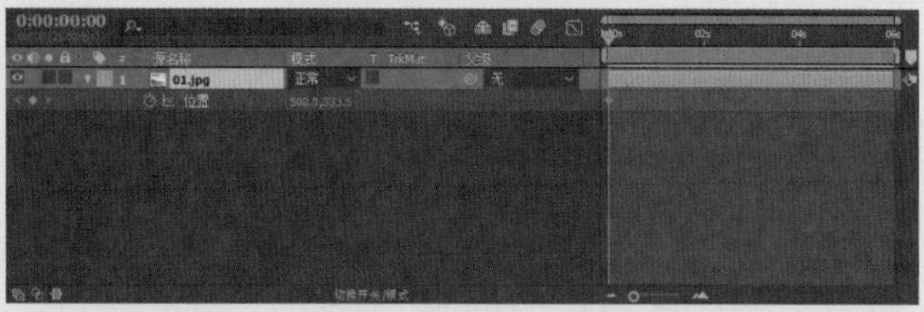

图3-15

操作步骤

01 打开本书配备的"039.aep"素材文件。单击▶（选择工具），然后单击鼠标选择1个关键帧，如图3-16所示。

02 在菜单栏中选择【编辑】|【清除】命令，或按Delete键，如图3-17所示。

03 此时关键帧已经被删除了，如图3-18所示。

实例040　关键帧制作不透明度变化

文件路径	第3章\关键帧制作不透明度变化
难易指数	★★★★★
技术要点	● 纯色层 ● 关键帧动画

扫码深度学习

操作思路

本例通过新建纯色层，并设置【不透明度】属性的关键帧动画制作不透明度动画效果。

案例效果

案例效果如图3-20所示。

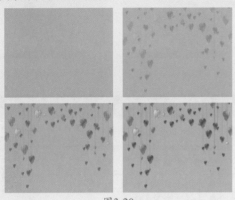

图3-20

操作步骤

01 在时间线窗口中右击鼠标，在弹出的快捷菜单中选择【新建】|【纯色】命令，新建一个纯色图层，如图3-21所示。

02 设置此纯色为青色，如图3-22所示。

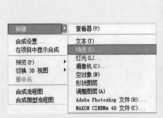

图3-21 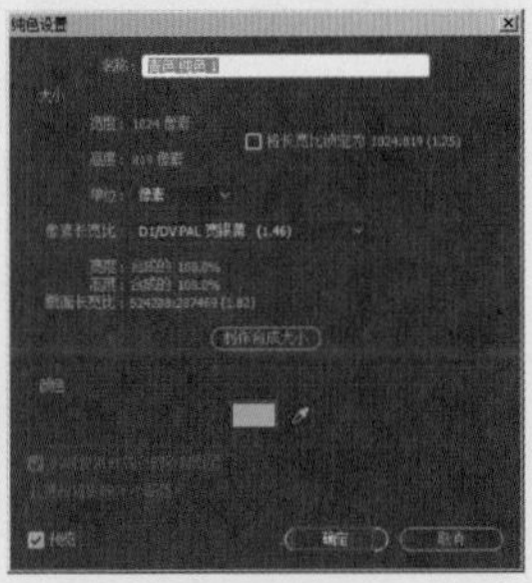　　　　　　　　图3-22

03 将素材"01.png"导入到时间线窗口中，并设置【位置】为512.0,387.5，【缩放】为53.0,53.0%，如图3-23所示。

04 此时的效果如图3-24所示。

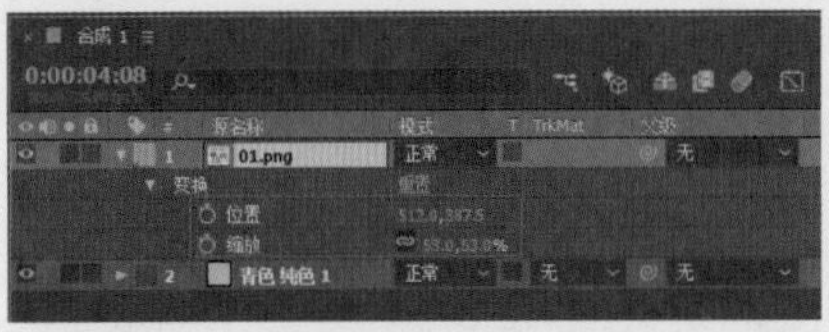

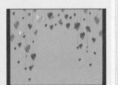

图3-23　　　　　　　　图3-24

05 将时间线拖动到第0秒，打开【不透明度】前面的按钮，设置【不透明度】为0%，如图3-25所示。

图3-25

06 将时间线拖动到第5秒24帧，设置【不透明度】为100%，如图3-26所示。

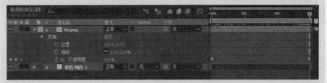

图3-26

07 最终不透明度动画效果如图3-27所示。

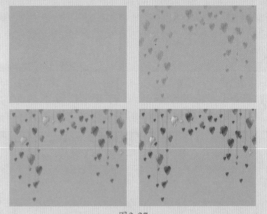

图3-27

实例041　飞翔的鸟

文件路径	第3章\飞翔的鸟
难易指数	★★★★★
技术要点	【位置】的关键帧动画

扫码深度学习

操作思路

本例通过对素材的【位置】设置关键帧动画，制作飞翔的鸟动画效果。

案例效果

案例效果如图3-28所示。

图3-28

图3-34（续）

操作步骤

01 在时间线窗口中导入素材"02.png"，设置【缩放】为50.0,50.0%。导入素材"01.png"，设置【位置】为499.0,465.0。导入素材"03.jpg"，设置【缩放】为70.0,70.0%，如图3-29所示。

02 此时的效果如图3-30所示。

图3-29　　　　　　　图3-30

03 将时间线拖动到第0秒，打开【位置】前面的◎按钮，设置【位置】为-46.2,562.8，如图3-31所示。

图3-31

04 将时间线拖动到第3秒，设置【位置】为482.7,268.4，如图3-32所示。

图3-32

05 将时间线拖动到第5秒24帧，设置【位置】为1004.6,208.3，如图3-33所示。

图3-33

06 最终动画效果如图3-34所示。

图3-34

实例042　风景滚动展示

文件路径	第3章\风景滚动展示
难易指数	★★★★★
技术要点	● 【快速模糊】效果 ● 【梯度渐变】效果 ● 关键帧动画

扫码深度学习

操作思路

本例使用关键帧动画制作滚动动画，使用【快速模糊】效果制作素材模糊变换，使用【梯度渐变】效果制作渐变背景。

案例效果

案例效果如图3-35所示。

图3-35

操作步骤

01 在时间线窗口中导入素材"1.jpg"，设置【缩放】为45.0,45.0%，如图3-36所示。

02 此时的效果如图3-37所示。

图3-36

图3-37

03 新建一个深蓝色纯色图层，然后使用【椭圆】工具绘制一个区域，如图3-38所示。

图3-38

04 设置【蒙版羽化】为40.0,40.0像素，【蒙版不透明度】为57%，如图3-39所示。

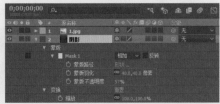

图3-39

05 在弹出的【预合成】对话框中命名为"1"，如图3-40所示。

06 将图层1的末尾长度拖动更改为3秒，如图3-41所示。

图3-40

图3-41

07 为【1】图层添加【快速模糊】效果。将时间线拖动到第1秒，打开【模糊度】前面的⏱按钮，设置【模糊度】为25.0，打开【位置】前面的⏱按钮，设置【位置】为576.5,288.0，如图3-42所示。

图3-42

08 将时间线拖动到第2秒，设置【模糊度】为0.0，设置【位置】为128.0,288.0，如图3-43所示。

图3-43

09 在时间线窗口中右击鼠标，在弹出的快捷菜单中选择【新建】|【纯色】命令，新建一个纯色图层，为其添加【梯度渐变】效果，设置【起始颜色】和【结束颜色】为浅蓝色和浅灰色，如图3-44所示。

图3-44

10 此时拖动时间线，可以看到滚动和模糊动画效果，如图3-45所示。

图3-45

11 以同样的方法继续制作出另外的图层，如图3-46所示。

图3-46

12 此时拖动时间线，可以看到滚动和模糊动画效果，如图3-47所示。

图3-47

13 继续完成其他图层的制作，如图3-48所示。

图3-48

14 此时拖动时间线，最终效果如图3-49所示。

图3-49

图3-50

实例043 关键帧动画制作淡入淡出

文件路径	第3章\关键帧动画制作淡入淡出
难易指数	★★★★★
技术要点	【不透明度】的关键帧动画

扫码深度学习

操作思路

本例通过对【不透明度】属性创建关键帧动画，制作画面淡入淡出的动画变换效果。

案例效果

案例效果如图3-50所示。

操作步骤

01 在时间线窗口中导入素材"01.jpg""02.jpg""03.jpg"，并设置每个素材的长度为2秒，首尾相连，如图3-51所示。

图3-51

02 此时的效果如图3-52所示。

图3-52

03 选择图层【01.jpg】，将时间线拖动到第0秒，打开【不透明度】前面的 按钮，设置【不透明度】为0%，如图3-53所示。

图3-53

04 将时间线拖动到第1秒，设置【不透明度】为100%，如图3-54所示。

05 选择图层【03.jpg】，将时间线拖动到第5秒，打开【不透明度】前面的 按钮，设置【不透明度】为100%，如图3-55所示。

06 将时间线拖动到第5秒24帧，设置【不透明度】为0%，如图3-56所示。

图3-54

图3-55

图3-56

07 最终不透明度淡入淡出效果如图3-57所示。

图3-57

实例044　关键帧动画制作旅游节目动画

文件路径	第3章\关键帧动画制作旅游节目动画
难易指数	★★★★★
技术要点	【旋转】、【缩放】的关键帧动画

🔍扫码深度学习

💡 操作思路

本例主要掌握对【旋转】、【缩放】属性添加关键帧，从而制作旅游节目动画效果。

🖱 案例效果

案例效果如图3-58所示。

图3-58

🎤 操作步骤

01 在时间线窗口中右击鼠标，在弹出的快捷菜单中选择【新建】|【纯色】命令，新建一个青色的纯色图层，如图3-59所示。

图3-59

02 在时间线窗口中导入素材"01.png""02.png""03.png"，并分别设置三个图层的【锚点】为376.5,427.5，设置【位置】为509.0,448.0，如图3-60所示。

图3-60

03 此时的效果如图3-61所示。

图3-61

04 将时间线拖动到第0秒，打开素材"01.png"中的【旋转】前面的⏱按钮，设置【旋转】为0×+0.0°。打开素材"02.png"中的【缩放】和【旋转】前面的⏱按钮，设置【缩放】为120.0,120.0%，【旋转】为0×+0.0°。打开素材"03.png"中的【旋转】前面的⏱按钮，设置【旋转】为0×+0.0°，如图3-62所示。

图3-62

图3-66

05 将时间线拖动到第1秒，设置素材"02.png"的【缩放】为80.0,80.0%，如图3-63所示。

图3-63

图3-67

06 将时间线拖动到第2秒，设置素材"02.png"的【缩放】为120.0,120.0%，如图3-64所示。

图3-64

图3-68

07 将时间线拖动到第3秒，设置素材"01.png"中的【旋转】为1×+0.0°。设置素材"02.png"中的【缩放】为80.0,80.0%，【旋转】为1×+0.0°。设置"03.png"中的【旋转】为1×+0.0°，如图3-65所示。

图3-69

08 将时间线拖动到第4秒，设置素材"02.png"的【缩放】为100.0,100.0%。如图3-66所示。

09 接着将素材"04.png"导入到项目窗口中，然后将其拖动到时间线窗口中，并将素材的时间线拖动到第3秒处，如图3-67所示。打开素材"04.png"中的【缩放】前面的按钮，设置【缩放】为10.0,10.0%，如图3-68所示。

图3-70

10 将时间线拖动到第4秒，设置素材"04.png"的【缩放】为55.0,55.0%，如图3-69所示。将时间线拖动到第5秒，设置素材"04.png"的【缩放】为40.0,40.0%，如图3-70所示。

11 最终的动画效果如图3-71所示。

图3-71

图3-65

实例045　红包动画

文件路径	第3章\红包动画
难易指数	★★★★★
技术要点	【旋转】的关键帧动画

🔍扫码深度学习

艺境 中文版After Effects影视后期特效设计与制作全视频 ● 实战228例

操作思路

本例通过对【旋转】属性添加关键帧，制作红包晃动的动画效果。

案例效果

案例效果如图3-72所示。

图3-72

操作步骤

01 在时间线窗口中右击鼠标，在弹出的快捷菜单中选择【新建】|【纯色】命令，新建一个白色的纯色图层，如图3-73所示。

图3-73

02 在时间线窗口中导入素材"02.png""03.png""04.png"，设置素材"04.png"的起点位置为3秒。设置素材"02.png"的【位置】为916.2,978.1。设置素材"03.png"的【位置】为898.4,764.7，【缩放】为66.0,66.0%。设置素材"04.png"的【位置】为1230.0,574.0，如图3-74所示。

图3-74

03 此时的效果如图3-75所示。

图3-75

04 将时间线拖动到第1秒，打开素材"03.png"中的【旋转】前面的 按钮，设置【旋转】为0，如图3-76

所示。

05 将时间线拖动到第2秒，设置素材"03.png"的【旋转】为0×+45.0°，如图3-77所示。

图3-76

图3-77

06 将时间线拖动到第3秒，设置素材"03.png"的【旋转】为0×-45.0°，如图3-78所示。

图3-78

07 将时间线拖动到第4秒，设置素材"03.png"的【旋转】为0×+0.0°，如图3-79所示。

图3-79

08 最终的动画效果如图3-80所示。

图3-80

实例046	晃动的油画	
文件路径	第3章\晃动的油画	
难易指数	★★★★★	
技术要点	● 【旋转】的关键帧动画 ● 【投影】效果	扫码深度学习

操作思路

本例通过对素材添加【投影】效果制作阴影，对素材的【旋转】属性添加关键帧动画制作晃动动画效果。

案例效果

案例效果如图3-81所示。

图3-81

操作步骤

01 在时间线窗口中导入素材"01.jpg"，设置【锚点】为613.5,35.5，【位置】为726.7,83.6，【缩放】为70.0,70.0%，如图3-82所示。

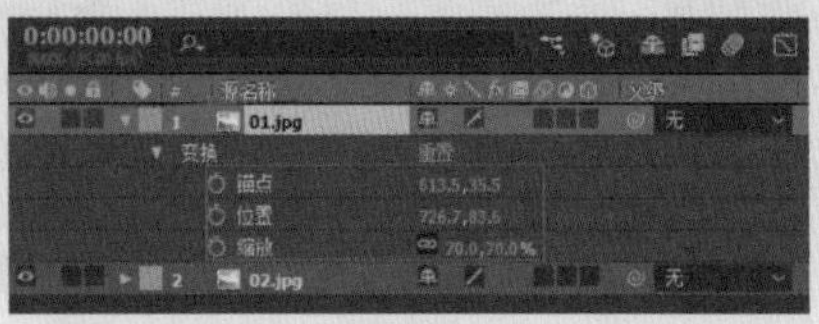

图3-82

02 此时的效果如图3-83所示。

图3-83

03 为素材"01.jpg"添加【投影】效果，设置【不透明度】为80%，【距离】为15.0，【柔和度】为50.0，如图3-84所示。

04 此时产生了阴影效果，如图3-85所示。

05 将时间线拖动到第0秒，打开素材"01.jpg"中的【旋转】前面的 按钮，设置【旋转】为0×+45.0°，如图3-86所示。

图3-84

图3-85

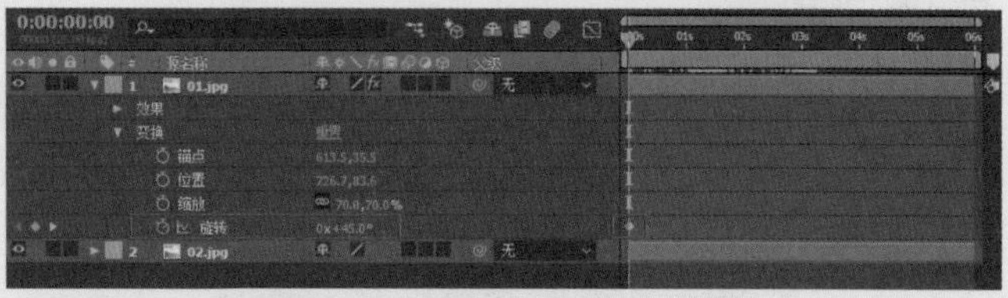

图3-86

06 将时间线拖动到第2秒，设置素材"01.jpg"的【旋转】为0×-40.0°，如图3-87所示。

图3-87

07 将时间线拖动到第4秒，设置素材"01.jpg"的【旋转】为0×+30.0°，如图3-88所示。

图3-88

08 将时间线拖动到第6秒，设置素材"01.jpg"的【旋转】为0×-10.0°，如图3-89所示。

图3-89

09 最终的动画效果如图3-90所示。

图3-90

实例047 新年快乐动画

文件路径	第3章\新年快乐动画
难易指数	
技术要点	● 【旋转】的关键帧动画 ● 横排文字工具 ● 【动画预设】

操作思路

本例通过对素材创建关键帧动画制作旋转动画，使用横排文字工具创建画面文字，最后对文字添加【动画预设】制作文字动画。

案例效果

案例效果如图3-91所示。

图3-91

操作步骤

01 在时间线窗口中右击鼠标，在弹出的快捷菜单中选择【新建】|【纯色】命令，新建一个洋红色的纯色图层，如图3-92所示。

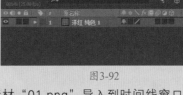

图3-92

02 将素材"01.png"导入到时间线窗口中，设置【锚点】为3.0,3.0，【位置】为72.0,0.0，【缩放】为50.0,50.0%，如图3-93所示。

图3-93

03 此时的效果如图3-94所示。

图3-94

04 将时间线拖动到第0秒，打开素材"01.png"中的【旋转】前面的按钮，设置【旋转】为0×+45.0°，如图3-95所示。

图3-95

05 将时间线拖动到第3秒，设置素材"01.png"的【旋转】为0×–20.0°，如图3-96所示。

图3-96

06 将时间线拖动到第5秒，设置素材"01.png"的【旋转】为0×+17.0°，如图3-97所示。

图3-97

After Effects

07 使用 T（横排文字工具），单击并输入文字，如图3-98所示。

08 在【字符】面板中设置相应的字体类型，设置字体大小为86，字体颜色为黄色，如图3-99所示。

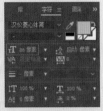

图3-98　　　　　　　　图3-99

09 选择此时的文字图层，设置【位置】为365.0,340.0,0.0，如图3-100所示。

图3-100

10 进入【效果和预设】面板，单击展开【动画预设】|Text|3D Text|【3D下飞和展开】，然后将其拖动到文字上，如图3-101所示。

图3-101

11 拖动时间线，已经产生了文字动画，如图3-102所示。

图3-102

提示 快速展开图层属性和关键帧

我们可以使用快捷键快速地展开和隐藏图层的属性。首先选择该图层，然后执行相应的快捷键即可。快

捷键对应如下：

快捷键A：锚点。

快捷键P：位置。

快捷键S：缩放。

快捷键R：旋转。

快捷键T：不透明度。

例如，先按快捷键A，再按住Shift键，再按其他快捷键可以展开多个属性。

实例048　散落的照片

文件路径	第3章\散落的照片
难易指数	★★★★★
技术要点	● 3D图层 ● 关键帧动画 ● 摄影机 ● 【投影】效果

🔍扫码深度学习

操作思路

本例通过使用3D图层和摄影机制作三维空间动画变换，使用【投影】效果制作阴影。

案例效果

案例效果如图3-103所示。

图3-103

操作步骤

01 在项目窗口中右击鼠标，然后在弹出的快捷菜单中选择【新建合成】命令，如图3-104所示。

02 在弹出的窗口中设置【合成名称】为"Comp1"，【宽度】为2400px，【高度】为1800px，【帧速率】为29.97帧/秒，【持续时间】为12秒，如图3-105所示。

03 在项目窗口空白处双击鼠标左键，然后在弹出的对话框中选择所需的素材文件，并单击【导入】按钮，如图3-106所示。

04 将项目窗口中的"背景.jpg"素材文件拖曳到时间线中，然后开启 ■（3D图层）按钮。接着将时间线拖到起始帧的位置，开启【缩放】的关键帧，并设置【缩放】为280.0,280.0,280.0%。最后将时间线拖到第10秒的位置，设置【缩放】为200，如图3-107所示。

图3-104 　　　　　　　　　　 图3-105

图3-106

图3-107

05 将项目窗口中的"01.jpg"素材文件拖曳到时间线中，然后开启 （3D图层）按钮。接着将时间线拖到起始帧的位置，开启【位置】、【X轴旋转】和【Y轴旋转】的自动关键帧，并设置【位置】为1200.0,1003.0.0,-3526.0，【X轴旋转】为0×+90.8°，【Y轴旋转】为0×+35.0°，如图3-108所示。

图3-108

06 将时间线拖到第28帧的位置，设置【X轴旋转】为0×+77°；接着将时间线拖到第1秒26帧的位置，设置【位置】为1124.5,853.8,-1674.1，【X轴旋转】为0×+83.7°，【Y轴旋转】为0×+16.2°，如图3-109所示。

图3-109

07 将时间线拖到第3秒12帧的位置，设置【位置】为1063.0,608.0,-513.0，【X轴旋转】为0×+72.0°，【Y轴旋转】为0×+4.0°；接着将时间线拖到第4秒的位置，设置【位置】为1044.0,608.0,0.0，【X轴旋转】为0×+0.0°，【Y轴旋转】为0×+0.0°，如图3-110所示。

图3-110

08 为素材01.jpg添加【投影】效果，并设置【不透明度】为80%，【柔和度】为60.0，如图3-111所示。

09 此时拖动时间线滑块查看效果，如图3-112所示。

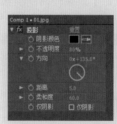

图3-111 　　　　　　　　图3-112

10 将项目窗口中的"02.jpg"素材文件拖曳到时间线中，并设置起始时间为第4秒的位置，然后开启 （3D图层）。接着开启【位置】、【Z轴旋转】和【不透明度】的自动关键帧，并设置【位置】为1386.0,1693.0,-642.0，【Z轴旋转】为0×-64.0°，【不透明度】为0%，如图3-113所示。

图3-113

11 将时间线拖到第4秒04帧的位置，设置【不透明度】为100%；接着将时间线拖到第4秒22帧的位置，开启【X轴旋转】和【Y轴旋转】的自动关键帧，并设置【位置】为1604.0,1253.0,-316.0，【X轴旋转】为0×-27.0°，【Y轴旋转】为0×-25.0°，【Z轴旋转】为0×+14.0°，如图3-114所示。

图3-114

12 将时间线拖到第5秒的位置，设置【位置】为1810.0,853.0,0.0，【X轴旋转】为0×+0.0°，【Y轴旋转】为0×+0.0°，如图3-115所示。

图3-115

13 按照设置素材"02.jpg"的方法，为"03.jpg""04.jpg"和"05.jpg"添加关键帧，并设置每个图层相隔1秒的距离。最后将01.jpg图层的【投影】效果分别复制到每个图片的图层上，如图3-116所示。

图3-116

14 在时间线窗口中右击鼠标，然后在弹出的快捷菜单中选择【新建】|【摄像机】命令，如图3-117所示。

15 在弹出的窗口中设置【缩放】为674.48，如图3-118所示。

16 将时间线拖到起始帧的位置，然后开启【Camera 1】图层的【位置】和【方向】的自动关键帧，并设置【位置】为1200.0,900.0,-2400.0，【方向】为

0.0°,0.0°,340.0°。接着将时间线拖到第2秒的位置，设置【位置】为1200.0,900.0,-2300.0，【方向】为0.0°,0.0°,0.0°，如图3-119所示。

图3-117

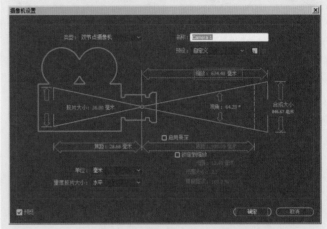

图3-118

图3-119

17 将时间线拖到第6秒的位置，设置【位置】为1200.0,900.0,-2100.0，【方向】为（0.0°,0.0°,12.0°）。接着将时间线拖到第10秒的位置，设置【位置】为1200.0,900.0,-2534.0，【方向】为0.0°,0.0°,0.0°，如图3-120所示。

图3-120

18 此时拖动时间线滑块查看最终关键帧制作照片下落的动画效果，如图3-121所示。

图3-121

实例049 汽车栏目动画

文件路径	第3章\汽车栏目动画
难易指数	★★★★★
技术要点	● 【梯度渐变】效果 ● 【镜头光晕】效果 ● 【斜面 Alpha】效果 ● 【投影】效果 ● 关键帧动画 ● 圆角矩形工具 ● 横排文字工具

扫码深度学习

操作思路

本例综合应用【梯度渐变】效果、【镜头光晕】效果、【斜面Alpha】效果、【投影】效果，并使用关键帧动画制作动画，应用圆角矩形工具制作蒙版，横排文字工具创建文字。

案例效果

案例效果如图3-122所示。

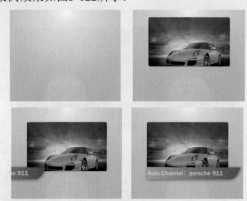

图3-122

操作步骤

01 在时间线窗口中右击鼠标，在弹出的快捷菜单中选择【新建】|【纯色】命令，新建一个黑色的纯色图层，如图3-123所示。

02 为纯色层添加【梯度渐变】效果，设置【起始颜色】为浅灰色，【渐变终点】为360.0,1304.0，【结束颜色】为灰色，【渐变形状】为【径向渐变】，如图3-124所示。

图3-123

图3-124

03 此时的效果如图3-125所示。

图3-125

04 继续为纯色层添加【镜头光晕】效果，设置【光晕中心】为360.0,0.0，【光晕亮度】为160%，镜头类型为35毫米定焦，如图3-126所示。

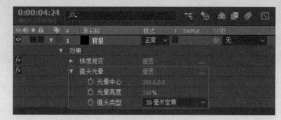

图3-126

05 此时已经产生了光晕效果，如图3-127所示。

图3-127

06 在时间线窗口中导入素材"01.jpg",设置【位置】为366.0,329.0,【缩放】为50.0,50.0%,如图3-128所示。

图3-128

07 选择"01.jpg"图层,单击▣(圆角矩形)按钮,并拖动产生一个遮罩,如图3-129所示。

图3-129

08 将时间线拖动到第0秒,打开素材"01.jpg"中的【位置】前面的◎按钮,设置【位置】为366.0,-424.0,如图3-130所示。

图3-130

09 将时间线拖动到第2秒,设置【位置】为366.0,329.0,如图3-131所示。

图3-131

10 为"01.jpg"图层添加【斜面Alpha】效果,设置【边缘厚度】为5.00,【灯光角度】为0×+50.0°,【灯光强度】为0.60,如图3-132所示。

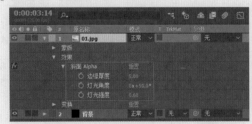

图3-132

11 此时产生了厚度效果,如图3-133所示。

图3-133

12 在不选择任何图层的情况下,单击✎(钢笔工具)按钮,绘制出一个闭合图形,如图3-134所示。

图3-134

13 为此时新绘制出的图形添加【梯度渐变】效果,设置【渐变起点】为-42.0,396.0,【起始颜色】为青色,【渐变终点】为629.0,382.0,【结束颜色】为深蓝色,如图3-135所示。

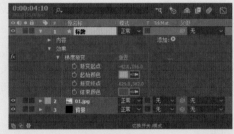

图3-135

14 为此时新绘制出的图形添加【投影】效果,设置【柔和度】为50.0,如图3-136所示。

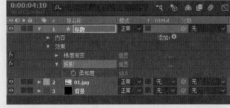

图3-136

15 使用▣(横排文字工具),单击并输入白色文字,如图3-137所示。

16 选中此时的文字和图形两个图层,如图3-138所示。

图3-137

17 按组合键Ctrl+Shift+C进行预合成,命名为"文字合成",如图3-139所示。

图3-138

图3-139

18 将时间线拖动到第2秒，打开【文字合成】的【位置】前面的◎按钮，设置【位置】为-494.0,288.0，如图3-140所示。

图3-140

19 将时间线拖动到第3秒，设置【位置】为429.0,288.0，如图3-141所示。

图3-141

20 最终的动画效果如图3-142所示。

图3-142

实例050	清新文字动画效果
文件路径	第3章\清新文字动画效果
难易指数	★★★★★
技术要点	【位置】、【不透明度】、【方向】属性的关键帧动画

扫码深度学习

操作思路

本例通过对【位置】、【不透明度】、【方向】属性创建关键帧，制作清新文字动画效果。

案例效果

案例效果如图3-143所示。

图3-143

操作步骤

01 将素材"背景.png"导入时间线窗口中，如图3-144所示。

图3-144

02 此时的背景效果如图3-145所示。

图3-145

艺览 中文版After Effects影视后期特效设计与制作全视频 实战228例

03 将素材"01.png～06.png"导入时间线窗口中，如图3-146所示。

04 此时的合成效果如图3-147所示。

图3-146

图3-147

05 将时间线拖动到第0秒，打开素材"06.png""05.png""03.png"中的【位置】前面 的按钮，分别设置这3组参数为−100.0,270.0，815.0,270.0，909.0,270.0，如图3-148所示。

图3-148

06 将时间线拖动到第4秒，设置素材"06.png""05.png""03.png"中的【位置】分别为399.0,270.0，399.0,270.0，399.0,270.0，如图3-149所示。

图3-149

07 拖动时间线，查看此时的动画效果，如图3-150所示。

08 将时间线拖动到第0秒，打开素材"01.png"中的【不透明度】前面的 按钮，设置为0%，如图3-151所示。

图3-150

图3-151

09 将时间线拖动到第4秒，设置素材"01.png"中的【不透明度】为100%，如图3-152所示。

图3-152

10 将时间线拖动到第0秒，打开素材"02.png"中的【缩放】前面的 按钮，设置数值为0.0,0.0%，如图3-153所示。

图3-153

11 将时间线拖动到第4秒，设置素材"02.png"中的【缩放】为100.0,100.0%，如图3-154所示。

图3-154

12 激活素材"04.png"的 （3D图层）按钮。将时间线拖动到第0秒，打开素材"04.png"中的【方向】前面的 按钮，设置数值为0.0°,90.0°,0.0°，如图3-155所示。

13 将时间线拖动到第4秒，设置素材"04.png"中的【方向】为0.0°,0.0°,0.0°，如图3-156所示。

14 拖动时间线，查看最终动画效果，如图3-157所示。

图3-155

图3-156

图3-157

实例051 梦幻动画效果

文件路径	第3章\梦幻动画效果
难易指数	★★★★★
技术要点	● 关键帧动画 ● 矩形工具

扫码深度学习

操作思路

本例通过对素材的【缩放】和【位置】属性设置关键帧动画制作基本动画。应用矩形工具制作蒙版,并设置【蒙版路径】的动画,从而制作梦幻动画效果。

案例效果

案例效果如图3-158所示。

图3-158

图3-158(续)

操作步骤

01 将素材"背景.jpg"导入时间线窗口中,如图3-159所示。

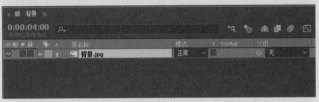

图3-159

02 此时的背景效果如图3-160所示。

图3-160

03 导入素材"01.png"到时间线窗口中。将时间线拖动到第0秒,打开素材"01.png"中的【缩放】前面的按钮,设置数值为0.0,0.0%,如图3-161所示。

图3-161

04 将时间线拖动到第4秒,设置素材"01.png"中的【缩放】为100.0,100.0%,如图3-162所示。

图3-162

05 导入素材"02.png"到时间线窗口中。将时间线拖动到第0秒,打开素材"02.png"中的【位置】前面的按钮，设置数值为512.0，-257.0，如图3-163所示。

图3-163

06 将时间线拖动到第4秒，设置素材"02.png"中的【位置】为512.0,363.0，如图3-164所示。

图3-164

07 拖动时间线，查看此时的动画效果，如图3-165所示。

图3-165

08 导入素材"03.png"到时间线窗口中。单击■（矩形工具）按钮，绘制一个矩形区域，如图3-166所示。

图3-166

09 设置素材"03.png"中的【蒙版羽化】为50.0，50.0。将时间线拖动到第0秒，打开素材"03.png"中的【蒙版路径】前面的◎按钮，如图3-167所示。

图3-167

10 将时间线拖动到第2秒，如图3-168所示。

11 改变矩形的区域大小，如图3-169所示。

图3-168

12 导入素材"04.png"到时间线窗口中。单击■（矩形工具）按钮，绘制一个矩形区域，如图3-170所示。

图3-169　　　　图3-170

13 设置素材"04.png"中的【蒙版羽化】为50.0,50.0。将时间线拖动到第2秒，打开素材"04.png"中的【蒙版路径】前面的◎按钮，如图3-171所示。

图3-171

14 将时间线拖动到第4秒，如图3-172所示。

图3-172

15 改变矩形的区域大小，如图3-173所示。

图3-173

16 拖动时间线，查看此时的动画效果，如图3-174所示。

图3-174

17 导入素材"05.png"到时间线窗口中，并设置素材的起始时间为2秒，如图3-175所示。

图3-175

18 将时间线拖动到第2秒，打开素材"05.png"中的【位置】前面的■按钮，设置【位置】为1248.0,363.0，如图3-176所示。

图3-176

19 将时间线拖动到第4秒，设置素材"05.png"中的【位置】为512.0,363.0，如图3-177所示。

图3-177

20 拖动时间线，查看最终动画效果，如图3-178所示。

图3-178

实例052 卡通合成动画效果

文件路径	第3章\卡通合成动画效果
难易指数	★★★★★
技术要点	【位置】、【不透明度】属性的关键帧动画

扫码深度学习

操作思路

本例通过对【位置】、【不透明度】属性创建关键帧，从而制作卡通合成动画效果。

案例效果

案例效果如图3-179所示。

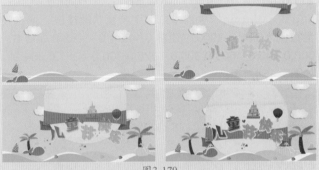

图3-179

操作步骤

01 将素材"背景.jpg"导入时间线窗口中，如图3-180所示。

图3-180

02 此时的背景效果如图3-181所示。

图3-181

03 导入素材"01.png""02.png""03.png""04.png""07.png""05.png""06.png"到时间线窗口中，并设置素材"07.png"的起始时间为1秒，如图3-182所示。

04 此时的合成效果如图3-183所示。

After Effects

图3-182

图3-183

05 将时间线拖动到第0秒，打开素材"01.png""02.png""03.png""04.png""07.png""05.png""06.png"中的【位置】前面的◎按钮，依次设置数值为544.0,300.0；608.0,−294.0；482.0,300.0；608.0,300.0；608.0,300.0；925.0,300.0；387.0,354.0，如图3-184所示。

图3-184

06 将时间线拖动到第1秒，设置素材"04.png"中的【位置】为608.0,280.0；设置素材"07.png"中的【位置】为620.0,300.0，如图3-185所示。

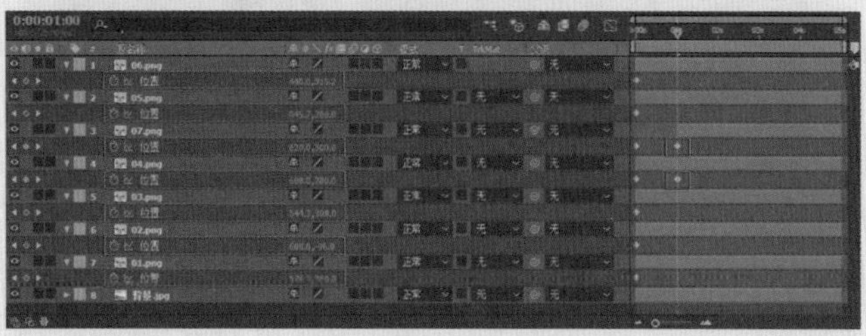

图3-185

07 将时间线拖动到第2秒，设置素材"04.png"中的【位置】为608.0,300.0；设置素材"07.png"中的【位置】为608.0,300.0；设置素材"06.png"中的【位置】为497.5,284.0，如图3-186所示。

图3-186

08 将时间线拖动到第3秒，设置素材"02.png"中的【位置】为608.0,300.0；设置素材"04.png"中的【位置】为608.0,280.0；设置素材"07.png"中的【位置】为620.0,300.0，如图3-187所示。

图3-187

09 将时间线拖动到第4秒，设置素材"01.png"中的【位置】为673.0,300.0；设置素材"03.png"中的【位置】为731.0,300.0；设置素材"04.png"中的【位置】为608.0,300.0；设置素材"07.png"中的【位置】为608.0,300.0；设置素材"05.png"中的【位置】为608.0,300.0；设置素材"06.png"中的【位置】为608.0,300.0，如图3-188所示。

图3-188

10 拖动时间线，查看此时的动画效果，如图3-189所示。

图3-189

11 将素材"08.png"导入时间线窗口中。将时间线拖动到第0秒，打开【不透明度】前面的◎按钮，设置素材"08.png"中的【不透明度】为0%，如图3-190所示。

图3-190

12 将时间线拖动到第4秒，设置素材"08.png"中的【不透明度】为100%，如图3-191所示。

13 拖动时间线，查看最终的动画效果，如图3-192所示。

中文版After Effects影视后期特效设计与制作全视频 实战228例

图3-191

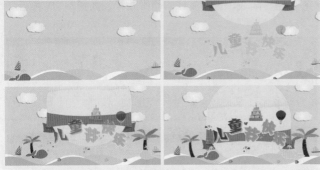

图3-192

图3-194

02 此时的背景效果如图3-195所示。

图3-195

03 为素材"背景.png"添加【高斯模糊】效果。将时间线拖动到第0秒，打开【模糊度】前面的◎按钮，设置数值为50.0，如图3-196所示。

图3-196

04 将时间线拖动到第1秒，设置【模糊度】为0.0，如图3-197所示。

图3-197

05 拖动时间线可以看到出现了背景从模糊到清晰的效果，如图3-198所示。

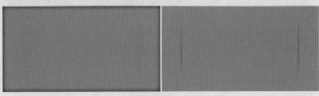

图3-198

06 将素材"02.png"导入时间线窗口中。将时间线拖动到第0秒，打开【位置】前面的◎按钮，设置数值为450.5，-126.5，如图3-199所示。

图3-199

实例053 家电网页动画效果

文件路径	第3章\家电网页动画效果
难易指数	★★★★★
技术要点	● 【高斯模糊】效果 ● 关键帧动画

扫码深度学习

操作思路

本例通过为素材添加【高斯模糊】效果制作模糊效果，为属性添加关键帧动画制作文字、方向的动画变化。

案例效果

案例效果如图3-193所示。

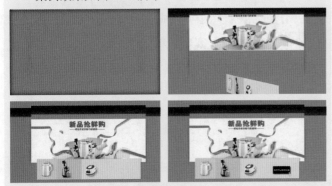

图3-193

操作步骤

01 将素材"背景.png"导入时间线窗口中，如图3-194所示。

07 将时间线拖动到第2秒，设置【位置】为450.5,237.5，如图3-200所示。

图3-200

08 将素材"01.png"导入时间线窗口中。将时间线拖动到第0帧，打开【位置】前面的 按钮，设置数值为450.5,111.5，如图3-201所示。

09 将时间线拖动到第2秒，设置【位置】为450.5,237.5，如图3-202所示。

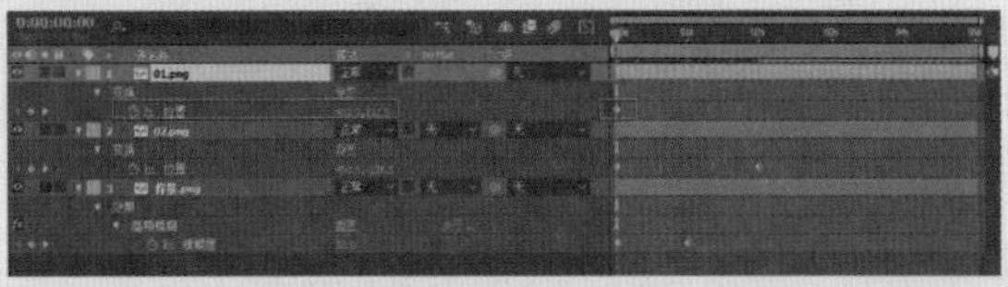

图3-201

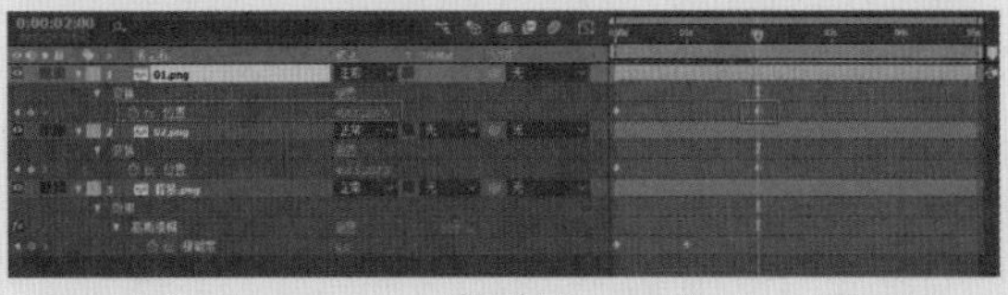

图3-202

10 将素材"03.png"导入时间线窗口中，激活 （3D图层）按钮，如图3-203所示。

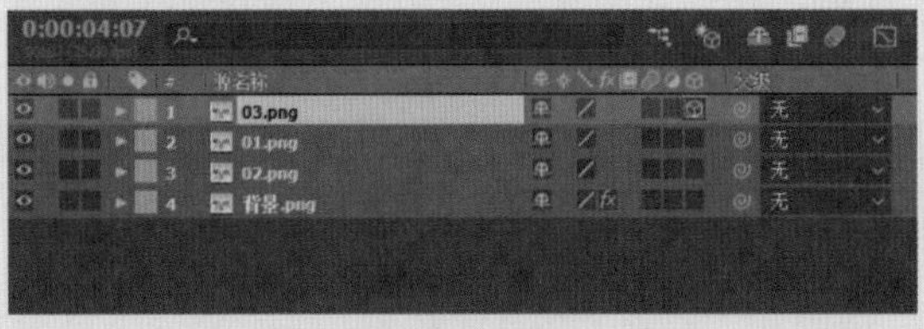

图3-203

11 将时间线拖动到第0秒，打开素材"03.png"的【位置】和【方向】前面的 按钮，设置【位置】为450.5,389.5,0.0，设置【方向】为0.0°,180.0°,0.0°，如图3-204所示。

图3-204

12 将时间线拖动到第2秒，设置【位置】为450.5,237.5,0.0，【方向】为0.0°,0.0°,0.0°，如图3-205所示。

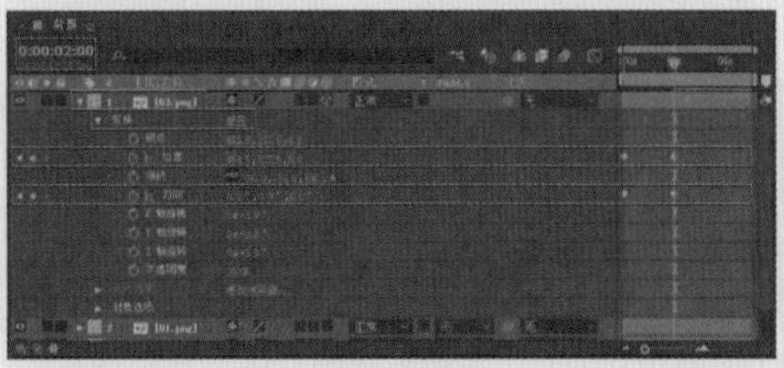

图3-205

13 将素材"04.png"导入时间线窗口中，设置起始时间为4秒，如图3-206所示。

图3-206

14 拖动时间线，查看最终的动画效果，如图3-207所示。

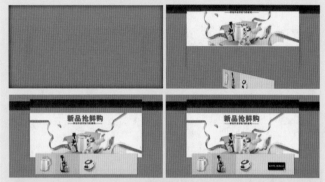

图3-207

实例054	花店宣传海报
文件路径	第3章\花店宣传海报
难易指数	★★★★★
技术要点	• 【高斯模糊】效果 • 关键帧动画 • 混合模式

扫码深度学习

操作思路

本例对素材的【旋转】、【不透明度】、【缩放】、【位置】属性设置关键帧动画，并应用【高斯模糊】效果制作花店宣传海报。

案例效果

案例效果如图3-208所示。

图3-208

图3-208（续）

操作步骤

01 将素材"背景.png""01.png"导入时间线窗口中，如图3-209所示。

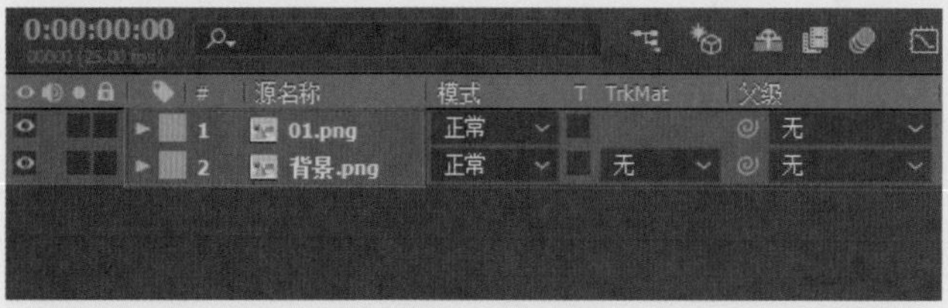

图3-209

02 此时的背景效果如图3-210所示。

图3-210

03 将时间线拖动到第0秒，打开素材"01.png"的【旋转】和【不透明度】前面的圆按钮，设置【旋转】为-1x+0.0°，【不透明度】为0%，如图3-211所示。

04 将时间线拖动到第3秒，设置【不透明度】为100%，如图3-212所示。

图3-211

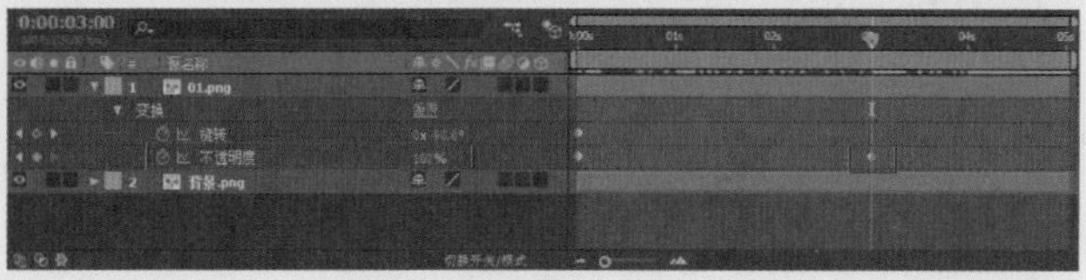

图3-212

05 将时间线拖动到第4秒，设置【旋转】为0×+0.0°，如图3-213所示。

图3-213

06 拖动时间线，查看此时动画效果，如图3-214所示。

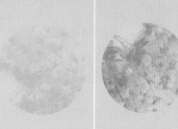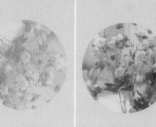

图3-214

07 将素材"02.png"导入时间线窗口中，并为其添加【高斯模糊】效果。将时间线拖动到第0秒，打开【模糊度】前面的圆按钮，设置数值为100.0，如图3-215所示。

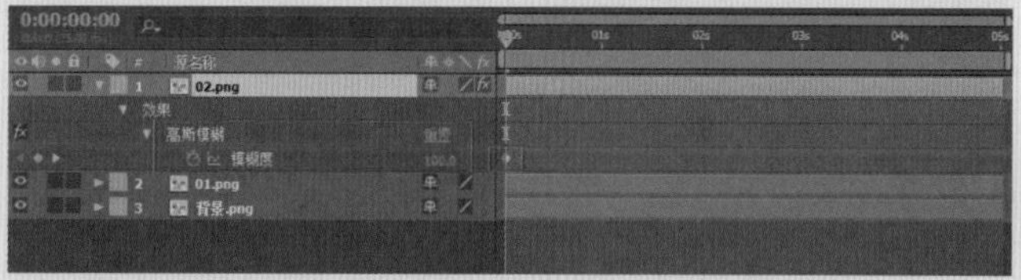

图3-215

08 将时间线拖动到第3秒，设置【模糊度】为0.0，如图3-216所示。

图3-216

09 拖动时间线，查看此时动画效果，如图3-217所示。

图3-217

10 将素材"03.png~06.png"导入时间线窗口中。将时间线拖动到第0秒，打开素材"03.png"的【缩放】前面的◎按钮，设置数值为0.0,0.0%；打开素材"04.png"的【缩放】前面的◎按钮，设置数值为0.0，0.0%；打开素材"05.png"的【位置】前面的◎按钮，设置数值为328.5,651.5；打开素材"06.png"的【不透明度】前面的◎按钮，设置数值为0.0,0.0%，如图3-218所示。

图3-218

11 将时间线拖动到第1秒，设置素材"05.png"的【位置】为328.5,465.5，如图3-219所示。

图3-219

12 将时间线拖动到第3秒，设置素材"03.png"的【缩放】为100.0,100.0%，设置素材"04.png"的【缩放】为100.0,100.0%，如图3-220所示。

图3-220

13 将时间线拖动到第5秒，设置素材"06.png"的【不透明度】为100%，如图3-221所示。

图3-221

14 设置素材"04.png"的【模式】为【差值】，如图3-222所示。

图3-222

15 拖动时间线，查看最终的动画效果，如图3-223所示。

图3-223

实例055　冬季恋歌

文件路径	第3章\冬季恋歌
难易指数	⭐⭐⭐⭐⭐
技术要点	关键帧动画

扫码深度学习

操作思路

本例通过对素材的【不透明度】、【位置】、【旋转】属性设置关键帧，从而制作冬季恋歌动画效果。

艺境 中文版After Effects影视后期特效设计与制作全视频 实战228例

After Effects

案例效果

案例效果如图3-224所示。

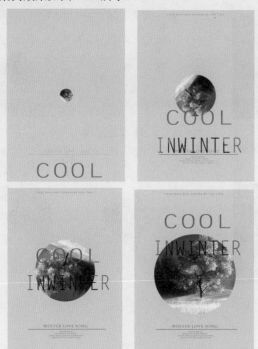

图3-224

操作步骤

01 将素材"背景.jpg"导入时间线窗口中,设置【缩放】为127.7,127.7%,如图3-225所示。

02 此时的背景效果如图3-226所示。

图3-225

图3-226

03 将素材"03.png~06.png"导入时间线窗口中。将时间线拖动到第0秒,打开素材"03.png~06.png"的【不透明度】前面的 按钮,设置数值为0.0%,如图3-227所示。

图3-227

04 将时间线拖动到第2秒,设置素材"03.png~06.png"的【不透明度】为100%,如图3-228所示。

图3-228

05 拖动时间线,查看此时动画效果,如图3-229所示。

06 将素材"02.png"和"01.png"导入时间线窗口中。将时间线拖动到第0秒,打开素材"02.png"的【位置】前面的 按钮,设置数值为328.5,1289.5。打开素材"01.png"的【缩放】和【旋转】前面的 按钮,设置【缩放】为0.0,0.0%,设置【旋转】为-1x+0°,如图3-230所示。

图3-229

图3-230

07 将时间线拖动到第3秒，设置素材"02.png"的【位置】为 328.5,465.5。设置素材"01.png"的【缩放】为100.0,100.0%，【旋转】为-90，如图3-231所示。

图3-231

08 将时间线拖动到第4秒，设置素材"01.png"的【旋转】为0×+0.0°，如图3-232所示。

图3-232

09 拖动时间线，查看此时的动画效果，如图3-233所示。

图3-233

中文版After Effects影视后期特效设计与制作全视频 实战228例

第**4**章

文字效果

 本章概述　After Effects中的文字工具非常强大，而且操作方便快捷，因此可以高效地创建出很多文字效果。文字是静态作品和动态作品中都必不可少的元素，好的文字设计可以表达作品的情感。文字本身的变化及文字的编排、组合对版面来说极为重要。文字不仅传递信息，也是视觉传达最直接的方式。

 本章重点
◆ 掌握文本工具的使用方法
◆ 掌握文本属性制作动画

/ 佳 / 作 / 欣 / 赏 /

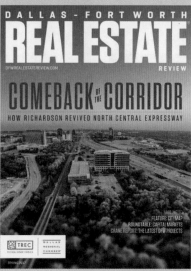

实例056 文字组合

文件路径	第4章 \ 文字组合
难易指数	★★★★★
技术要点	多种创建文字的方法

扫码深度学习

操作思路

在使用After Effects时，需要添加文字来加以点缀或说明等，这时就需要创建文字效果。本例主要掌握多种创建文字的方法。

案例效果

案例效果如图4-1所示。

图4-1

操作步骤

01 在时间线窗口中选择【新建】|【纯色】命令，如图4-2所示。

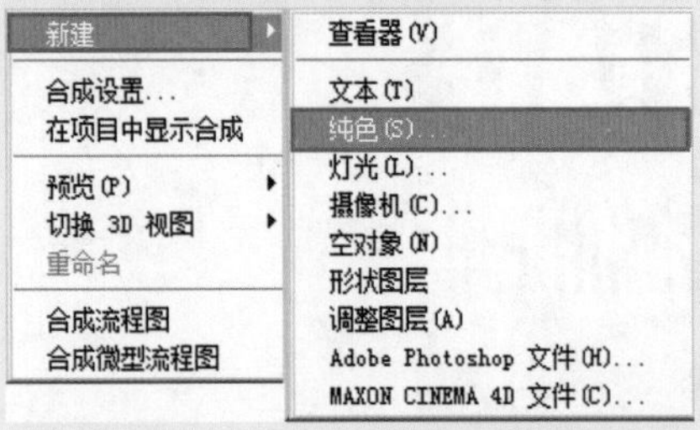

图4-2

02 设置【颜色】为黄色，如图4-3所示。

03 此时的效果如图4-4所示。

04 在时间线窗口中选择【新建】|【文本】命令，如图4-5所示。

图4-3

图4-4

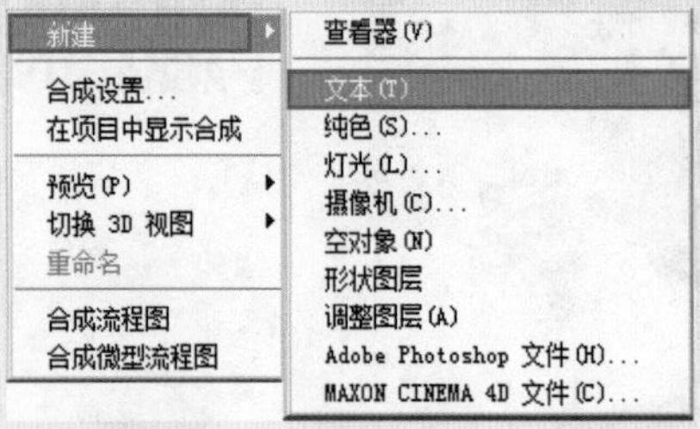

图4-6

05 输入文字，并摆放好位置，如图4-6所示。

06 在【字符】面板设置相应的参数，注意文字的首字母的字号要大一些，如图4-7所示。

07 继续新建文本图层，并输入文字，如图4-8所示。

08 继续新建文本图层，并输入文字，如图4-9所示。

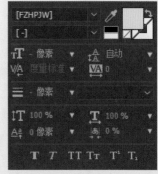
图4-7

图4-8

图4-9

09 最终的画面效果如图4-10所示。

图4-10

提示 在菜单栏中或使用快捷键创建文本层

也可以在菜单栏中选择【图层】|【新建】|【文本】命令，或按快捷键Ctrl+Shift+Alt+T，即可创建

文本图层，如图4-11所示。

图4-11

实例057 厚度文字

文件路径	第4章\厚度文字
难易指数	★★★★★
技术要点	【斜面Alpha】效果

扫码深度学习

操作思路

本例主要掌握对文字图层添加【斜面Alpha】效果，使文字呈现立体和厚度的效果。

案例效果

案例效果如图4-12所示。

图4-12

操作步骤

01 将素材"01.jpg"导入到时间线窗口中，如图4-13所示。

图4-13

02 此时的背景效果如图4-14所示。

图4-14

03 使用 T（横排文字工具），单击并输入文字，如图4-15所示。

图4-15

04 在【字符】面板中设置相应的字体类型，设置字体大小为500，字体颜色为褐色，如图4-16所示。

05 为文字添加【斜面Alpha】效果，设置【边缘厚度】为8.60，【灯光角度】为0×–30.0°，【灯光颜色】为黄色。然后添加【投影】效果，设置【距离】为23.0，【柔和度】为20.0，如图4-17所示。

图4-16

图4-17

06 最终的效果如图4-18所示。

图4-18

实例058 金属凹陷文字

文件路径	第4章\金属凹陷文字
难易指数	★★★★★
技术要点	● 斜面和浮雕 ● 内阴影 ● 混合模式

扫码深度学习

💡操作思路

本例通过对文字添加【斜面和浮雕】和【内阴影】这两种图层样式，并修改混合模式来制作金属凹陷文字效果。

🖱案例效果

案例效果如图4-19所示。

图4-19

🎤操作步骤

01 将素材"01.jpg"导入到时间线窗口中，如图4-20所示。

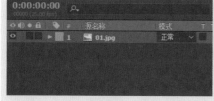

图4-20

02 此时的背景效果如图4-21所示。

03 使用 T（横排文字工具），单击并输入文字，如图4-22所示。

图4-21　　　　　　　　图4-22

04 在【字符】面板中设置相应的字体类型，设置字体大小为150像素，字体颜色为浅灰色，如图4-23所示。

05 选择文字图层，右击鼠标，在弹出的快捷菜单中选择【图层样式】|【斜面和浮雕】命令，如图4-24所示。

图4-23　　　　　　　　图4-24

06 设置【样式】为【外斜面】，【方向】为【向下】，【大小】为1.0，【柔化】为1.0，【高亮模式】为【线性减淡】，【高光不透明度】为30%，【阴影不透明度】为30%，如图4-25所示。

图4-25

07 继续右击鼠标，在弹出的快捷菜单中选择【图层样式】|【内阴影】命令，如图4-26所示。

08 设置文字图层的【模式】为【相乘】，如图4-27所示。

09 最终的效果如图4-28所示。

图4-26

图4-27

图4-28

操作思路

本例主要掌握对文字图层添加渐变特效，使文字产生彩色渐变效果。

案例效果

案例效果如图4-29所示。

图4-29

操作步骤

01 将素材"01.jpg"导入到时间线窗口中，如图4-30所示。

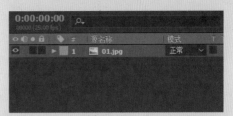

图4-30

02 使用 T（横排文字工具），单击并输入文字，如图4-31所示。

图4-31

03 在【字符】面板中设置相应的字体类型，设置字体大小为360像素，然后单击 ☑（没有填充颜色）按钮，如图4-32所示。

04 设置【描边宽度】为15像素，如图4-33所示。

图4-32　　　　图4-33

05 为该文字图层添加【四色渐变】效果，参数保持默认即可，如图4-34所示。

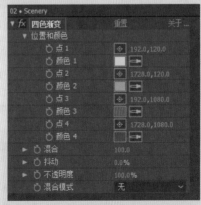

图4-34

06 最终的效果如图4-35所示。

图4-35

实例060　发光文字动画

文件路径	第4章\发光文字动画	
难易指数	★★★★★	
技术要点	● 动画预设 ● 【发光】效果	

扫码深度学习

操作思路

本例通过对文字添加【动画预设】制作动画变化，并添加【发光】效果制作发光文字。

案例效果

案例效果如图4-36所示。

图4-36

操作步骤

01 将素材"01.jpg"导入到时间线窗口中，如图4-37所示。

02 使用T（横排文字工具），单击并输入文字，如图4-38所示。

图4-37

图4-38

03 在【字符】面板中设置相应的字体类型，设置字体大小为400，然后设置颜色为橘色，如图4-39所示。

04 进入【效果和预设】面板，展开【动画预设】|Text|Blurs|【蒸发】选项，然后将其拖到文字上，如图4-40所示。

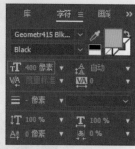

图4-39

图4-40

05 此时拖动时间线已经看到产生了类似蒸发效果的文字动画，如图4-41所示。

图4-41

06 选择刚才的文字图层，按快捷键Ctrl+D，将其复制一层，如图4-42所示。

07 选择复制出的文字图层，为其添加【发光】效果，设置【发光半径】为126.0，【发光强度】为3.0，如图4-43所示。

图4-42

图4-43

08 最终的文字动画效果如图4-44所示。

图4-44

实例061 多彩卡通文字

文件路径	第4章 \ 多彩卡通文字
难易指数	★★★★★
技术要点	横排文字工具

扫码深度学习

操作思路

依次对文字进行选择并设置不同的字体、颜色，然后统一进行描边效果。本例主要掌握制作彩色文字效果的方法。

案例效果

案例效果如图4-45所示。

图4-45

操作步骤

01 将素材"01.png"导入到时间线窗口中，如图4-46所示。

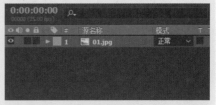

图4-46

02 此时的效果如图4-47所示。

图4-47

03 使用 T（横排文字工具），单击并输入文字，如图4-48所示。

图4-48

04 在【字符】面板中设置相应的字体类型，设置字体大小为120，然后设置颜色为红色，描边颜色为白色，设置描边宽度为35，如图4-49所示。

图4-49

05 选择第2个字母，设置颜色为橙色，如图4-50所示。

06 依次更改颜色为红、橙、黄、绿、青、蓝、紫等颜色，如图4-51所示。

实战228例

After Effects

63

图4-50

图4-51

实例062 描边文字

文件路径	第4章\描边文字
难易指数	★★★★★
技术要点	横排文字工具

扫码深度学习

操作思路

对文字设置字体颜色,并为其设置描边颜色和描边宽度,从而制作广告中常用的描边文字效果。

案例效果

案例效果如图4-52所示。

图4-52

操作步骤

01 将素材"01.jpg"和"02.png"导入到时间线窗口中,如图4-53所示。

02 此时的效果如图4-54所示。

图4-53

图4-54

03 在时间线窗口中右击鼠标,在弹出的快捷菜单中选择【新建】|【文本】命令,如图4-55所示。

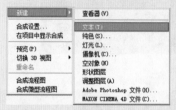

图4-55

04 单击输入一组文字,并移动到合适的位置,如图4-56所示。

图4-56

05 在【字符】面板中设置相应的字体类型,设置字体大小为370像素,然后设置颜色为黄色,描边颜色为白色,设置描边宽度为43像素,如图4-57所示。

06 最终的效果如图4-58所示。

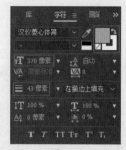

图4-57

图4-58

实例063 条纹文字

文件路径	第4章\条纹文字
难易指数	★★★★★
技术要点	● 椭圆工具 ● 横排文字工具 ● 【投影】效果 ● 【百叶窗】效果

扫码深度学习

操作思路

本例通过为纯色层应用椭圆工具制作背景,使用横排文字工具创建文字,并应用【投影】效果、【百叶窗】效果制作百叶窗文字,创建关键帧动画。

案例效果

案例效果如图4-59所示。

图4-59

操作步骤

01 在项目窗口中右击鼠标，在弹出的快捷菜单中选择【新建合成】命令，在弹出的【合成设置】对话框中单击【确定】按钮，如图4-60所示。

图4-60

02 在时间线窗口中新建纯色图层，并设置颜色为青色，如图4-61所示。

图4-61

03 选择刚创建的纯色图层，单击（椭圆工具）按钮，并拖动出一个椭圆形遮罩，如图4-62所示。

图4-62

04 设置【蒙版羽化】为350.0,350.0像素，【蒙版扩展】为150像素，如图4-63所示。

图4-63

05 此时已经产生了羽化的背景效果，如图4-64所示。

06 使用 T（横排文字工具），单击并输入文字，如图4-65所示。

图4-64　　　　　图4-65

07 在【字符】面板中设置相应的字体类型，设置字体大小为330像素，设置颜色为黄色，如图4-66所示。

08 为该文字图层添加【投影】效果，设置【不透明度】为60%，【柔和度】为10.0，如图4-67所示。

图4-66　　　　　图4-67

09 此时已经产生了投影的效果，如图4-68所示。

图4-68

10 为文字图层添加【百叶窗】效果。设置【方向】为0×−45.0°，【宽度】为24。将时间线拖动到第0秒，单击打开【过渡完成】前面的按钮，设置其参数为50%，如图4-69所示。

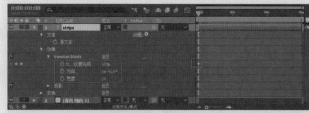

图4-69

11 将时间线拖动到第1秒，设置【过渡完成】为0%，如图4-70所示。

图4-70

12 此时的文字动画效果如图4-71所示。

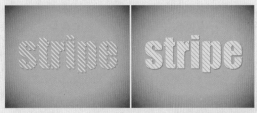

图4-71

实例064 炫光游动文字动画

文件路径	第4章\炫光游动文字动画
难易指数	★★★★★
技术要点	● 椭圆工具 ● 横排文字工具 ●【快速模糊】效果 ●【镜头光晕】效果

🔍扫码深度学习

操作思路

本例应用椭圆工具、横排文字工具、【快速模糊】效果、【镜头光晕】效果制作炫光游动文字动画。

案例效果

案例效果如图4-72所示。

图4-72

操作步骤

01 在时间线窗口新建一个纯色层，并设置颜色为褐色，如图4-73所示。

图4-73

02 此时的背景效果如图4-74所示。

03 再次新建一个黑色的纯色图层，选择刚创建的纯色图层，单击 ⬭（椭圆工具）按钮，并拖动出一个椭圆形遮罩，如图4-75所示。

图4-74　　　　　　　　图4-75

04 勾选【反转】复选框，设置【蒙版羽化】为150.0,150.0像素，如图4-76所示。

图4-76

05 使用 **T**（横排文字工具），单击并输入文字，如图4-77所示。

图4-77

06 选择文字，设置【锚点分组】为【行】，【分组对齐】为0.0，-50.0%。然后为文字添加【快速模糊】效果。开始制作动画，将时间线拖动到第0帧，打开【模糊度】、【位置】、【缩放】前面的◎按钮，并分别设置【模糊度】为45.0，【位置】为-55.6,302.3，【缩放】为246.0,246.0%，如图4-78所示。

图4-78

07 将时间线拖动到第1秒4帧，设置【模糊度】为0.0，如图4-79所示。

图4-79

08 将时间线拖动到第2秒19帧，设置【位置】为199.4,268.3，【缩放】为86.9,86.9%，如图4-80所示。

图4-80

09 将时间线拖动到第3秒29帧，设置【缩放】为85.3,85.3%，如图4-81所示。

图4-81

10 再次新建一个黑色纯色图层，设置【模式】为【相加】。为其添加【镜头光晕】效果，设置【镜头类型】为105毫米定焦。开始制作动画，将时间线拖动到第0.0帧，打开【光晕中心】前面的◎按钮，并设置参数为7.0,232.2，如图4-82所示。

图4-82

11 将时间线拖动到第3秒29帧，设置【光晕中心】为603.1,251.1，如图4-83所示。

图4-83

12 最终的炫光游动动画效果如图4-84所示。

图4-84

实例065　写字动画

文件路径	第4章\写字动画
难易指数	★★★★★
技术要点	● 钢笔工具 ● 【描边】效果

操作思路

本例通过应用钢笔工具绘制连笔字，并添加【描边】效果，通过设置关键帧制作文字写作动画。

案例效果

案例效果如图4-85所示。

图4-85

操作步骤

01 将素材"01.jpg"导入到时间线窗口中，如图4-86所示。

图4-86

02 此时的效果如图4-87所示。

图4-87

03 选择素材"01.jpg"图层，然后单击 （钢笔工具）按钮。依次绘制出3个连笔英文单词，如图4-88所示。

04 为图层添加【描边】效果，选中第一个单词，设置【颜色】为黑色，【画笔大小】为5.4，【画笔硬度】为80%。将时间线拖动到第0秒，打开【结束】前面的 按钮，设置数值为0.0%，如图4-89所示。

图4-88

图4-89

05 将时间线拖动到第2秒，设置【结束】为100.0%，如图4-90所示。

图4-90

06 此时拖动时间线已经看到第一组单词出现了书写动画，如图4-91所示。

图4-91

07 继续为图层添加【描边】效果，选中第二个单词，设置【路径】为【蒙版2】，【颜色】为黑色，【画笔大小】为5.4，【画笔硬度】为80%。将时间线拖动到第2秒，打开【结束】前面的 按钮，设置数值为0.0%，如图4-92所示。

图4-92

08 将时间线拖动到第3秒，设置【结束】为100.0%，如图4-93所示。

图4-93

09 继续为图层添加【描边】效果，选中第三个单词，设置【路径】为【蒙版3】，【颜色】为黑色，【画笔大小】为5.4，【画笔硬度】为80%。将时间线拖动到第3秒，打开【结束】前面的 按钮，设置数值为0.0%，如图4-94所示。

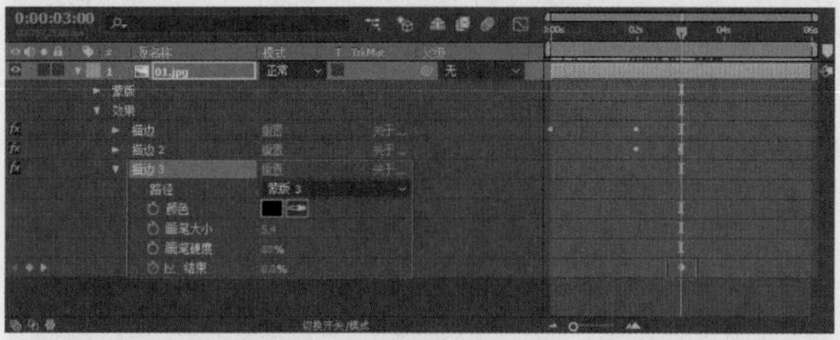

图4-94

10 将时间线拖动到第4秒，设置【结束】为100.0%，如图4-95所示。

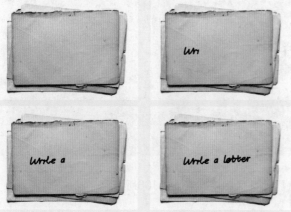

图4-95

11 最终的动画效果如图4-96所示。

图4-96

实例066　梦幻文字效果

文件路径	第4章\梦幻文字效果
难易指数	★★★★★
技术要点	● CC Particle World 效果 ● 【斜面 Alpha】效果 ● 【投影】效果

扫码深度学习

操作思路

本例应用CC Particle World效果制作梦幻粒子，应用【斜面Alpha】效果、【投影】效果制作三维文字。

案例效果

案例效果如图4-97所示。

图4-97

操作步骤

01 将素材"01.jpg"导入到时间线窗口中，并设置【缩放】为79.0，79.0%，如图4-98所示。

图4-98

02 此时的效果如图4-99所示。

图4-99

03 新建一个黑色纯色图层，为其添加CC Particle World效果，设置Birth Rate为0.1，Gravity为0.000，

Particle Type为TriPolygon，Birth Size为0.150，Death Size为0.150，Birth Color为蓝色，Death Color为紫色，如图4-100所示。

图4-100

04 继续新建一个黑色纯色图层，为其添加CC Particle World效果，设置Birth Rate为0.2，Longevity（sec）为2.00，Velocity为0.50，Gravity为0.000，Particle Type为Faded Sphere，Birth Size为0.100，Death Size为0.100，Birth Color为白色，Death Color为白色，如图4-101所示。

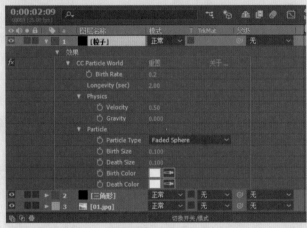

图4-101

05 此时拖动时间线，可以看到粒子动画。接着使用T（横排文字工具），单击并输入文字，如图4-102所示。

图4-102

06 为文字图层添加【斜面Alpha】效果，设置【灯光角度】为0×-24.0°，如图4-103所示。

图4-103

07 继续添加【投影】效果，设置【阴影颜色】为紫色，【不透明度】为100%，【方向】为0×+0.0°，【距离】为0.0，【柔和度】为72.0，如图4-104所示。

图4-104

08 再次添加【投影】效果，设置【阴影颜色】为紫色，【不透明度】为100%，【方向】为0×+0.0°，【距离】为0.0，【柔和度】为72.0，如图4-105所示。

图4-105

09 最终文字效果如图4-106所示。

艺境 中文版After Effects影视后期特效设计与制作全视频 实战228例

图4-106

实例067　马赛克文字

文件路径	第4章\马赛克文字
难易指数	★★★★★
技术要点	【马赛克】效果

扫码深度学习

操作思路

本例使用【横排文字】工具创建一组文字，并应用【马赛克】效果制作马赛克效果。

案例效果

案例效果如图4-107所示。

图4-107

操作步骤

01 将素材"01.jpg"导入到时间线窗口中，设置【缩放】为80.0,80.0%，如图4-108所示。

图4-108

02 此时的效果如图4-109所示。

03 使用 T（横排文字工具）创建一组文字，如图4-110所示。

04 在【字符】面板中设置相应的字体类型，设置填充颜色为黄绿色，设置【字体大小】为330像素，如图4-111所示。

图4-109

图4-110　　　　　图4-111

05 为文字图层添加【马赛克】效果，设置【水平块】为40，【垂直块】为22，如图4-112所示。

图4-112

06 最终的效果如图4-113所示。

图4-113

文件路径	第4章\图像文字效果
难易指数	★★★★★
技术要点	● 【镜头光晕】效果 ● 【亮度和对比度】效果 ● 横排文字工具 ● 轨道遮罩

扫码深度学习

操作思路

本例应用【镜头光晕】效果、【亮度和对比度】效果制作背景，应用横排文字工具创建文字，并通过修改【轨道遮罩】制作文字和图形叠加的画面效果。

案例效果

案例效果如图4-114所示。

图4-114

操作步骤

01 在时间线窗口中右击鼠标，新建一个品蓝色纯色图层，如图4-115所示。

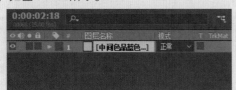

图4-115

02 再次新建一个黑色纯色图层，并设置【模式】为屏幕，为其添加【镜头光晕】效果，设置【光晕中心】为860.4,86.7，【光晕亮度】为120%，如图4-116所示。

图4-116

03 此时的背景已经产生了光晕的效果，如图4-117所示。

04 将素材"01.jpg"导入到时间线窗口中，并为其添加【亮度和对比度】效果，设置【亮度】为-75，

【使用旧版（支持HDR）】为【开】，设置【位置】为555.8,308.0，如图4-118所示。

图4-117

图4-118

05 使用 **T**（横排文字工具），单击并输入文字。此时的文字效果，如图4-119所示。

06 在【字符】面板中设置填充颜色和描边颜色为黑色，设置【字体大小】为360像素，【描边宽度】为85像素，选中【仿粗体】按钮 **T**，如图4-120所示。

图4-119　　　　　　图4-120

07 设置素材"01.jpg"的【轨道遮罩】为【Alpha遮罩"SUN"】，如图4-121所示。

图4-121

08 此时的文字效果如图4-122所示。

艺境 中文版After Effects影视后期特效设计与制作全视频 实战228例

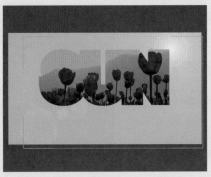

图4-122

09 再次拖动素材"01.jpg"到时间线窗口中，设置【位置】为555.8,308.0，如图4-123所示。

图4-123

10 使用T（横排文字工具），单击并输入文字，如图4-124所示。

11 在【字符】面板中设置填充颜色和描边颜色为黑色，设置【字体大小】为360像素，【描边宽度】为25像素，选中【仿粗体】按钮T，如图4-125所示。

图4-124　　　　　　图4-125

12 设置素材"01.jpg"的【轨道遮罩】为【Alpha 遮罩 "SUN 2"】，如图4-126所示。

图4-126

13 最终的效果如图4-127所示。

图4-127

实例069　字景融合效果

文件路径	第 4 章 \ 字景融合效果
难易指数	★★★★★
技术要点	●【亮度和对比度】效果 ● 横排文字工具 ● 轨道遮罩

🔍 扫码深度学习

💡 操作思路

　　本例应用【亮度和对比度】效果制作背景，应用横排文字工具创建文字，并通过修改【轨道遮罩】制作文字和图形叠加的画面效果。

🖱 案例效果

　　案例效果如图4-128所示。

图4-128

🎙 操作步骤

01 在时间线窗口中导入素材"01.jpg"，设置【缩放】为66.0,66.0%，如图4-129所示。

图4-129

02 此时的效果如图4-130所示。

图4-130

03 选择时间线窗口中的素材"01.jpg"，按快捷键Ctrl+D复制一份。然后为其添加【亮度和对比度】效果，设置【亮度】为-65，【使用旧版（支持HDR）】为【开】，如图4-131所示。

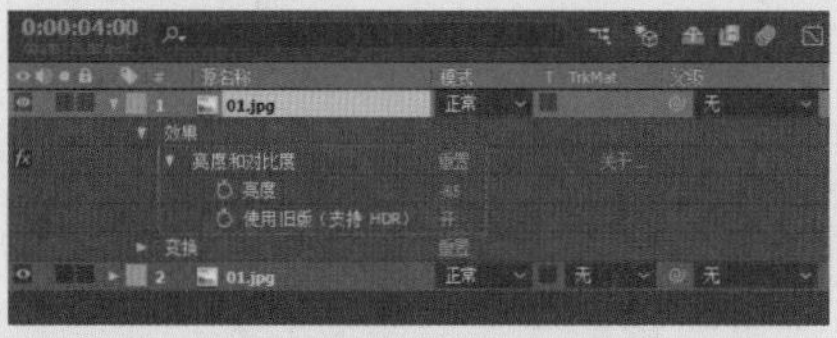

图4-131

04 使用 T（横排文字工具），单击并输入文字。此时的文字效果如图4-132所示。

图4-132

05 在【字符】面板中设置填充颜色和描边颜色为黑色，设置【字体大小】为400像素，【描边宽度】为66像素，如图4-133所示。

图4-133

06 设置素材"01.jpg"的【轨道遮罩】为【Alpha遮罩"Life"】，如图4-134所示。

图4-134

07 此时的文字效果如图4-135所示。

图4-135

08 继续将最初的素材"01.jpg"复制一份，如图4-136所示。

图4-136

09 使用 T（横排文字工具），单击并输入文字。此时的文字效果如图4-137所示。

图4-137

10 在【字符】面板中设置填充颜色为黑色，设置【字体大小】为400，如图4-138所示。

11 设置素材"01.jpg"的【轨道遮罩】为【Alpha遮罩"Life 2"】，如图4-139所示。

12 最终的效果如图4-140所示。

图4-138

图4-139

图4-140

实例070　金属文字

文件路径	第4章\金属文字
难易指数	★★★★★
技术要点	● 横排文字工具 ● 【梯度渐变】效果 ● 【斜面Alpha】效果 ● 【发光】效果 ● 【投影】效果

扫码深度学习

操作思路

本例应用横排文字工具创建文字，并添加【梯度渐变】效果、【斜面Alpha】效果、【发光】效果、【投影】效果制作金属文字。

案例效果

案例效果如图4-141所示。

图4-141

🎙️ 操作步骤

01 将素材"01.jpg"导入到时间线窗口中,设置【缩放】为52.0,52.0%,如图4-142所示。

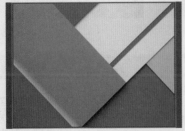

图4-142

02 此时背景效果如图4-143所示。

图4-143

03 使用T(横排文字工具),单击并输入文字,如图4-144所示。

图4-145

图4-146

06 为文字添加【斜面Alpha】效果,设置【边缘厚度】为3.50,【灯光强度】为1.00,如图4-147所示。

图4-147

07 为文字添加【发光】效果,设置【发光阈值】为80.0%,【发光半径】为20.0,【发光强度】为2.0,如图4-148所示。

图4-148

08 为文字添加【投影】效果,设置【柔和度】为20.0,如图4-149所示。

图4-149

09 最终的效果如图4-150所示。

图4-150

实例071	预设文字动画
文件路径	第4章\预设文字动画
难易指数	⭐⭐⭐⭐⭐
技术要点	● 横排文字工具 ● 【投影】效果 ● 动画预设

🔍 扫码深度学习

💡 操作思路

本例应用横排文字工具创建文字,并为其添加【投影】效果制作阴影,并应用【动画预设】制作文字的趣味动画。

🖱️ 案例效果

案例效果如图4-151所示。

图4-151

🎙️ 操作步骤

01 将素材"01.jpg"导入到时间线窗口中,如图4-152所示。

02 此时背景效果如图4-153所示。

图4-144

04 在【字符】面板中设置相应的字体类型,设置字体大小为200,字体颜色为白色,如图4-145所示。

05 为文字添加【梯度渐变】效果,设置【渐变起点】为455.0,419.0,【起始颜色】为浅灰色,【渐变终点】为455.0,485.0,【结束颜色】为黑色,如图4-146所示。

图4-152

图4-158

图4-153

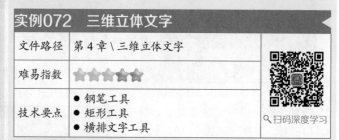

图4-159

03 使用 T（横排文字工具），单击并输入文字，如图4-154所示。

04 在【字符】面板中设置相应的字体类型，设置字体大小为200像素，字体颜色为黄色，如图4-155所示。

图4-154　　　　　图4-155

05 为文字添加【投影】效果，设置【柔和度】为20.0，如图4-156所示。

06 此时文字产生了阴影效果，如图4-157所示。

图4-156　　　　　图4-157

07 进入【效果和预设】面板，单击展开【动画预设】|Text|3D Text|【3D从左侧振动进入】，然后将其拖到文字上，如图4-158所示。

08 拖动时间线，已经产生了文字动画，如图4-159所示。

实例072　三维立体文字

文件路径	第4章\三维立体文字
难易指数	★★★★★
技术要点	● 钢笔工具 ● 矩形工具 ● 横排文字工具

扫码深度学习

操作思路

本例应用钢笔工具、矩形工具模拟三维立体图案，应用横排文字工具创建文字。

案例效果

案例效果如图4-160所示。

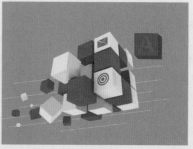

图4-160

艺境 中文版After Effects影视后期特效设计与制作全视频 实战228例

After Effects

操作步骤

01 将素材"背景.jpg""01.png""02.png"导入到时间线窗口中，如图4-161所示。

图4-161

02 此时的背景效果如图4-162所示。

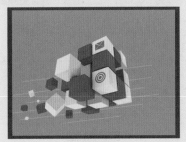

图4-162

03 不选择任何图层，直接单击 (钢笔工具)按钮，设置【填充】为紫色，绘制一个闭合的图形，如图4-163所示。

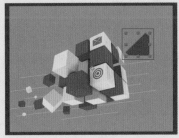

图4-163

04 不选择任何图层，直接单击 (矩形工具)按钮，绘制一个矩形，设置【填充】为浅紫色，如图4-164所示。

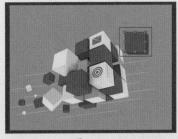

图4-164

05 使用 T (横排文字工具)，单击并输入文字，并进入【字符】面板，设置字体大小为125，【填充颜色】为灰色，如图4-165所示。

图4-165

06 此时的文字效果如图4-166所示。

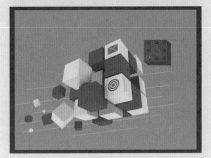

图4-166

实例073	多彩三维文字效果
文件路径	第4章\多彩三维文字效果
难易指数	★★★★★
技术要点	● 横排文字工具 ● 【四色渐变】效果 ● 【色相/饱和度】效果 ● 【投影】效果

扫码深度学习

操作思路

本例使用横排文字工具创建文字，并为其添加【四色渐变】效果、【色相/饱和度】效果、【投影】效果制作多彩三维文字。

案例效果

案例效果如图4-167所示。

图4-167

操作步骤

01 在时间线窗口中右击鼠标，新建一个白色纯色图层，如图4-168所示。

02 在时间线窗口中导入"背景.jpg"素材，如图4-169所示。

图4-168

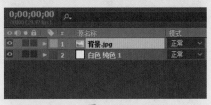

图4-169

03 此时的背景效果如图4-170所示。

图4-170

04 使用 T (横排文字工具)，单击并输入文字，如图4-171所示。

图4-171

05 进入【字符】面板，设置字体大小为300像素，【填充颜色】为灰色，如图4-172所示。

图4-172

06 为该文字图层添加【四色渐变】效果，如图4-173所示。

图4-173

07 为该文字图层添加【色相/饱和度】效果，设置【主饱和度】为100，如图4-174所示。

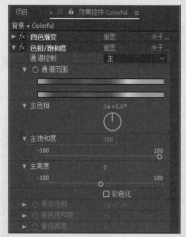

图4-174

08 此时文字四色渐变效果如图4-175所示。

图4-175

09 继续创建一组文字，与刚才的文字一样。为该文字图层添加【四色渐变】效果，并设置四个颜色比之前的浅一些，如图4-176所示。

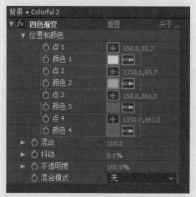

图4-176

10 为该文字图层添加【投影】效果，设置【不透明度】为60%，【距离】为20.0，【柔和度】为50.0，如图4-177所示。

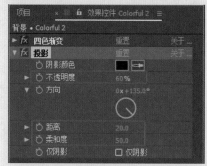

图4-177

11 设置复制出的文字的【位置】为169.7,574.9，如图4-178所示。

图4-178

12 最终的彩色文字效果如图4-179所示。

图4-179

实例074	电影海报渐变文字
文件路径	第4章\电影海报渐变文字
难易指数	★★★★★
技术要点	● 横排文字工具 ● 梯度渐变效果 ● 斜面 Alpha 效果 ●【投影】效果

扫码深度学习

操作思路

本例使用横排文字工具创建文字，并为其添加【梯度渐变】效果、【斜面Alpha】效果、【投影】效果制作电影海报渐变文字。

案例效果

案例效果如图4-180所示。

图4-180

操作步骤

01 在时间线窗口中导入素材"01.png"，设置【位置】

为384.5,638.0。导入素材"背景.jpg",如图4-181所示。

图4-181

02 此时的背景效果如图4-182所示。

图4-182

03 使用 T（横排文字工具），单击并输入文字，如图4-183所示。

图4-183

04 进入【字符】面板，设置字体大小为184像素，【填充颜色】为绿色，单击 T（仿粗体）按钮，如图4-184所示。

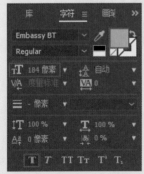

图4-184

05 为该文字图层添加【梯度渐变】效果，并设置【渐变起点】为231.0,102.0，【起始颜色】为黄色，

【渐变终点】为223.0,264.0，【结束颜色】为青色，如图4-185所示。

图4-185

06 为该文字图层添加【斜面Alpha】效果，设置【灯光角度】为0×+60.0°，如图4-186所示。

图4-186

07 为该文字图层添加【投影】效果，设置【距离】为4.0，【柔和度】为20.0，如图4-187所示。

图4-187

08 最终的海报文字效果如图4-188所示。

图4-188

実例075　海报组合文字

文件路径	第4章\海报组合文字
难易指数	★★★★★
技术要点	● 横排文字工具 ● 【梯度渐变】效果

🔍扫码深度学习

💡 操作思路

本例使用横排文字工具创建文字，并应用【梯度渐变】效果制作金属质感的海报组合文字效果。

👆 案例效果

案例效果如图4-189所示。

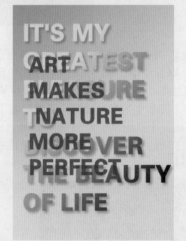

图4-189

🎤 操作步骤

01 在时间线窗口中导入素材"背景.jpg"，如图4-190所示。

图4-190

02 此时的背景效果如图4-191所示。

03 使用 T（横排文字工具），单击并输入文字，如图4-192所示。

图4-191

图4-192

07 继续使用■（横排文字工具），单击并输入文字。进入【字符】面板，设置字体大小为77像素，【填充颜色】为红色，单击■（仿粗体）和■（全部大写字母）按钮，如图4-196所示。

08 设置该文字图层的【位置】为59.8,244.2，【不透明度】为75%，如图4-197所示。

04 进入【字符】面板，设置字体大小为85像素，【填充颜色】为绿色，单击■（仿粗体）和■（全部大写字母）按钮，如图4-193所示。

图4-193

图4-196

图4-197

09 最终海报组合文字效果如图4-198所示。

05 为该文字图层添加【梯度渐变】效果，并设置【渐变起点】为80.9,381.6，【起始颜色】为浅灰色，【渐变终点】为499.7,727.7，【结束颜色】为黑色。继续添加【投影】效果，设置【不透明度】为30%，【距离】为10.0，【柔和度】为20.0，如图4-194所示。

06 此时文字产生了强烈的渐变质感，如图4-195所示。

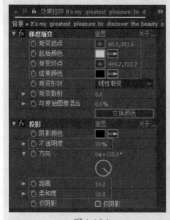
图4-194

图4-195

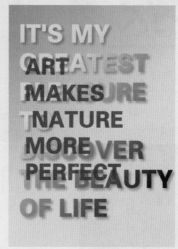
图4-198

第**5**章

滤镜特效

 本章
概述

滤镜是After Effects中最强大的功能之一，通过对素材添加滤镜并修改参数，可以使素材产生更炫酷的、更唯美的、更具情感的、更夸张的变化。滤镜可以单独添加于图层上，也可以添加多个滤镜。

 本章
重点

◆ 了解滤镜效果
◆ 掌握滤镜的使用方法
◆ 掌握视频效果的运用

/ 佳 / 作 / 欣 / 赏 /

实例076 边角定位效果制作广告牌

文件路径	第5章 \ 边角定位效果制作广告牌
难易指数	★★★★★
技术要点	● 【边角定位】效果 ● 【发光】效果

操作思路

本例为素材添加【边角定位】效果，将素材和广告牌完美地对位，并添加【发光】效果制作广告牌发光效果。

案例效果

案例效果如图5-1所示。

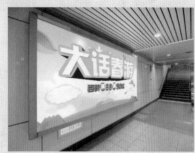

图5-1

操作步骤

01 将素材"01.jpg"和"02.jpg"导入到时间线窗口中，并设置素材"02.jpg"的【缩放】为43.0,43.0%，如图5-2所示。

图5-2

02 此时的效果如图5-3所示。

图5-3

03 为素材"02.jpg"添加【边角定位】效果，并设置【左上】为556.9，-147.4，【右上】为2402.0,558.7，【左下】为551.5,1904.6，【右下】为

2410.3,1308.7，如图5-4所示。

图5-4

04 此时广告已经准确地将四个角定位到了广告牌的位置，如图5-5所示。

图5-5

05 为素材"02.jpg"添加【发光】效果，设置【发光阈值】为100.0%，【发光半径】为5.0，【发光强度】为8.0，【A和B中点】为50%，如图5-6所示。

图5-6

06 此时最终效果如图5-7所示。

图5-7

实例077　编织条纹效果

文件路径	第5章\编织条纹效果
难易指数	★★★★★
技术要点	CC Threads 效果

🔍扫码深度学习

操作思路

本例为素材添加CC Threads效果制作编织条纹效果。

案例效果

案例效果如图5-8所示。

图5-8

操作步骤

01 将素材"01.jpg"导入到时间线窗口中，如图5-9所示。

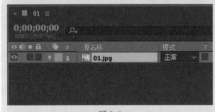

图5-9

02 此时的效果如图5-10所示。

图5-10

03 为素材"01.jpg"添加CC Threads效果，并设置Width为80.0，Height为80.0，Overlaps为2，Direction为0×+45.0°，Coverage为100.0，Shadowing为40.0，Texture为10.0，如图5-11所示。

04 此时最终效果如图5-12所示。

图5-11　　　　　　　　　　　图5-12

实例078　吹泡泡效果

文件路径	第5章\吹泡泡效果
难易指数	★★★★★
技术要点	●【泡沫】效果 ●【四色渐变】效果

🔍扫码深度学习

操作思路

本例通过对纯色图层添加【泡沫】效果制作泡泡，并添加【四色渐变】效果制作彩色泡泡。

案例效果

案例效果如图5-13所示。

图5-13

操作步骤

01 将素材"01.jpg"导入到时间线窗口中，如图5-14所示。

02 此时的效果如图5-15所示。

图5-14

图5-15

03 在时间线窗口中右击鼠标，在弹出的快捷菜单中选择【新建】|【纯色】命令，如图5-16所示。

04 设置颜色为黑色，并为其命名，如图5-17所示。

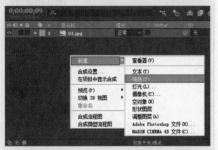

图5-16

图5-17

05 将新建的纯色图层放置到最顶层，如图5-18所示。

06 为纯色图层添加【泡沫】效果，设置【视图】为【已渲染】，【制作者】的【产生X大小】为0.050，【产生Y大小】为0.050，【气泡】的【大小】为2.000，【缩放】为2.000，【正在渲染】的【气泡纹理】

为【小雨】，【模拟品质】为【强烈】，【随机植入】为2，如图5-19所示。

图5-18

图5-19

07 为纯色图层添加【四色渐变】效果，设置【不透明度】为70.0%，【混合模式】为【强光】，如图5-20所示。

图5-20

08 拖动时间线查看此时最终效果，如图5-21所示。

图5-21

实例079　放大镜效果

文件路径	第5章\放大镜效果
难易指数	⭐⭐⭐⭐⭐
技术要点	【放大】效果

🔍扫码深度学习

操作思路

本例通过为素材添加【放大】效果，制作类似放大镜的效果。

案例效果

案例效果如图5-22所示。

艺境 中文版After Effects影视后期特效设计与制作全视频　实战228例

图5-22

操作步骤

01 将素材"01.jpg"导入到时间线窗口中,如图5-23所示。

02 此时的效果如图5-24所示。

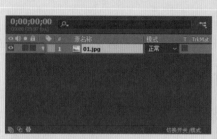

图5-23

图5-24

03 为素材"01.jpg"添加【放大】效果,并设置【中心】为888.4,630.8,【大小】为220.0,【羽化】为5.0,如图5-25所示。

04 此时的最终效果如图5-26所示。

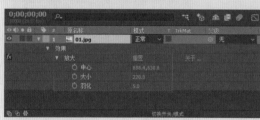

图5-25

图5-26

实例080 浮雕效果

文件路径	第5章\浮雕效果
难易指数	⭐⭐⭐⭐⭐
技术要点	● 【浮雕】效果 ● 【黑色和白色】效果

🔍扫码深度学习

操作思路

本例通过为素材添加【浮雕】效果制作三维浮雕质感,并添加【黑色和白色】效果制作出土黄色浮雕效果。

案例效果

案例效果如图5-27所示。

图5-27

操作步骤

01 将素材"01.jpg"导入到时间线窗口中,如图5-28所示。

图5-28

02 此时的效果如图5-29所示。

图5-29

03 为素材"01.jpg"添加【浮雕】效果,并设置【起伏】为2.50,【与原始图像混合】为20%,如图5-30所示。

图5-30

04 此时的浮雕效果如图5-31所示。

图5-31

05 继续为素材"01.jpg"添加【黑色和白色】效果，勾选【淡色】，【色调颜色】为黄色，如图5-32所示。

图5-32

06 此时最终效果如图5-33所示。

图5-33

实例081 夜晚闪电效果

文件路径	第5章\夜晚闪电效果
难易指数	★★★★★
技术要点	● 【高级闪电】效果 ● 【色相/饱和度】效果

扫码深度学习

操作思路

本例通过对素材添加【高级闪电】效果制作多个闪电，并添加【色相/饱和度】效果制作夜晚的效果。

案例效果

案例效果如图5-34所示。

图5-34

操作步骤

01 将素材"01.jpg"导入到时间线窗口中，如图5-35所示。

图5-35

02 此时的夜晚背景效果如图5-36所示。

图5-36

03 为素材"01.jpg"添加【高级闪电】效果，并设置【源点】为245.1,-3.0,【方向】为248.1,714.5,【核心半径】为1.5,【发光半径】为15.0,【发光颜色】为蓝色,【湍流】为1.13,【分叉】为51.0%,【衰减】为0.32,勾选【在原始图像上合成】,设置【核心消耗】为6.0%,如图5-37所示。

图5-37

04 接着勾选【在原始图像上合成】,此时在左侧产生了一个闪电效果，并且与自然中的闪电效果一样出现分支，如图5-38所示。

图5-38

05 继续重复刚才的操作，在中间位置制作出第2个闪电，如图5-39所示。

图5-39

06 继续重复刚才的操作，在右侧位置制作出第3个闪电，如图5-40所示。

图5-40

07 在时间线窗口中右击鼠标，在弹出的快捷菜单中选择【新建】|【调整图层】命令，新建一个调整图层，如图5-41所示。

图5-41

08 为调整图层添加【色相/饱和度】效果，设置【主饱和度】为30，如图5-42所示。

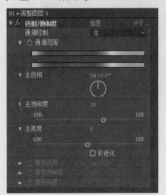

图5-42

09 此时整体颜色产生了更饱和的效果，最终效果如图5-43所示。

图5-43

实例082 照相效果

文件路径	第5章\照相效果
难易指数	★★★★★
技术要点	【边角定位】效果

🔍扫码深度学习

💡**操作思路**

本例通过对素材添加【边角定位】效果，模拟出将素材对位于平板电脑的四个角上，出现真实的拍照效果。

🖱**案例效果**

案例效果如图5-44所示。

图5-44

🎤**操作步骤**

01 将素材"01.png"和"02.jpg"导入到时间线窗口中，设置素材"01.png"的【位置】为966.0,696.0，【缩放】为40.0,40.0%，如图5-45所示。

图5-45

02 此时的效果如图5-46所示。

图5-46

03 选择素材"02.jpg"，按快捷键Ctrl+D将其复制一份，并移动到最顶层，如图5-47所示。

图5-47

04 为复制出的素材"02.jpg"添加【边角定位】效果，设置【左上】为596.6,324.3，【右上】为1327.6,324.8，【左下】为598.6,771.9，【右下】为1325.9,771.5，如图5-48所示。

图5-48

05 此时的最终效果如图5-49所示。

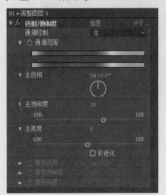

图5-49

实例083 偷天换日效果

文件路径	第5章\偷天换日效果
难易指数	★★★★★
技术要点	● Keylight（1.2）效果 ● 【内部/外部键】效果 ● 【镜头光晕】效果

🔍扫码深度学习

操作思路

本例通过对素材添加Keylight（1.2）效果、【内部/外部键】效果，非常准确地抠除天空，最后应用【镜头光晕】效果制作光晕。

案例效果

案例效果如图5-50所示。

图5-50

操作步骤

01 将素材"02.jpg"导入到时间线窗口中，设置【位置】为960.0,327.0，【缩放】为96.0,96.0%，如图5-51所示。

图5-51

02 此时夜晚背景效果如图5-52所示。

图5-52

03 将素材"01.jpg"导入到时间线窗口中，如图5-53所示。

图5-53

04 为素材"01.jpg"添加Keylight（1.2）效果，然后单击Screen Colour 后面的■按钮，然后吸取素材的天空位置，如图5-54所示。

05 此时可以看到天空已经被抠除了，出现了素材"02.jpg"中的天空，如图5-55所示。

图5-54   图5-55

06 由于刚才的边缘会有很小的瑕疵，需要把边缘抠除得更干净一些，因此继续为素材"01.jpg"添加【内部/外部键】效果，设置【前景（内部）】为【无】，【背景（外部）】为【无】，【薄化边缘】为1.0，【羽化边缘】为1.0，如图5-56所示。

图5-56

07 此时边缘部分已经被抠除得很干净了，如图5-57所示。

08 在时间线窗口中右击鼠标，在弹出的快捷菜单中选择【新建】|【纯色】命令，如图5-58所示。

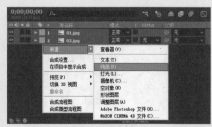

图5-57   图5-58

09 将纯色图层移动到最顶层，如图5-59所示。

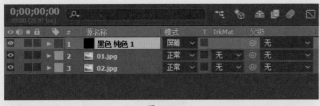

图5-59

10 为纯色图层添加【镜头光晕】效果，设置【光晕中心】为1904.6,390.7，【光晕亮度】为136%，【镜头类型】为【50-300毫米变焦】，如图5-60所示。然后设置纯色图层的混合模式为【屏幕】。

11 此时产生了镜头光晕效果，如图5-61所示。

图5-60

图5-61

实例084 水波纹效果

文件路径	第5章\水波纹效果
难易指数	★★★★★
技术要点	● 【梯度渐变】效果 ● 3D图层 ● 【波纹】效果

扫码深度学习

操作思路

本例为纯色图层添加【梯度渐变】效果制作浅蓝色的渐变背景，应用3D图层制作水面旋转效果，应用【波纹】效果制作水波纹。

案例效果

案例效果如图5-62所示。

图5-62

操作步骤

01 在时间线窗口新建一个黑色纯色图层，然后设置【位置】为512.0,379.0，如图5-63所示。

02 为此时的纯色层添加【梯度渐变】效果，设置【起始颜色】为蓝色，【结束颜色】为浅蓝色，如图5-64所示。

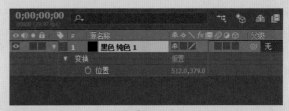

图5-63

图5-64

03 此时制作出了蓝色渐变背景，如图5-65所示。

04 继续在时间线窗口再次新建一个黑色纯色图层，然后单击■（3D图层）按钮，并设置【位置】为518.3,613.6,0.0，设置【X轴旋转】为0×-77.0，如图5-66所示。

图5-65

图5-66

05 此时的黑色图层已经放置到了下方，如图5-67所示。

06 为该纯色图层添加【梯度渐变】效果，设置【起始颜色】为浅蓝色，【结束颜色】为蓝色，如图5-68所示。

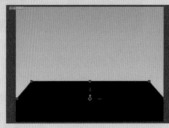

图5-67

图5-68

实战228例

After Effects

07 此时的水面和背景已经很好地融合在一起，如图5-69所示。

08 继续为纯色图层添加【波纹】效果，设置【半径】为80.0，【转换类型】为【对称】，【波形宽度】为33.7，【波形高度】为400.0，【波纹相】为0×+201.0°，如图5-70所示。

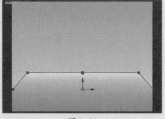

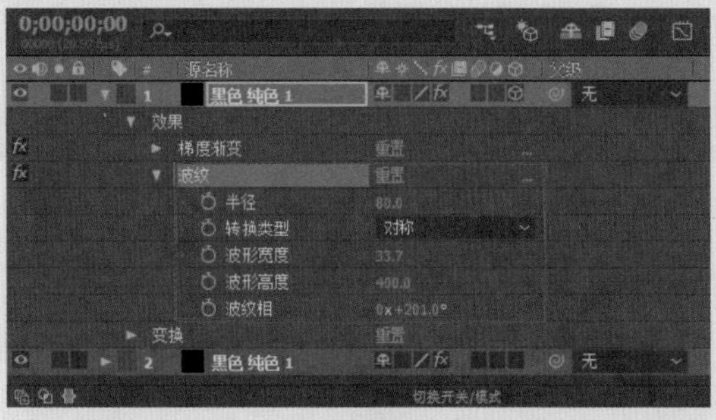

图5-69

图5-70

09 此时水面的波纹出现了，如图5-71所示。

10 将素材"02.png"导入到时间线窗口中，设置【位置】为581.2,355.8，【缩放】为25.0,25.0%，如图5-72所示。

图5-71

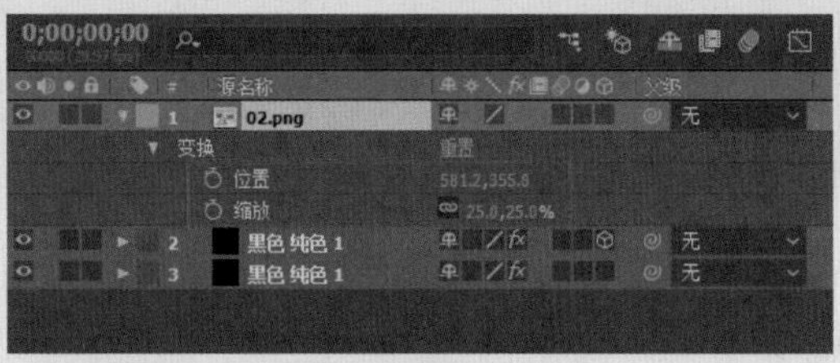

图5-72

11 制作树叶倒影。选择时间线中的素材"02.png"，按快捷键Ctrl+D复制一份，将其放置到第2层的位置。然后单击（3D图层）按钮，并设置【位置】为564.1,553.2,-662.0，【缩放】为17.6,6.5,100.0%，【方向】为145.0°,0.0°,0.0°，【不透明度】为29%，如图5-73所示。

图5-73

12 最终树叶及倒影效果如图5-74所示。

图5-74

实例085　棋盘格背景

文件路径	第5章\棋盘格背景
难易指数	★★★★★
技术要点	●【棋盘】效果 ●【投影】效果

🔍扫码深度学习

操作思路

本例应用【棋盘】效果、【投影】效果制作棋盘格背景。

案例效果

案例效果如图5-75所示。

图5-75

操作步骤

01 在时间线窗口新建一个浅粉色的纯色图层，如图5-76所示。

图5-76

02 此时的浅粉色效果如图5-77所示。

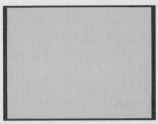

图5-77

03 为刚才的纯色图层添加【棋盘】效果，设置【宽度】为77.3，【颜色】为粉色，【混合模式】为【柔光】，如图5-78所示。

04 此时出现了两种粉色相间的棋盘格效果，如图5-79所示。

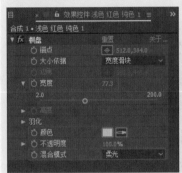

图5-78

图5-79

05 将素材"02.png"导入到时间线窗口中，设置【位置】为429.2,412.2，【缩放】为70.0,70.0%，如图5-80所示。

图5-80

06 此时的气球及背景效果如图5-81所示。

图5-81

07 为素材"02.png"添加【投影】效果，设置【不透明度】为20%，【距离】为60.0，【柔和度】为30.0，如图5-82所示。

08 此时气球产生了投影的效果，画面层次感更强了，如图5-83所示。

图5-82

图5-83

09 将素材"01.png"导入到时间线窗口中，设置【位置】为824.0,639.6，【缩放】为50.0,50.0%，如图5-84所示。

图5-84

10 最终的合成效果如图5-85所示。

图5-85

实例086	马赛克背景效果
文件路径	第5章\马赛克背景效果
难易指数	★★★★★
技术要点	【马赛克】效果

扫码深度学习

💡 操作思路

本例为素材添加【马赛克】效果制作彩色的马赛克背景。

案例效果

案例效果如图5-86所示。

图5-86

操作步骤

01 将素材"01.jpg"导入到项目窗口中，然后将其拖动到时间线窗口中，如图5-87所示。

图5-87

02 此时彩色背景效果如图5-88所示。

图5-88

03 为刚才的素材"01.jpg"添加【马赛克】效果，设置【水平块】为17，【垂直块】为13，如图5-89所示。

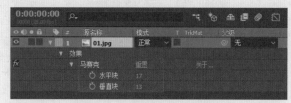

图5-89

04 此时出现了彩色的马赛克背景效果，如图5-90所示。

图5-90

实例087　图形变异动画

文件路径	第5章 \ 图形变异动画
难易指数	★★★★★
技术要点	● CC Kaleida 效果 ● 关键帧动画

扫码深度学习

操作思路

本例为素材添加CC Kaleida效果制作奇幻的图形分离效果，使用关键帧动画制作图形变异动画效果。

案例效果

案例效果如图5-91所示。

图5-91

操作步骤

01 将素材"01.jpg"导入到时间线窗口中，如图5-92所示。

图5-92

02 此时的汽车背景效果如图5-93所示。

图5-93

03 为刚才的素材"01.jpg"添加CC Kaleida效果，设置Mirroring为Wheel。将时间线拖动到第0秒，打开Size前面的⏱按钮，并设置数值为40.0。打开Rotation前面的⏱按钮，并设置数值为0×+0.0°，如图5-94所示。

图5-94

04 将时间线拖动到第5秒，设置Size为60.0，设置Rotation为0×+270.0°，如图5-95所示。

图5-95

05 拖动时间线，可以看到炫酷的图形变异动画效果，如图5-96所示。

图5-96

实例088 下雪效果

文件路径	第5章\下雪效果
难易指数	⭐⭐⭐⭐⭐
技术要点	CC Snowfall 效果

🔍扫码深度学习

操作思路

本例为素材添加CC Snowfall效果，制作真实的雪花飘落动画效果。

案例效果

案例效果如图5-97所示。

图5-97

操作步骤

01 将素材"01.jpg"导入到时间线窗口中，如图5-98所示。

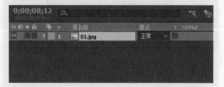

图5-98

02 此时的圣诞背景效果如图5-99所示。

图5-99

03 为刚才的素材"01.jpg"添加CC Snowfall效果，设置Size为15.00，Opacity为100.0，如图5-100所示。

图5-100

04 拖动时间线，可以看到雪花飘落动画效果，如图5-101所示。

图5-101

实例089　镜头光晕效果

文件路径	第5章\镜头光晕效果
难易指数	★★★★★
技术要点	● 【照片滤镜】效果 ● 【曝光】效果 ● 【颜色平衡】效果 ● 【镜头光晕】效果 ● 混合模式

扫码深度学习

操作思路

　　本例为素材添加【照片滤镜】效果、【曝光度】效果、【颜色平衡】效果调整画面颜色，为素材添加【镜头光晕】效果，并修改混合模式制作光晕效果。

案例效果

案例效果如图5-102所示。

图5-102

操作步骤

01 将素材"01.jpg"导入到时间线窗口中，如图5-103所示。

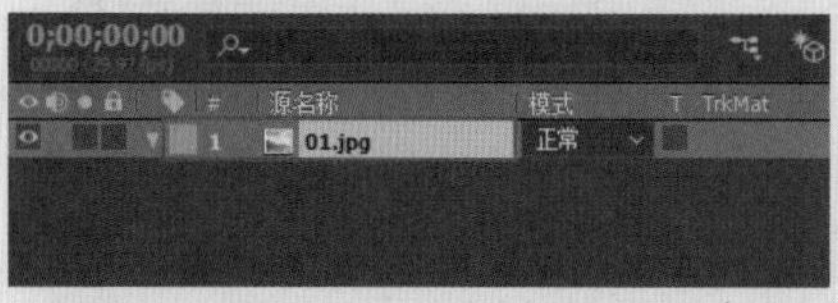

图5-103

02 此时的背景效果如图5-104所示。

图5-104

03 为刚才的素材"01.jpg"添加【照片滤镜】效果，设置【密度】为80.0%，如图5-105所示。

图5-105

04 为刚才的素材"01.jpg"添加【曝光度】效果，设置【曝光度】为0.50，如图5-106所示。

05 为刚才的素材"01.jpg"添加【颜色平衡】效果，设置【阴影蓝色平衡】为50.0，【高光绿色平衡】为-20.0，如图5-107所示。

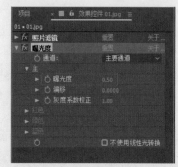

图5-106

图5-107

06 在时间线窗口新建一个黑色的纯色图层，如图5-108所示。

图5-108

07 为此时的纯色图层添加【镜头光晕】效果，设置【光晕中心】为2232.0,312.4，【光晕亮度】为170%，【镜头类型】为【50-300毫米变焦】，如图5-109所示。

图5-109

08 设置纯色图层的【模式】为【相加】，如图5-110所示。

图5-110

09 此时出现了漂亮的镜头光晕效果，如图5-111所示。

图5-111

实例090　卡通画效果

文件路径	第5章\卡通画效果
难易指数	★★★★★
技术要点	● 【卡通】效果 ● 【色调分离】效果 ● 【色相/饱和度】效果

Q 扫码深度学习

操作思路

本例为素材添加【卡通】效果、【色调分离】效果、【色相/饱和度】效果制作卡通画。

案例效果

案例效果如图5-112所示。

图5-112

操作步骤

01 将素材"01.jpg"导入到时间线窗口中，如图5-113所示。

图5-113

02 此时汽车背景效果如图5-114所示。

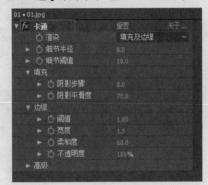

图5-114

03 为刚才的素材"01.jpg"添加【卡通】效果，如图5-115所示。

图5-115

04 为刚才的素材"01.jpg"添加【色调分离】效果，设置【级别】为7，如图5-116所示。

图5-116

05 为刚才的素材"01.jpg"添加【色相/饱和度】效果，设置【主饱和度】为20，【主亮度】为10，如图5-117所示。

图5-117

06 此时出现了有趣的卡通画效果，如图5-118所示。

图5-118

实例091　窗外雨滴动画

文件路径	第5章\窗外雨滴动画
难易指数	★★★★★
技术要点	● 【快速模糊】效果 ● CC Mr.Mercury 效果

Q 扫码深度学习

操作思路

本例为素材添加【快速模糊】效果，并设置关键帧动画制作模糊动画。添加CC Mr.Mercury效果，制作水滴滑落效果。

案例效果

案例效果如图5-119所示。

图5-119

图5-119（续）

图5-123

🎙️ **操作步骤**

01 将素材"01.jpg"导入到时间线窗口中，设置【缩放】为75.0,75.0%，如图5-120所示。

图5-120

02 此时风景背景效果如图5-121所示。

图5-121

03 为刚才的素材"01.jpg"添加【快速模糊】效果。将时间线拖动到第2秒，打开【模糊度】前面的⏱按钮，并设置数值为13.0，如图5-122所示。

图5-122

04 将时间线拖动到第3秒，设置【模糊度】为0.0，如图5-123所示。

05 此时拖动时间线，可以看到模糊背景动画，如图5-124所示。

06 选择此时的"01.jpg"图层，并按快捷键Ctrl+D将其复制一份，并重命名为"水滴"，如图5-125所示。

图5-124

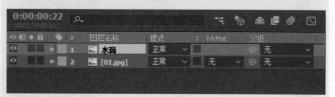

图5-125

07 为【水滴】图层添加CC Mr.Mercury效果，设置Radius X为179.0，Radius Y为107.0，Velocity为0.0，Birth Rate为0.3，Longevity（sec）为5.0，Gravity为0.2，Animation为Direction，Influence Map为Constant Blobs，Blob Birth Size为0.45，Material Opacity为60.0，如图5-126所示。

图5-126

08 此时拖动时间线，可以看到水滴下落的效果，如图5-127所示。

09 由于刚才复制出的【水滴】图层具有【快速模糊】效果，这里只需要修改参数即可，不需要重新创建关键帧。将时间线拖动到第2秒，修改【模糊度】为0.0，如图5-128所示。

图5-127

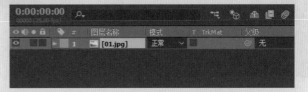

图5-128

10 将时间线拖动到第3秒，修改【模糊度】为13.0，如图5-129所示。

图5-129

11 此时拖动时间线，可以看到最终的动画效果，如图5-130所示。

图5-130

实例092　玻璃擦除效果

文件路径	第5章＼玻璃擦除效果
难易指数	★★★★★
技术要点	【复合模糊】效果

扫码深度学习

操作思路

　　本例为素材添加【复合模糊】效果制作玻璃擦除效果。

案例效果

　　案例效果如图5-131所示。

图5-131

操作步骤

01 将素材"01.jpg"导入到时间线窗口中，如图5-132所示。

图5-132

02 此时的背景效果如图5-133所示。

图5-133

03 将素材"02.jpg"导入到时间线窗口中，并设置【缩放】为66.0,66.0%，如图5-134所示。

图5-134

04 此时的风景效果如图5-135所示。

97

图5-135

05 为素材"02.jpg"添加【复合模糊】效果，设置【模糊图层】为【0.1jpg】，【最大模糊】为80.0，【反转模糊】为【开】，如图5-136所示。

图5-136

06 此时出现了玻璃擦除效果，如图5-137所示。

图5-137

实例093	冰冻过程动画
文件路径	第5章\冰冻过程动画
难易指数	★★★★★
技术要点	● CC WarpoMatic 效果 ● 关键帧动画

扫码深度学习

操作思路

本例通过对素材添加CC WarpoMatic效果制作冰花，并设置关

键帧动画制作冰冻动画过程。

案例效果

案例效果如图5-138所示。

图5-138

操作步骤

01 将素材"01.jpg"导入到时间线窗口中，如图5-139所示。

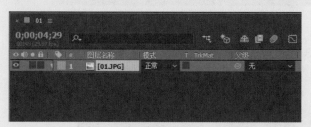

图5-139

02 此时花朵背景效果如图5-140所示。

03 为素材"01.jpg"添加CC WarpoMatic效果，设置Completion为75.0，Warp Direction为Twisting，如图5-141所示。

图5-140

图5-141

04 将时间线拖动到第0秒，打开Smoothness前面的◎按钮，并设置数值为5.00；打开Warp Amount前面的◎按钮，并设置数值为0.0，如图5-142所示。

05 将时间线拖动到第5秒，设置Smoothness为10.00，设置Warp Amount为600.0，如图5-143所示。

图5-142

图5-143

06 拖动时间线，可以看到冰冻过程的动画效果，如图5-144所示。

图5-144

实例094	碎片制作破碎动画
文件路径	第5章\碎片制作破碎动画
难易指数	★★★★☆
技术要点	● 横排文字工具 ● 【梯度渐变】效果 ● 【斜面 Alpha】效果 ● CC Light Sweep 效果 ● 【投影】效果 ● 【碎片】效果

扫码深度学习

操作思路

本例应用横排文字工具创建文字，为文字添加【梯度渐变】效果、【斜面 Alpha】效果制作三维质感，添加CC Light Sweep效果制作光感，添加【投影】效果制作阴影，添加【碎片】效果制作破碎效果。

案例效果

案例效果如图5-145所示。

图5-145

操作步骤

01 将素材"背景.jpg"导入到时间线窗口中，如图5-146所示。

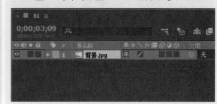

图5-146

02 此时的背景效果如图5-147所示。

图5-147

After Effects

03 使用T（横排文字工具），单击并输入文字，如图5-148所示。

图5-148

04 在【字符】面板中设置相应的字体类型，设置字体大小为178，字体颜色为白色，并单击T（仿粗体）和TT（全部大写字母）按钮，如图5-149所示。

图5-149

05 选择此时的文本图层，并设置【位置】为120.6,366.9，如图5-150所示。

图5-150

06 为此时的文本图层添加【梯度渐变】效果，设置【渐变起点】为500.2,234.9，【起始颜色】为咖啡色，【渐变终点】为502.7,385.4，【结束颜色】为浅灰色，如图5-151所示。

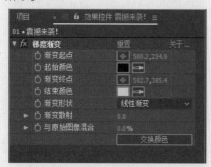

图5-151

07 此时的渐变文字效果如图5-152所示。

08 为此时的文本图层添加【斜面Alpha】效果，设置【边缘厚度】为4.00，【灯光角度】为0×+53.0°，【灯光强度】为0.6，如图5-153所示。

图5-152　　　　图5-153

09 此时出现了类似三维的文字效果，如图5-154所示。

10 为此时的文本图层添加CC Light Sweep效果，设置Width为80.0，如图5-155所示。

图5-154　　　　图5-155

11 将时间线拖动到第1秒，打开Center前面的按钮，并设置数值为157.4,179.0，如图5-156所示。

图5-156

12 将时间线拖动到第3秒20帧，设置Center为768.4,179.0，如图5-157所示。

图5-157

13 拖动时间线，可以看到文字出现了扫光效果，如图5-158所示。

图5-158

14 为此时的文本图层添加【投影】效果，设置【距离】为36.0，【柔和度】为15.0，如图5-159所示。

15 此时出现了三维文字的阴影效果，如图5-160所示。

图5-159　　　　　　　图5-160

16 将素材"01.jpg"导入到时间线窗口中，如图5-161所示。

图5-161

17 素材"01.jpg"的效果如图5-162所示。

18 为素材"01.jpg"添加【碎片】效果，设置【视图】为【已渲染】，【图案】为【正方形】，【方向】为0×+37.0°，【凸出深度】为0.41，【旋转速度】为0.40，【随机性】为0.30，如图5-163所示。

图5-162

19 拖动时间线，出现了最终复杂的墙面爆炸文字的动画，如图5-164所示。

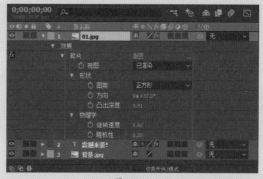

图5-163

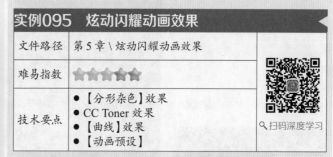

图5-164

实例095　炫动闪耀动画效果

文件路径	第5章\炫动闪耀动画效果	
难易指数	★★★★★	
技术要点	● 【分形杂色】效果 ● CC Toner 效果 ● 【曲线】效果 ● 【动画预设】	扫码深度学习

操作思路

　　本例通过为纯色图层添加【分形杂色】效果、CC Toner效果、【曲线】效果制作梦幻动态背景。应用横排文字工具创建文字，并添加【动画预设】制作文字动画变换。

案例效果

　　案例效果如图5-165所示。

图5-165

图5-165（续）

操作步骤

01 在时间线窗口中新建一个黑色纯色图层，命名为"背景"，如图5-166所示。

图5-166

02 此时背景效果如图5-167所示。

03 为刚才的黑色纯色图层添加【分形杂色】效果，设置【分形类型】为【湍流锐化】，【杂色类型】为【线性】，勾选【反转】，【对比度】为160.0，设置【溢出】为【柔和固定】，【缩放】为1500.0，勾选【透视位移】，勾选【循环演化】，如图5-168所示。

图5-167　　　　　图5-168

04 将时间线拖动到第0秒，打开【演化】前面的圆按钮，并设置数值为0×+0.0°，如图5-169所示。

图5-169

05 将时间线拖动到第5秒，设置【演化】为2x+0.0°，如图5-170所示。

图5-170

06 拖动时间线，查看此时的动态背景效果，如图5-171所示。

图5-171

07 为【背景】图层添加CC Toner效果，设置Midtones为蓝色，如图5-172所示。

图5-172

08 拖动时间线，查看此时的蓝色动态背景效果，如图5-173所示。

图5-173

09 为【背景】图层添加【曲线】效果，并调整曲线，如图5-174所示。

10 此时的背景看起来更明亮，如图5-175所示。

11 使用T（横排文字工具），单击并输入文字，如图5-176所示。

12 在【字符】面板中设置相应的字体类型，设置字体大小为54像素，字体颜色为黄色，并单击T（仿粗体）和T（全部大写字母）按钮，如图5-177所示。

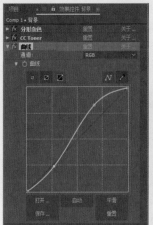

图5-174

15 最终文字动画效果如图5-180所示。

图5-180

图5-176

图5-177

实例096	光圈擦除转场	
文件路径	第5章\光圈擦除转场	
难易指数	★★★★★	
技术要点	● 【光圈擦除】效果 ● 关键帧动画	扫码深度学习

13 设置文本图层的【位置】为45.9,315.2，如图5-178所示。

图5-178

14 进入【效果和预设】面板，单击展开【动画预设】| Text|Blurs|【运输车】，然后将其拖到文字上，如图5-179所示。

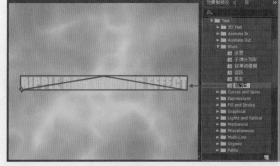

图5-179

🔆 **操作思路**

本例通过为素材添加【光圈擦除】效果，并设置关键帧动画制作光圈擦除转场动画。

🖱 **案例效果**

案例效果如图5-181所示。

图5-181

🎤 **操作步骤**

01 将素材 "01.jpg" 和 "02.jpg" 导入时间线窗口中，如图5-182所示。

02 此时的背景效果如图5-183所示。

图5-182

03 为刚才的 "01.jpg" 图层添加【光圈擦除】效果，设置【点光圈】为6，如图5-184所示。

图5-183

图5-184

04 将时间线拖动到第0秒，打开【外径】前面的◎按钮，并设置数值为0.0；打开【旋转】前面的◎按钮，并设置数值为0×+0.0°，如图5-185所示。

图5-185

05 将时间线拖动到第1秒，打开【羽化】前面的◎按钮，并设置数值为0.0，如图5-186所示。

图5-186

06 将时间线拖动到第3秒，设置【外径】为1500.0，【旋转】为0×+60.0°，【羽化】为100.0，如图5-187所示。

图5-187

图5-188

实例097　渐变擦除转场

文件路径	第5章\渐变擦除转场
难易指数	★★★★★
技术要点	●【渐变擦除】效果 ●关键帧动画

🔍 扫码深度学习

💡 操作思路

　　本例为素材添加【渐变擦除】效果，并通过设置关键帧动画制作渐变擦除转场效果。

🖱 案例效果

　　案例效果如图5-189所示。

图5-189

图5-192

04 将时间线拖动到第0秒，打开【过渡完成】前面的█按钮，并设置数值为0%，如图5-193所示。

图5-193

05 将时间线拖动到第4秒，设置【过渡完成】为100%，如图5-194所示。

图5-194

06 拖动时间线，查看最终转场动画效果，如图5-195所示。

图5-195

操作步骤

01 将素材"01.jpg"和"02.jpg"导入时间线窗口中，如图5-190所示。

图5-190

02 此时背景效果如图5-191所示。

图5-191

03 为刚才的"01.jpg"图层添加【渐变擦除】效果，设置【过渡柔和度】为30%，如图5-192所示。

实例098	径向擦除和卡片擦除转场
文件路径	第5章\径向擦除和卡片擦除转场
难易指数	★★★★★
技术要点	● 【卡片擦除】效果 ● 【径向擦除】效果 ● 关键帧动画

扫码深度学习

操作思路

本例为素材添加【卡片擦除】效果、【径向擦除】效果，并设置关键帧动画制作转场。

案例效果

案例效果如图5-196所示。

图5-196

操作步骤

01 将素材"01.jpg"和"02.jpg"导入时间线窗口中，如图5-197所示。

图5-197

02 此时背景效果如图5-198所示。

03 为刚才的"01.jpg"图层添加【卡片擦除】效果，设置【翻转轴】为X，【翻转方向】为【正向】，【翻转顺序】为【从左到右】，如图5-199所示。

图5-198　　　　　　图5-199

04 将时间线拖动到第0秒，打开【过渡完成】前面的⏱按钮，并设置数值为0%，如图5-200所示。

图5-200

05 将时间线拖动到第3秒，设置【过渡完成】为100%，如图5-201所示。

图5-201

06 拖动时间线，查看此时转场动画效果，如图5-202所示。

图5-202

07 为刚才的"01.jpg"图层添加【径向擦除】效果。将时间线拖动到第0秒，打开【过渡完成】前面的⏱按钮，并设置数值为0%；打开【起始角度】前面的⏱按钮，并设置数值为0×+0.0°，如图5-203所示。

图5-203

08 将时间线拖动到第3秒，设置【过渡完成】为100%，【起始角度】为0×+30.0°，如图5-204所示。

图5-204

09 拖动时间线，查看最终两种转场动画效果，如图5-205所示。

图5-205

实例099 线性擦除转场

文件路径	第5章\线性擦除转场
难易指数	★★★★★
技术要点	【线性擦除】效果

操作思路

本例通过对素材添加【线性擦除】效果，并设置关键帧动画制作线性擦除转场。

案例效果

案例效果如图5-206所示。

图5-206

操作步骤

01 将素材"01.jpg"和"02.jpg"导入时间线窗口中，如图5-207所示。

图5-207

02 此时背景效果如图5-208所示。

图5-208

03 为刚才的01.jpg图层添加【线性擦除】效果。将时间线拖动到第0秒，打开【过渡完成】前面的 按钮，并设置数值为0%；打开【擦除角度】前面的 按钮，并设置数值为0×+0.0°，如图5-209所示。

图5-209

04 将时间线拖动到第2秒，设置【擦除角度】为0×+90.0°，如图5-210所示。

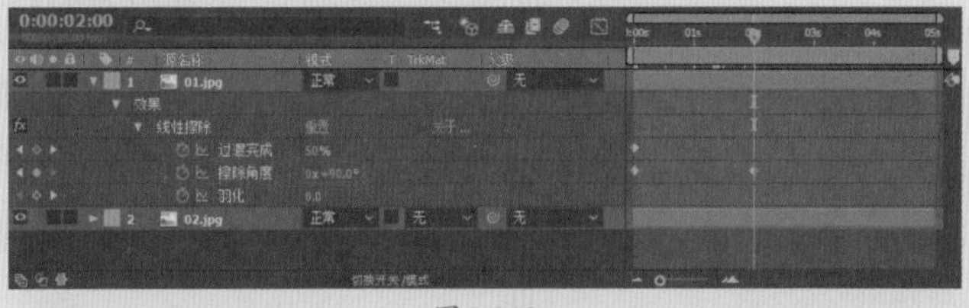

图5-210

05 将时间线拖动到第3秒，打开【羽化】前面的 按钮，设置【羽化】为0.0，如图5-211所示。

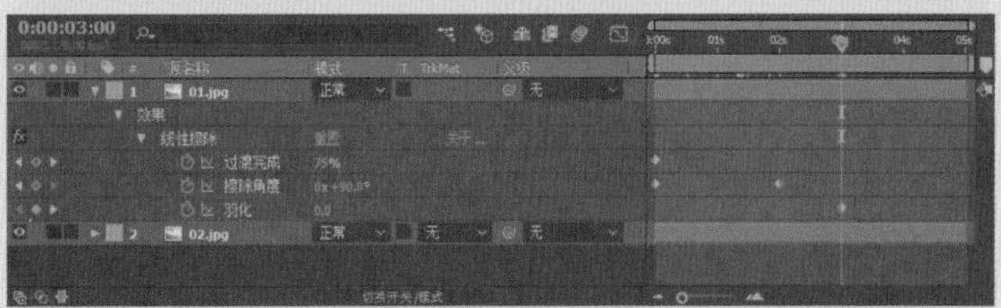

图5-211

06 将时间线拖动到第4秒，设置【过渡完成】为100%，如图5-212所示。

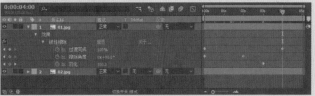

图5-212

07 将时间线拖动到第5秒，设置【羽化】为200.0，如图5-213所示。

图5-213

08 拖动时间线，查看此时转场动画效果，如图5-214所示。

图5-214

实例100　网格擦除转场

文件路径	第5章\网格擦除转场
难易指数	★★★★★
技术要点	● CC Grid Wipe 效果 ● 关键帧动画 ● 椭圆工具

扫码深度学习

操作思路

本例为素材添加CC Grid Wipe效果，设置关键帧动画制作网格擦除转场效果，并使用椭圆工具制作画面四周变暗。

案例效果

案例效果如图5-215所示。

图5-215

操作步骤

01 将素材"01.jpg"和"02.jpg"导入时间线窗口中，如图5-216所示。

图5-216

02 此时背景效果如图5-217所示。

03 为刚才的"01.jpg"图层添加CC Grid Wipe效果。将时间线拖动到第0秒，打开Completion前面的◎按钮，并设置数值为0.0%；打开【Rotation】前面的◎按钮，并设置数值为0×+0.0°，如图5-218所示。

图5-217

图5-218

04 将时间线拖动到第3秒，设置Completion为100.0%，Rotation为0×+45.0°，如图5-219所示。

图5-219

05 在时间线窗口中新建一个黑色的纯色图层，如图5-220所示。

图5-220

06 选择该纯色图层，单击■（椭圆工具）按钮，并拖动绘制一个黑色遮罩，如图5-221所示。

图5-221

07 勾选【反转】，设置【蒙版羽化】为160.0,160.0，【蒙版扩展】为160.0像素，如图5-222所示。

图5-222

08 此时出现了柔和的黑色遮罩，如图5-223所示。

图5-223

09 拖动时间线，查看此时转场动画效果，如图5-224所示。

图5-224

实例101	风景油画
文件路径	第5章\风景油画
难易指数	★★★★★
技术要点	● 【画笔描边】效果 ● 【投影】图层样式

扫码深度学习

💡 操作思路

本例为素材添加【画笔描边】效果制作风景油画质感，添加【投影】图层样式制作阴影效果。

🖱 案例效果

案例效果如图5-225所示。

图5-225

🎤 操作步骤

01 将素材"01.jpg"导入时间线窗口中，设置【位置】为712.0,440.0，【缩放】为81.0,81.0%，如图5-226所示。

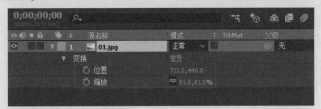

图5-226

02 此时背景效果如图5-227所示。

03 为刚才的"01.jpg"图层添加【画笔描边】效果，设置【画笔大小】为5.0，【描边长度】为30，如图5-228所示。

图5-227　　　　图5-228

04 此时已经出现了类似油画的画面效果，如图5-229所示。

图5-229

艺境 / 第5章　滤镜特效 /

实战228例

After Effects

109

05 将素材"02.png"导入时间线窗口中，如图5-230所示。

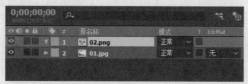

图5-230

06 在"02.png"上右击鼠标，在弹出的快捷菜单中选择【图层样式】|【投影】命令，如图5-231所示。

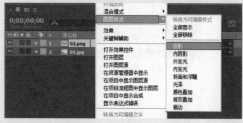

图5-231

07 设置【距离】为6.0，【大小】为10.0，如图5-232所示。

图5-232

08 拖动时间线，查看此时的风景油画效果，如图5-233所示。

图5-233

实例102	动感时尚栏目动画
文件路径	第5章\动感时尚栏目动画
难易指数	★★★★★
技术要点	● 矩形工具 ● 【百叶窗】效果 ● 【投影】效果

🔍扫码深度学习

操作思路

本例通过使用矩形工具绘制矩形，使用【百叶窗】效果制作动画，添加【投影】效果制作阴影，从而完成动感时尚栏目动画的制作。

案例效果

案例效果如图5-234所示。

图5-234

操作步骤

01 将素材"01.jpg"导入时间线窗口中，并设置【缩放】为54.0,54.0%，如图5-235所示。

图5-235

02 此时背景效果如图5-236所示。

03 在时间线窗口中新建一个白色纯色图层，命名为【斜线】，如图5-237所示。

04 选择白色的"斜线"图层，单击▇（矩形工具）按钮，并拖动出一个矩形遮罩，如图5-238所示。

05 勾选【反转】，设置【蒙版羽化】为75.0,75.0像素，如图5-239所示。

图5-236

图5-237

图5-238

图5-239

06拖动时间线，查看此时的柔和画面效果，如图5-240所示。

图5-240

07为"斜线"图层添加【百叶窗】效果，设置【方向】为0×+35.0°。将时间线拖动到第0秒，打开【过渡完成】前面的 按钮，并设置数值为0%；打开【宽度】前面的 按钮，并设置数值为30，如图5-241所示。

图5-241

08将时间线拖动到第3秒，设置【过渡完成】为50%，设置【宽度】为15，如图5-242所示。

图5-242

09拖动时间线，查看此时的百叶窗动画效果，如图5-243所示。

图5-243

10在不选择任何图层的情况下，单击■（矩形工具）按钮，并拖动出一个矩形遮罩。在【内容】中，设置【大小】为737.0,176.5，【Stroke 1】为【正常】，【描边宽度】为0.0，【Fill 1】为【正常】，【颜色】为粉色，设置【位置】为-258.1,-128.5。在【变换】中，设置【位置】为376.0,74.0，【缩放】为81.0,84.2%，【旋转】为0×-40.0°。将时间线拖动到第0秒，打开【比例】前面的 按钮，并设置数值为257.4,600.0%，如图5-244所示。

图5-244

11将时间线拖动到第1秒，设置【比例】为257.4,100.0%，如图5-245所示。

图5-245

12拖动时间线，查看此时的时尚动画效果，如图5-246所示。

13在不选择任何图层的情况下，单击■（矩形工具）按钮，并拖动出一个矩形遮罩。在【内容】中，设置【大小】为737.0,176.5，【Stroke 1】为【正常】，【描边宽度】为0.0，【Fill 1】为【正常】，【颜色】为粉色，设置【位置】为-258.1,-128.5。在【变换】中，设置【位置】为1097.1,591.2，【缩放】为81.0,88.3%，【旋转】为0×-40.0°。将时间线拖动到第0秒，打开【比例】前面的 🕙 按钮，并设置数值为255.5,600.0%，如图5-247所示。

图5-246

图5-247

14 将时间线拖动到第1秒，设置【比例】为255.5,100.0%，如图5-248所示。

图5-248

15 拖动时间线，查看此时的时尚动画效果，如图5-249所示。

图5-249

16 使用 🔲（横排文字工具），单击并输入文字，如图5-250所示。

17 在【字符】面板中设置相应的字体类型，设置字体大小为90像素，字体颜色为白色，如图5-251所示。

图5-250　　　　　　　　　　图5-251

18 选择此时的文本图层，设置【位置】为104.0,206.0，【旋转】为0×-40.0°，如图5-252所示。

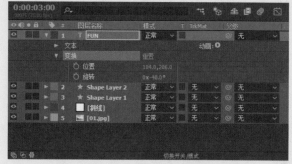

图5-252

19 为此时的文本图层添加【投影】效果，设置【方向】为0×+300.0%，【距离】为8.0，【柔和度】为15.0，如图5-253所示。

20 此时上方文字效果如图5-254所示。

21 以同样的方法继续制作出下方的文字，如图5-255所示。

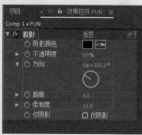

图5-253

图5-254　　　　　　　　　　图5-255

22 拖动时间线，查看最终动画效果，如图5-256所示。

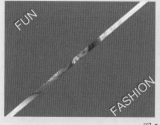

图5-256

图5-256（续）

实例103　下雨动画

文件路径	第5章 \ 下雨动画
难易指数	⭐⭐⭐⭐⭐
技术要点	● 【色阶】效果 ● 【自然饱和度】效果 ● 【亮度和对比度】效果 ● CC Rainfall 效果

（扫码深度学习）

操作思路

　　本例通过对素材添加【色阶】效果、【自然饱和度】效果、【亮度和对比度】效果、CC Rainfall效果制作阴天下雨动画。

案例效果

　　案例效果如图5-257所示。

图5-257

操作步骤

01 将素材"01.jpg"导入时间线窗口中，设置【缩放】为73.0, 73.0%，如图5-258所示。

图5-258

02 此时背景效果如图5-259所示。

03 为刚才的"01.jpg"图层添加【色阶】效果，设置【输入白色】为324.0，如图5-260所示。

04 为刚才的"01.jpg"图层添加【自然饱和度】效果，设置【自然饱和度】为−34.0，如图5-261所示。

图5-259

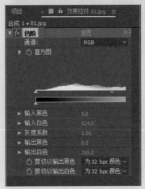

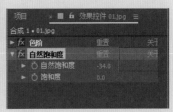

图5-260　　　　　　　图5-261

05 为刚才的"01.jpg"图层添加【亮度和对比度】效果，设置【亮度】为−12，【对比度】为17，如图5-262所示。

06 此时画面变得更暗淡了，如图5-263所示。

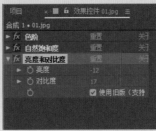

图5-262　　　　　　　图5-263

07 为刚才的"01.jpg"图层添加CC Rainfall效果，设置Drops为2200，Size为8.00，Speed为5230，Wind为−1240.0，Opacity为45.0，如图5-264所示。

08 拖动时间线，查看此时的下雨效果，如图5-265所示。

图5-264

图5-265

实例104　彩虹球分散动画

文件路径	第5章\彩虹球分散动画	
难易指数	★★★★★	
技术要点	● CC Ball Action 效果 ● 【色相/饱和度】效果 ● CC Plastic 效果	⬛扫码深度学习

操作思路

　　本例通过对素材添加CC Ball Action效果制作分散小球效果，添加【色相/饱和度】效果增强画面色彩感，添加CC Plastic效果制作塑料质感。

案例效果

　　案例效果如图5-266所示。

图5-266

操作步骤

01 将素材"03.jpg"导入时间线窗口中，如图5-267所示。

02 此时的背景效果如图5-268所示。

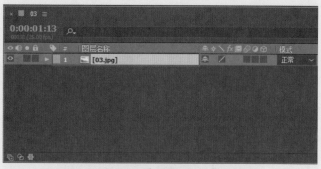

图5-267

图5-268

03 为刚才的"03.jpg"图层添加CC Ball Action效果。将时间线拖动到第0秒，打开Scatter前面的◎按钮，并设置数值为0.0，如图5-269所示。

图5-269

04 将时间线拖动到第5秒，设置Scatter数值为1000.0，如图5-270所示。

图5-270

05 拖动时间线查看此时的动画效果，如图5-271所示。

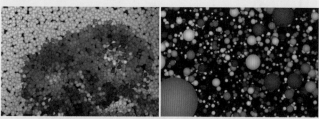

图5-271

06 为刚才的"03.jpg"图层添加【色相/饱和度】效果，设置【主饱和度】为50，如图5-272所示。

07 为刚才的03.jpg图层添加CC Plastic效果，设置Light Intensity为200.0，Dust为30.0，Roughness为0.050，如图5-273所示。

图5-275

图5-272

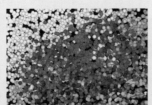

图5-273

🎤 **操作步骤**

01 将视频素材"01.mp4"导入到时间线窗口中，设置【缩放】为30.0,30.0%，如图5-276所示。

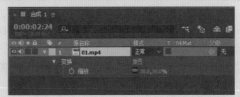

图5-276

08 拖动时间线，查看此时彩虹球分散动画效果，如图5-274所示。

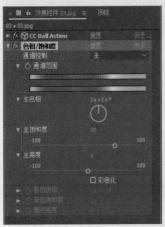

图5-274

02 此时动态背景效果如图5-277所示。

03 选择视频素材"01.mp4"图层，单击■（椭圆工具）按钮，并拖动出一个区域，如图5-278所示。

图5-277

图5-278

04 设置【蒙版羽化】为190.0,190.0像素，如图5-279所示。

图5-279

实例105	复古风格画面
文件路径	第5章\复古风格画面
难易指数	★★★★★
技术要点	● 椭圆工具 ● 【分形杂色】效果 ● 关键帧动画

扫码深度学习

💡 **操作思路**

　　本例为素材使用椭圆工具制作蒙版效果，应用【分形杂色】效果、关键帧动画制作复古风格的画面。

🖱 **案例效果**

　　案例效果如图5-275所示。

05 此时产生了柔和的过渡效果，如图5-280所示。

06 在时间线窗口新建一个黑色纯色图层，设置【模式】为【相加】。并为其添加【分形杂色】效

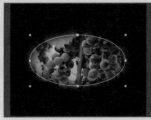

图5-280

果，设置【对比度】为250.0，【亮度】为−100.0，【溢出】为【剪切】。设置【统一缩放】为【关】，【缩放宽度】为520.0，【缩放高度】为10000.0，【透视位移】为【开】。将时间线拖动到第0秒，打开【偏移（湍流）】前面的◎按钮，并设置数值为360.0,288.0，如图5−281所示。

图5-281

07 将时间线拖动到第3秒19帧，设置【偏移（湍流）】为240.0,7259.0，如图5−282所示。

图5-282

08 拖动时间线查看此时的动画效果，如图5−283所示。

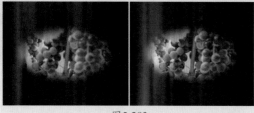

图5-283

09 继续在时间线窗口新建一个黑色纯色图层，设置【模式】为【轮廓亮度】。并为其添加【分形杂色】效果，设置【对比度】为350.0，【亮度】为−100.0，【不透明度】为50.0%。将时间线拖动到第0秒，打开【演化】前面的◎按钮，并设置数值为0×+0.0°，如图5−284所示。

图5-284

10 将时间线拖动到第3秒19帧，设置【演化】为2x+170.0°，如图5−285所示。

图5-285

11 将素材"02.jpg"导入到时间线窗口中，设置【缩放】为73.0,73.0%，如图5−286所示。

图5-286

12 此时的效果如图5−287所示。

13 选择素材"02.jpg"图层，单击█（椭圆工具）按钮，并拖动出一个区域，如图5−288所示。

图5-287　　　　　　　　图5-288

14 设置【蒙版羽化】为190.0,190.0，勾选【反转】，如图5−289所示。

图5-289

15 拖动时间线，查看此时的效果，如图5−290所示。

图5-290

艺境 中文版After Effects影视后期特效设计与制作全视频

实战228例

After Effects

实例106　网格混合效果

文件路径	第5章 \ 网格混合效果
难易指数	★★★★★
技术要点	● 【网格】效果 ● 混合模式

🔍扫码深度学习

💡操作思路

本例为素材添加【网格】效果制作网格画面，设置混合模式制作混合效果。

🖱案例效果

案例效果如图5-291所示。

图5-291

🎙操作步骤

01 将视频素材"01.jpg"导入到时间线窗口中，设置【缩放】为87.0,87.0%，如图5-292所示。

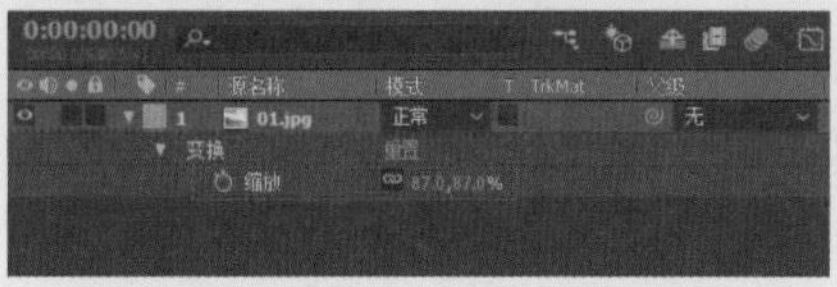

图5-292

02 此时人物背景效果如图5-293所示。

图5-293

03 在时间线窗口中新建一个黑色纯色图层，设置名称为"网格"，如图5-294所示。

图5-294

04 为【网格】图层添加【网格】效果，设置【大小依据】为【宽度滑块】，【宽度】为130.0，【边界】为50.0，【反转网格】为【开】，【颜色】为浅黄色，如图5-295所示。

图5-295

05 设置【网格】图层的【模式】为【柔光】，如图5-296所示。

图5-296

06 拖动时间线，查看此时效果，如图5-297所示。

图5-297

实例107　三维名片效果

文件路径	第5章 \ 三维名片效果
难易指数	★★★★★
技术要点	● 【斜面 Alpha】效果 ● 【投影】效果

🔍扫码深度学习

💡操作思路

本例使用【斜面Alpha】效果、【投影】效果制作三维名片。

🖱案例效果

案例效果如图5-298所示。

图5-298

🎙操作步骤

01 在时间线窗口中新建一个淡灰色的纯色图层，如图5-299所示。

图5-299

02 此时淡灰色的背景效果如图5-300所示。

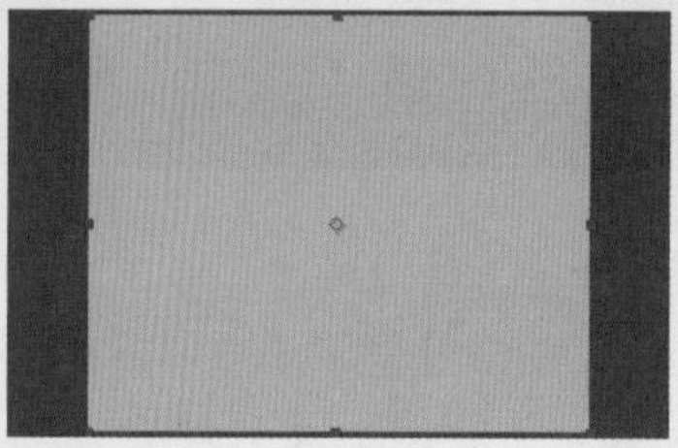

图5-300

03 将素材"01.jpg"导入时间线窗口中，设置【位置】为709.4,548.9，【缩放】为75.0,75.0%，【旋转】为0×-32.0°，如图5-301所示。

04 此时的名片效果如图5-302所示。

05 为素材"01.jpg"添加【斜面Alpha】效果，设置【边缘厚度】为8.00，【灯光强度】为0.60，如图5-303所示。

06 此时的名片产生了三维质感，如图5-304所示。

AfterEffects

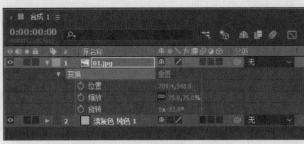

图5-301

图5-302

图5-303

图5-304

07 再次拖动素材"01.jpg"到第2个层位置，并单击 (3D图层)按钮，如图5-305所示。

图5-305

08 设置该图层的【位置】为917.2,1027.0,139.6，【缩放】为75.0,75.0,75.0%，【方向】为98.0°,0.0°,49.0°，【Z轴旋转】为0×-32.0°，【不透明度】为30%，如图5-306所示。

图5-306

09 查看此时的倒影效果，如图5-307所示。

10 为素材"01.jpg"添加【斜面Alpha】效果，设置【边缘厚度】为8.00，【灯光强度】为0.60，如图5-308所示。

图5-307

图5-308

11 为素材"01.jpg"添加【投影】效果，设置【距离】为80.0，【柔和度】为60.0，如图5-309所示。

12 拖动时间线，查看此时的效果，如图5-310所示。

图5-309

图5-310

实例108　版画风格效果

文件路径	第 5 章 \ 版画风格效果
难易指数	★★★★★
技术要点	● 【投影】效果 ● 【卡通】效果 ● 【湍流置换】效果 ● 【色相/饱和度】效果 ● 【亮度和对比度】效果 ● 圆角矩形工具

扫码深度学习

操作思路

本例通过应用【投影】效果、【卡通】效果、【湍流置换】效果、【色相/饱和度】效果、【亮度和对比度】效果、圆角矩形工具制作版画风格效果。

案例效果

案例效果如图5-311所示。

图5-311

中文版After Effects影视后期特效设计与制作全视频

实战228例

After Effects

操作步骤

01 在时间线窗口中新建一个淡灰色的纯色图层，如图5-312所示。

图5-312

02 此时淡灰色的背景效果如图5-313所示。

图5-313

03 将素材"02.jpg"导入到时间线窗口中，如图5-314所示。

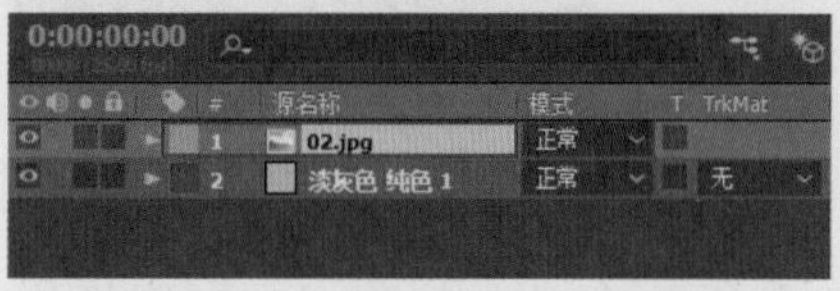

图5-314

04 此时的纸张效果如图5-315所示。

图5-315

05 为素材"02.jpg"添加【投影】效果，设置【距离】为10.0，【柔和度】为35.0，如图5-316所示。

图5-316

06 此时的纸张产生了阴影效果，如图5-317所示。

07 再次拖动素材"01.jpg"到时间线窗口中，设置【模式】为【强光】，【缩放】为54.0,54.0%，如图5-318所示。

图5-317

图5-318

08 此时画面合成效果如图5-319所示。

图5-319

09 为素材"01.jpg"添加【卡通】效果，如图5-320所示。

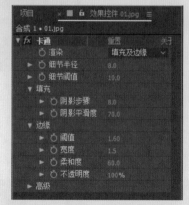

图5-320

10 为素材"01.jpg"添加【湍流置换】效果，设置【数量】为60.0，【大小】为10.0，如图5-321所示。

11 为素材"01.jpg"添加【色相/饱和度】效果，设置【主饱和度】为-100，如图5-322所示。

12 查看此时的画面效果，如图5-323所示。

图5-321

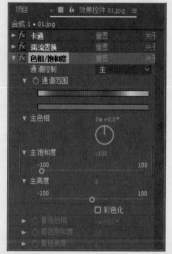

图5-322

图5-323

13 为素材"01.jpg"添加【亮度和对比度】效果，设置【亮度】为60，【对比度】为60，如图5-324所示。

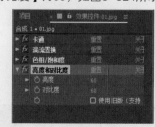

图5-324

14 查看此时的画面效果，如图5-325所示。

15 选择素材"01.jpg"图层，并单击◨（圆角矩形工具）按钮，绘制一个圆角矩形，如图5-326所示。

图5-325　　　　　　　图5-326

16 设置【蒙版羽化】为10.0,10.0像素，如图5-327所示。

图5-327

17 最终版画效果如图5-328所示。

图5-328

实例109　拉开电影的序幕

文件路径	第5章\拉开电影的序幕
难易指数	★★★★★
技术要点	● Keylight（1.2）效果 ● 横排文字工具 ● 【投影】效果 ● 动画预设

（扫码深度学习）

操作思路

本例为素材添加Keylight（1.2）效果进行素材抠像，然后进行风景合成。接着使用横排文字工具创建文字，为其添加【投影】效果、【动画预设】制作文字动画。

案例效果

案例效果如图5-329所示。

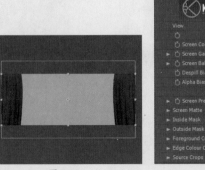

图5-329

图5-329（续）

操作步骤

01 将视频素材"02.mp4"导入到时间线窗口中，如图5-330所示。

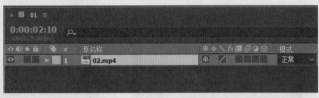

图5-330

02 此时冬季的动态背景效果如图5-331所示。

03 将视频素材"01.mp4"导入到时间线窗口中，如图5-332所示。

04 此时可以看到素材由于在绿棚中拍摄的幕布，中间为绿色，如图5-333所示。

图5-331

05 此时需要将绿色部分抠除，因此为视频素材"01.mp4"添加Keylight（1.2）效果，并单击◨按钮，吸取画面中的绿色部分，如图5-334所示。

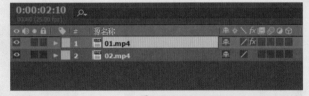

图5-332

图5-333　　　　　　　图5-334

06 此时的绿色已经成功地被抠除了，并且看到了背景的雪景，如图5-335所示。

07 使用 T（横排文字工具），单击并输入文字，如图5-336所示。

图5-335　　　　　　　　图5-336

08 在【字符】面板中设置字体大小为296像素，【填充颜色】为白色，如图5-337所示。

09 为素材"01.mp4"添加【投影】效果，设置【柔和度】为20.0，如图5-338所示。

图5-337　　　　　　　　图5-338

10 将该文字图层的起始时间设置为1秒18帧，如图5-339所示。

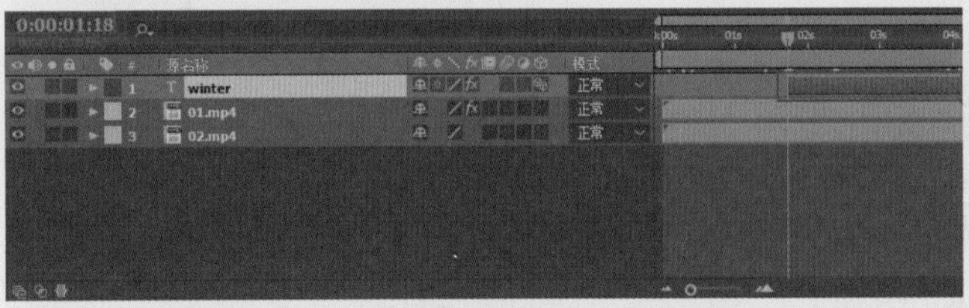

图5-339

11 进入【效果和预设】面板，单击展开【动画预设】|Text|3D Text |【3D翻转进入旋转X】，然后将其拖到文字上，如图5-340所示。

图5-340

12 拖动时间线查看最终动画效果，如图5-341所示。

图5-341

实例110　时间伸缩加快视频速度

文件路径	第5章 \ 时间伸缩加快视频速度
难易指数	★★★★★
技术要点	时间伸缩

（扫码深度学习）

操作思路

　　本例应用【时间伸缩】技术将时间进行缩短，从而将视频播放速度变快。

案例效果

　　案例效果如图5-342所示。

图5-342

操作步骤

01 将视频素材"01.mov"导入到时间线窗口中，如图5-343所示。

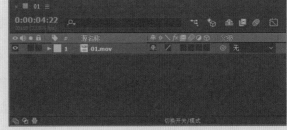

图5-343

02 此时可以看到视频共计58秒22帧，并且播放速度比较慢，如图5-344所示。

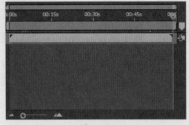

图5-344

03 对着视频素材"01.mov"右击鼠标，在弹出的快捷菜单中选择【时间】|【时间伸缩】命令，如图5-345所示。

图5-345

04 设置【拉伸因数】为30，如图5-346所示。

图5-346

05 此时原来的视频长度已经变短了很多，如图5-347所示。

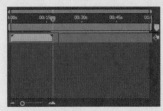

图5-347

06 再次播放时，速度变快了大概3倍，如图5-348所示。

图5-348

实例111	翻开日历动画
文件路径	第5章\翻开日历动画
难易指数	★★★★★
技术要点	● 椭圆工具 ● 矩形工具 ● 横排文字工具 ● CC Page Turn 效果 ● 【投影】效果

扫码深度学习

💡 **操作思路**

本例应用椭圆工具、矩形工具制作遮罩和图形，使用横排文字工具创建文字，使用CC Page Turn效果制作素材翻页。

🖱 **案例效果**

案例效果如图5-349所示。

图5-349

🎤 **操作步骤**

01 在时间线窗口中新建一个黄色纯色层，如图5-350所示。

图5-350

02 此时背景效果如图5-351所示。

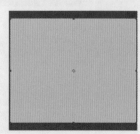

图5-351

03 选择刚才的黄色的纯色图层，然后使用 ▣（椭圆工具）绘制一个椭圆遮罩，如图5-352所示。

04 设置【蒙版羽化】为100.0,100.0像素，【蒙版扩展】为60.0像素，如图5-353所示。

05 此时背景出现了柔和的过渡效果，如图5-354所示。

06 在时间线窗口中新建一个深灰色的纯色层，如图5-355所示。

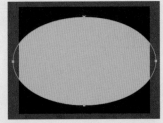

图5-352

图5-353

图5-354

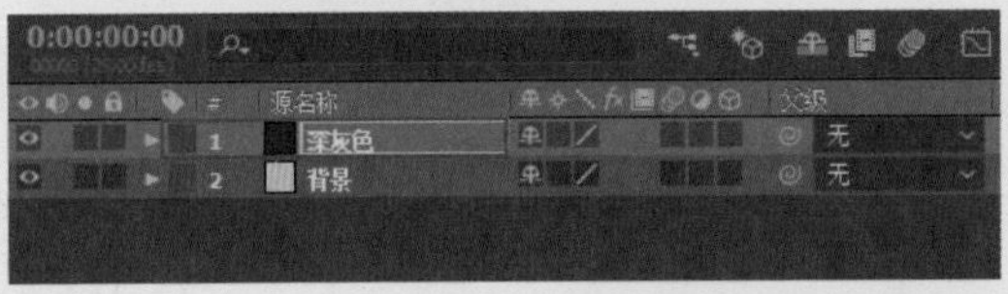

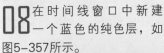

图5-355

07 选择刚才的深灰色的纯色图层，然后使用 ▣（矩形工具）绘制一个矩形遮罩，如图5-356所示。

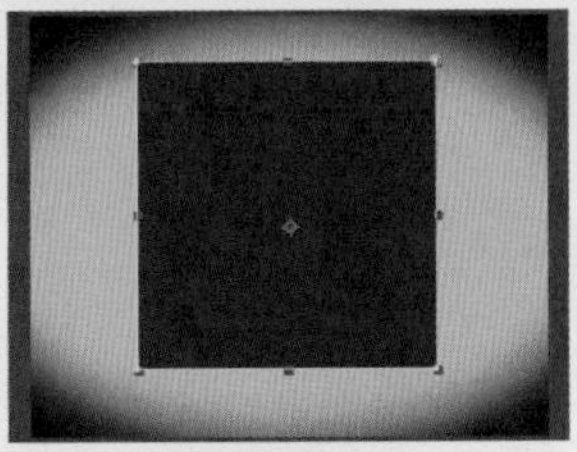

08 在时间线窗口中新建一个蓝色的纯色层，如图5-357所示。

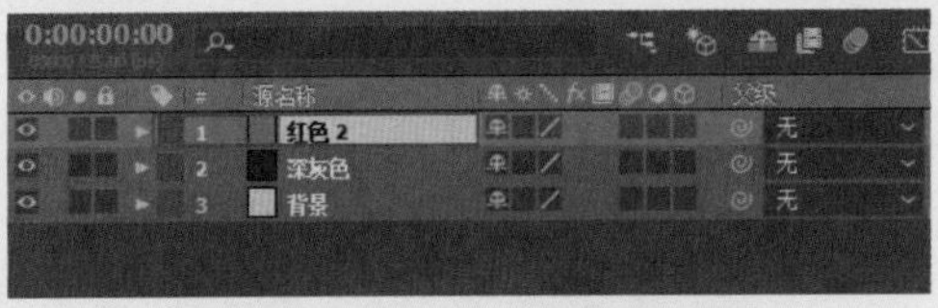

图5-356

图5-357

09 选择刚才的蓝色的纯色层，然后使用 ▣（矩形工具）绘制一个矩形遮罩，如图5-358所示。

10 使用 T（横排文字工具），单击并输入文字，如图5-359所示。

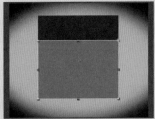

图5-358

图5-359

11 在【字符】面板中设置字体大小为300像素，【填充颜色】为白色，激活 T（仿粗体）按钮，如图5-360所示。

12 继续使用 T（横排文字工具），单击并输入文字，如图5-361所示。

图5-360

图5-361

13 在【字符】面板中设置字体大小为91像素，【填充颜色】为白色，激活 T（仿粗体）按钮，如图5-362所示。

14 选择上面的4个图层，按组合键Ctrl+Shift+C，进行预合成，如图5-363所示。

15 在弹出的【预合成】对话框中命名为"日历1"，如图5-364所示。

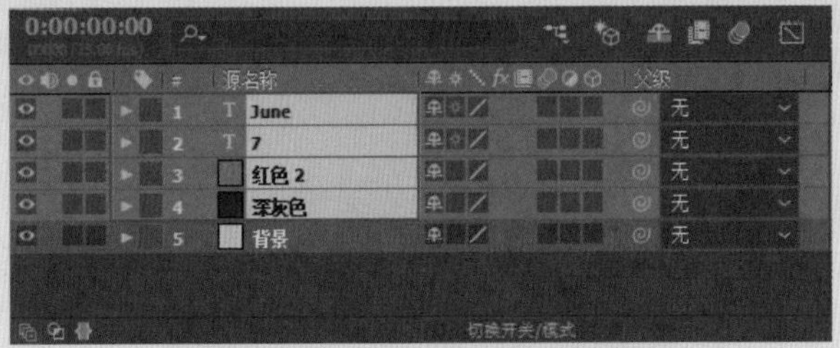

图5-362

图5-363

图5-364

16 选择刚才预合成的"日历1"图层，如图5-365所示。

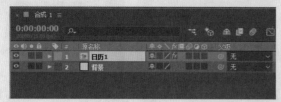

图5-365

17 为"日历1"图层添加CC Page Turn效果，设置Back Page为【无】，Back Opacity为100.0，Paper Color为浅灰色。将时间线拖动到第0秒，打开Fold Position前面的 ⏱ 按钮，并设置数值为521.0,430.0，如图5-366所示。

图5-366

18 将时间线拖动到第4秒，设置Fold Position为−897.0,−30.0，如图5-367所示。

图5-367

19 拖动时间线，可以看到出现了日历翻页的动画效果，如图5-368所示。

图5-368

20 为【日历1】图层添加【投影】效果，设置【距离】为3.0，【柔和度】为20.0，如图5-369所示。

图5-369

21 此时的翻页效果已经出现了阴影，如图5-370所示。

22 以同样的方法制作出【日历2】的动画效果，如图5-371所示。

23 拖动时间线，此时出现了最终日历翻页效果，如图5-372所示。

图5-370

图5-371

图5-372

实例112	塑料质感效果
文件路径	第5章 \ 塑料质感效果
难易指数	★★★★★
技术要点	● CC Glass 效果 ● CC Plastic 效果 ● 【色相/饱和度】效果

扫码深度学习

💡 **操作思路**

本例为素材添加CC Glass效果、CC Plastic效果制作具有塑料质感的画面，使用【色相/饱和度】效果增强画面色彩感。

🖱 **案例效果**

案例效果如图5-373所示。

图5-373

中文版After Effects影视后期特效设计与制作全视频 实战228例

操作步骤

01 将素材"01.jpg"导入到时间线窗口中，如图5-374所示。

图5-374

02 此时的画面效果如图5-375所示。

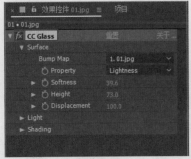

图5-375

03 为素材"01.jpg"添加CC Glass效果，设置Softness为39.6，Height为73.0，如图5-376所示。

图5-376

04 此时出现了类似塑料的画面质感，如图5-377所示。

图5-377

05 继续为素材"01.jpg"添加CC Plastic效果，如图5-378所示。

06 此时的画面高光质感更强烈了，如图5-379所示。

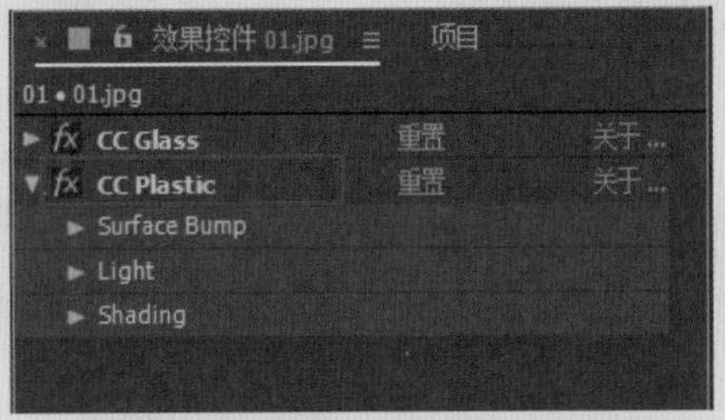

图5-378

图5-379

07 继续为素材"01.jpg"添加【色相/饱和度】效果，设置【主饱和度】为40，如图5-380所示。

08 最终塑料质感效果，如图5-381所示。

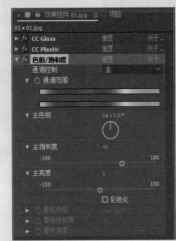

图5-380

图5-381

实例113　图像分裂粒子效果

文件路径	第5章\图像分裂粒子效果
难易指数	★★★★★
技术要点	CC Ball Action 效果

🔍 扫码深度学习

操作思路

本例为素材添加CC Ball Action效果，制作由一张图片变为三维小球的效果，创建关键帧动画制作图形分裂粒子动画。

案例效果

案例效果如图5-382所示。

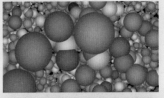

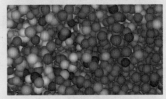

图5-382

操作步骤

01 将视频素材"01.mp4"导入到时间线窗口中，如图5-383所示。

02 此时的画面效果如图5-384所示。

图5-383

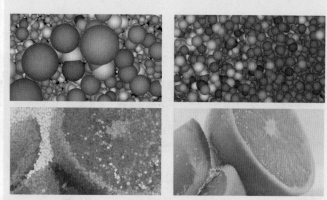

图5-388

03 为素材"01.mp4"添加CC Ball Action效果,设置 Ball Size为300.0,如图5-385所示。

图5-384

图5-385

04 将时间线拖动到第0秒,打开Scatter前面的◯按钮, 并设置数值为500.0,如图5-386所示。

图5-386

05 将时间线拖动到第12秒,设置Scatter为0.0,如 图5-387所示。

图5-387

06 拖动时间线,查看此时的动画效果,如图5-388 所示。

实例114 三维纽扣

文件路径	第5章 \ 三维纽扣
难易指数	★★★★★
技术要点	● 椭圆工具 ● 【斜面Alpha】效果 ● 【投影】效果

扫码深度学习

操作思路

本例为纯色图层应用椭圆工具绘制椭圆形,为其添加 【斜面Alpha】效果、【投影】效果制作具有起伏感的三维 纽扣效果。

案例效果

案例效果如图5-389所示。

图5-389

操作步骤

01 在时间线窗口中,新建一个浅橙色纯色层,如图5-390 所示。

02 此时的画面效果如图5-391所示。

03 将素材"coast-192979.jpg"导入时间线窗口中,如 图5-392所示。

04 此时的素材效果如图5-393所示。

图 5-390

图 5-391

图 5-397

图 5-392

实例115 杂色效果

文件路径	第 5 章 \ 杂色效果
难易指数	★★★★★
技术要点	● 【杂色】效果 ● 【杂色 Alpha】效果

扫码深度学习

操作思路

本例通过对素材添加【杂色】效果、【杂色Alpha】效果制作复古的杂色颗粒感效果。

案例效果

案例效果如图5-398所示。

图 5-398

操作步骤

05 选择素材 "coast-192979.jpg" ，并单击■（椭圆工具）按钮，按住Shift键，拖动鼠标左键3次，绘制3个蒙版，如图5-394所示。

图 5-393

图 5-394

06 为素材 "coast-192979.jpg" 添加【斜面Alpha】效果，设置【边缘厚度】为50.00，【灯光强度】为0.50，如图5-395所示。

07 为素材 "coast-192979.jpg" 添加【投影】效果，设置【距离】为20.0，【柔和度】为30.0，如图5-396所示。

01 将素材 "01.jpg" 导入时间线窗口中，如图5-399所示。

图 5-395

图 5-396

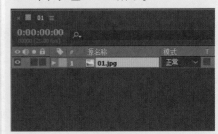

图 5-399

08 最终的三维纽扣效果如图5-397所示。

02 此时的画面效果如图5-400所示。

图5-400

03 将素材"01.jpg"添加【杂色】效果,设置【杂色数量】为100.0%,如图5-401所示。

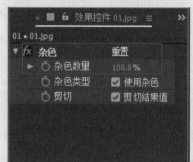

图5-401

04 将素材"01.jpg"添加【杂色Alpha】效果,设置【杂色】为【方形随机】,设置【数量】为19.0%,如图5-402所示。

图5-402

05 最终的杂色效果如图5-403所示。

图5-403

第6章

蒙版

本章概述　　　　蒙版就是选框的外部（选框的内部是选区）。通过在After Effects中新建圆形、矩形，使用钢笔工具等操作，可使图层产生蒙版效果，并可以设置蒙版羽化效果。

本章重点
◆ 了解什么是蒙版
◆ 掌握创建蒙版的多种方法
◆ 掌握蒙版的应用效果

/ 佳 / 作 / 欣 / 赏 /

实例116　钢笔工具制作外面的世界

文件路径	第6章\钢笔工具制作外面的世界
难易指数	★★★★★
技术要点	钢笔工具

🔍扫码深度学习

💡操作思路

本例通过选择素材并应用钢笔工具绘制出遮罩，从而制作两幅图像的合成效果。

🖱案例效果

案例效果如图6-1所示。

图6-1

🎤操作步骤

01 将项目窗口中的"人像.jpg"素材文件拖曳到时间线中，并设置【缩放】为74.0,74.0%，如图6-2所示。

图6-2

02 此时拖动时间线滑块查看效果，如图6-3所示。

图6-3

03 将"01.jpg"素材文件导入到项目窗口中，然后将其拖动到时间线中，并将其摆放在"人像.jpg"图层上方，并设置【缩放】为91.0,91.0%，如图6-4所示。

04 选择▲（钢笔工具），然后在01.jpg图层上沿人像撕裂边缘绘制遮罩，如图6-5所示。

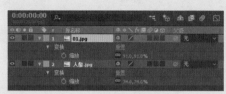

图6-4

图6-5

05 打开"01.jpg"图层下的【蒙版】属性，然后设置为【相减】，如图6-6所示。

06 此时拖动时间线滑块查看最终创意撕裂合成效果，如图6-7所示。

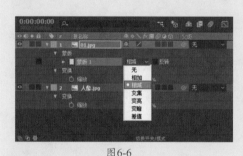

图6-6

图6-7

> **提示　遮罩的注意问题**
>
> 遮罩必须在图层载体上才能绘制，所以在绘制遮罩前，需要选择绘制遮罩路径的图层，任何在【时间线】窗口中的图层都可以绘制遮罩。若没有选择任何图层的情况下绘制，则会在【时间线】窗口中出现形状图层。

实例117　钢笔工具制作心形的爱

文件路径	第6章\钢笔工具制作心形的爱
难易指数	★★★★★
技术要点	● 关键帧动画 ● 钢笔工具

🔍扫码深度学习

💡操作思路

本例使用关键帧动画制作【位置】和【缩放】动画，应用钢笔工具绘制心形遮罩。

🖱案例效果

案例效果如图6-8所示。

图6-8

操作步骤

01 在时间线窗口右击鼠标，新建一个洋红色的纯色图层，如图6-9所示。

图6-9

02 此时背景效果如图6-10所示。

图6-10

03 将素材"01.png""02.jpg""03.png"导入到时间线窗口中。设置素材"03.png"的【位置】为480.0,160.0，【缩放】为130.0,130.0%；设置素材"01.png"的【位置】为489.4,299.2，【缩放】为85.0,85.0%；设置素材"02.jpg"的【缩放】为11.0,11.0%，如图6-11所示。

04 此时素材效果如图6-12所示。

图6-11

图6-12

05 选择█（钢笔工具），然后在"02.jpg"图层上沿人像边缘绘制遮罩，如图6-13所示。

图6-13

06 此时拖动时间线滑块查看最终效果，如图6-14所示。

图6-14

提示 闭合遮罩

当绘制的遮罩首尾相接时，才会呈现出一个完整的遮罩，否则只显示绘制的路径，如图6-15所示。

图6-15

实例118 透明玻璃中的风景

文件路径	第6章\透明玻璃中的风景
难易指数	★★★★★
技术要点	● 关键帧动画 ● 钢笔工具

🔍 扫码深度学习

操作思路

本例使用关键帧动画制作【位置】和【缩放】动画，应用钢笔工具绘制遮罩。

案例效果

案例效果如图6-16所示。

图6-16

操作步骤

01 在时间线窗口右击鼠标，新建一个白色的纯色图层，如图6-17所示。

图6-17

02 将素材"01.png""02.jpg""03.png""04.png"导入到时间线窗口中。设置素材"03.png"的【位置】为802.0,382.0，【缩放】为250.0；设置素材"04.png"的【位置】为1014.0,428.0；设置素材"01.png"的【位置】为814.0,600.0；设置素材"02.jpg"的【位置】为844.0,654.0，【缩放】为120.0,120.0%，如图6-18所示。

图6-18

03 此时的效果如图6-19所示。

04 选择█（钢笔工具），然后在02.jpg图层上沿玻璃瓶绘制遮罩，如图6-20所示。

图6-19

图6-20

05 设置【蒙版羽化】为60.0,60.0%像素,【蒙版不透明度】为90%,【蒙版扩展】为-30.0,如图6-21所示。

06 此时拖动时间线滑块查看最终效果,如图6-22所示。

图6-21

图6-22

实例119 圆角矩形工具制作风景合成

文件路径	第6章\圆角矩形工具制作风景合成
难易指数	★★★★★
技术要点	圆角矩形工具

扫码深度学习

操作思路

本例通过为素材应用圆角矩形工具,制作圆角矩形的这种效果,使风景画面与画板进行合成。

案例效果

案例效果如图6-23所示。

图6-23

操作步骤

01 将素材"01.jpg"导入时间线窗口,如图6-24所示。

图6-24

02 此时背景效果如图6-25所示。

图6-25

03 将素材"02.jpg"导入时间线窗口中,设置【位置】为408.8,628.5,【缩放】为40.0,40.0%,如图6-26所示。

图6-26

04 此时的效果如图6-27所示。

图6-27

05 选择▣（圆角矩形工具），然后在02.jpg图层上绘制圆角矩形，如图6-28所示。

06 此时拖动时间线滑块查看最终效果，如图6-29所示。

图6-28

图6-29

实例120　化妆品广告

文件路径	第6章 \ 化妆品广告
难易指数	★★★★★
技术要点	● 钢笔工具 ● 【投影】效果

Q 扫码深度学习

操作思路

本例使用钢笔工具绘制四个不同颜色的图形，并为素材添加【投影】效果制作化妆品广告。

案例效果

案例效果如图6-30所示。

图6-30

操作步骤

01 单击▣（钢笔工具）按钮，然后绘制一个图形，设置【填充】为蓝色，如图6-31所示。

02 继续在不选择任何图层的状态下，使用▣（钢笔工具）绘制一个图形，设置【填充】为粉色，如图6-32所示。

03 继续在不选择任何图层的状态下，使用▣（钢笔工具）绘制一个图形，设置【填充】为蓝色，如图6-33所示。

04 继续在不选择任何图层的状态下，使用▣（钢笔工具）绘制一个图形，设置【填充】为绿色，如图6-34所示。

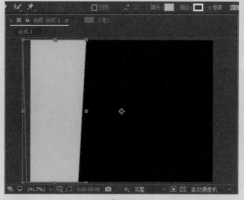
图6-31

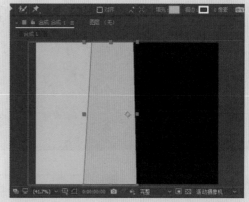
图6-32

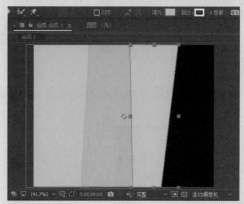
图6-33

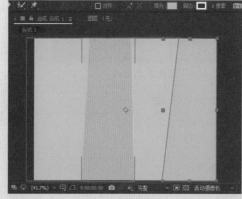
图6-34

05 将素材"01.png"导入时间线窗口中，设置【位置】为139.6,319.3，【缩放】为70.0, 70.0%，如图6-35所示。

图6-35

06 为素材"01.png"添加【投影】效果，设置【距离】为10.0，【柔和度】为30.0，如图6-36所示。

图6-36

07 此时的效果如图6-37所示。

08 继续以同样的方法，将素材"02.png""03.png""04.png"导入时间线窗口中，并添加【投影】效果，如图6-38所示。

图6-37

09 此时拖动时间线滑块查看最终效果，如图6-39所示。

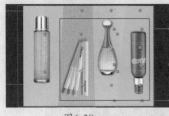

图6-38

图6-39

实例121	橙色笔刷动画
文件路径	第6章\橙色笔刷动画
难易指数	★★★★★
技术要点	● 矩形工具 ● 关键帧动画

扫码深度学习

操作思路

本例通过创建纯色图层，使用矩形工具绘制一个矩形，并应用关键帧动画制作笔刷刷动动画。

案例效果

案例效果如图6-40所示。

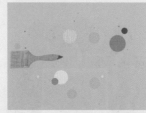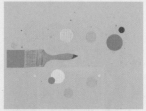
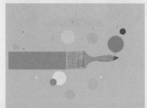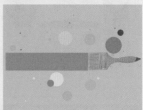

图6-40

操作步骤

01 在时间线窗口中新建一个青色的纯色层，如图6-41所示。

02 继续新建一个橙色的纯色层，并设置【位置】为683.9,630.2，如图6-42所示。

图6-41

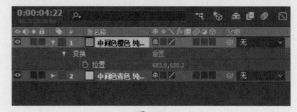

图6-42

03 此时的效果如图6-43所示。

04 选择刚才创建的橙色纯色图层，单击■（矩形工具）按钮，然后绘制一个矩形，如图6-44所示。

图6-43

图6-44

05 将时间线拖动到第0秒，打开【蒙版路径】前面的按钮，如图6-45所示。

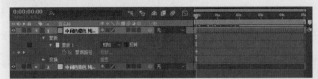

图6-45

06 此时设置蒙版的形状，如图6-46所示。

图6-46

07 将时间线拖动到第2秒，如图6-47所示。

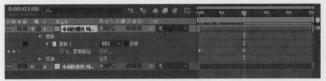

图6-47

08 此时设置蒙版的形状，如图6-48所示。

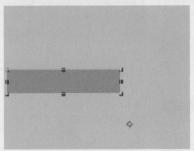

图6-48

09 将素材"timg.png"导入到时间线窗口中，设置【缩放】为55.0,55.0%，【旋转】为0×+90.0°。将时间线拖动到第0秒，打开【位置】前面的按钮，设置【位置】为207.0,402.0，如图6-49所示。

图6-49

10 将时间线拖动到第2秒，设置【位置】为811.0,402.0，如图6-50所示。

图6-50

11 此时动画效果如图6-51所示。

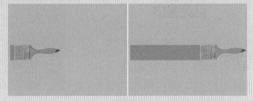

图6-51

12 将素材"02.png"导入到时间线窗口中，如图6-52所示。

图6-52

13 最终动画效果如图6-53所示。

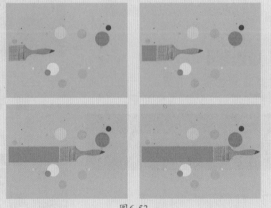

图6-53

提示

蒙版扩展

当【蒙版扩展】的参数为负值时，蒙版会收缩，如图6-54所示是【蒙版扩展】为0和-100时的对比效果。

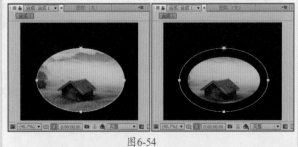

图6-54

艺境／第6章 蒙版／

实战228例

After Effects

135

艺境 中文版After Effects影视后期特效设计与制作全视频

实战228例

After Effects

实例122　卡通剪纸图案

文件路径	第6章\卡通剪纸图案
难易指数	★★★★★
技术要点	● 钢笔工具 ● 【投影】效果

扫码深度学习

操作思路

本例通过创建纯色图层，并使用钢笔工具绘制多个图形，从而制作剪纸效果。

案例效果

案例效果如图6-55所示。

图6-55

操作步骤

01 在时间线窗口中新建一个红色的纯色图层，如图6-56所示。

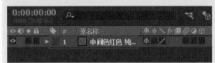

图6-56

02 此时背景效果如图6-57所示。

图6-57

03 在不选择任何图层的情况下，单击 ✎（钢笔工具）按钮，然后绘制一个图形，设置【填充】为蓝色，命名为"形状图层4"，如图6-58所示。

图6-58

04 在不选择任何图层的情况下，单击 ✎（钢笔工具）按钮，然后绘制一个图形，设置【填充】为蓝色，命名为"形状图层5"，如图6-59所示。

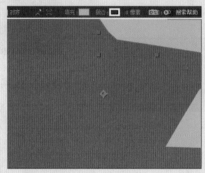

图6-59

05 在不选择任何图层的情况下，单击 ✎（钢笔工具）按钮，然后绘制一个图形，设置【填充】为绿色，命名为"形状图层1"，如图6-60所示。

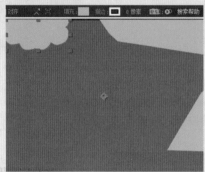

图6-60

06 为"形状图层1"添加【投影】效果，设置【不透明度】为60%，【柔和度】为20.0，如图6-61所示。

07 此时产生了投影的效果，如图6-62所示。

图6-61

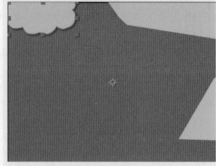

图6-62

08 继续使用同样的方法制作出"形状图层2""形状图层3""形状图层6"，如图6-63所示。

图6-63

09 继续使用同样的方法制作出"形状图层7""形状图层8"，如图6-64所示。

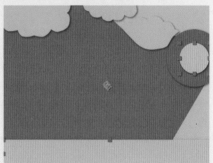

图6-64

10 将素材"01.png"导入时间线窗口中，如图6-65所示。

11 此时素材效果如图6-66所示。

12 最终案例效果如图6-67所示。

图6-65

图6-66

图6-67

实例123	海岛旅游宣传
文件路径	第6章\海岛旅游宣传
难易指数	★★★★★
技术要点	● 钢笔工具 ● 【投影】效果 ● 横排文字工具

扫码深度学习

操作思路

　　本例通过对素材应用钢笔工具绘制多个图形，制作多个颜色区域叠加的效果，应用【投影】效果制作投影，最后创建文字。

案例效果

　　案例效果如图6-68所示。

图6-68

操作步骤

01 在项目窗口右击鼠标，在弹出的快捷菜单中选择【新建合成】命令，在弹出的【合成设置】对话框中设置合适的参数，然后单击"确定"按钮。接着将素材"01.jpg"导入到项目窗口中，然后将其拖动到时间线窗口中，设置【位置】为250.0,288.0，【缩放】为49.0, 49.0%，如图6-69所示。

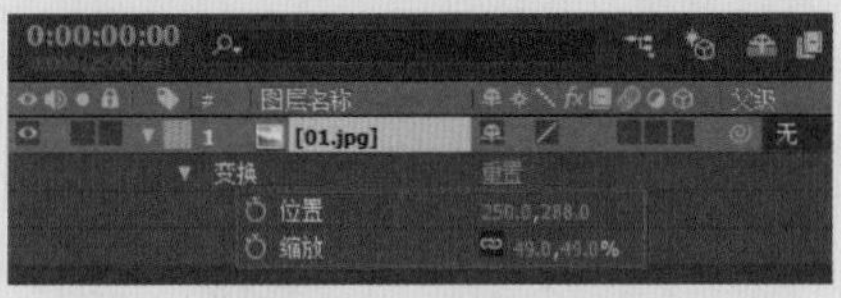

图6-69

02 此时背景效果如图6-70所示。

图6-70

03 在不选择任何图层的情况下，单击 （钢笔工具）按钮，然后绘制一个图形，设置【填充】为蓝色，命名为"图形1"，如图6-71所示。

图6-71

04 为"图形1"添加【投影】效果，设置【不透明度】为70%，【方向】为0×+63.0°，【柔和度】为

40.0，如图6-72所示。

图6-72

05 此时图形1产生了阴影效果，如图6-73所示。

图6-73

06 继续使用同样的方法制作出"图形2""图形3""图形4"，如图6-74所示。

图6-74

07 此时的效果如图6-75所示。

图6-75

08 使用 （横排文字工具），单击并输入白色文字，如图6-76所示。

图6-76

09 进入【字符】面板，设置【字体大小】为63像素，【填充颜色】为白色，如图6-77所示。

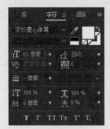

图6-77

10 选择刚创建的文字图层，按快捷键Ctrl+D复制一份，并将其变形为倒影效果。然后设置【位置】为198.1,258.2，【缩放】为100.0,-80.9%，【不透明度】为8%，如图6-78所示。

图6-78

11 此时文字的倒影效果如图6-79所示。

图6-79

12 最终的效果如图6-80所示。

图6-80

实例124 彩色边框效果

文件路径	第6章 \ 彩色边框效果
难易指数	★★★★★
技术要点	● 椭圆形工具 ● 【投影】效果

💡操作思路

本例通过对素材应用椭圆形工具绘制多个圆形，并设置这几个遮罩的混合模式，为其添加【投影】效果制作投影。

🖱案例效果

案例效果如图6-81所示。

图6-81

🎤操作步骤

01 在时间线窗口中右击鼠标，新建一个黄色纯色图层，如图6-82所示。

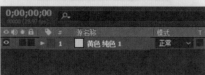

图6-82

02 此时黄色背景效果如图6-83所示。

图6-83

---

03 将素材"01.jpg"导入时间线窗口中，如图6-84所示。

图6-84

04 选择素材"01.jpg"，单击◯（椭圆形工具）按钮，按住Shift键拖动鼠标绘制出一个圆形遮罩，如图6-85所示。

图6-85

05 在时间线窗口中新建一个青色的纯色图层，如图6-86所示。

图6-86

06 选择此时的纯色图层，单击◯（椭圆形工具）按钮，按住Shift键拖动鼠标依次绘制出两个圆形遮罩，如图6-87所示。

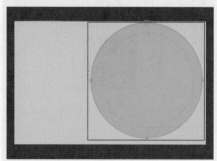

图6-87

07 设置【蒙版1】的【模式】为【相加】，【蒙版2】的【模式】为【相减】。并设置【位置】为1345.0,791.0，【缩放】为112.8,112.8%，如图6-88所示。

08 此时出现了同心圆效果，如图6-89所示。

图6-88

图6-89

09 为此时的纯色图层添加【投影】效果，设置【距离】为15.0，【柔和度】为35.0，如图6-90所示。

图6-90

10 此时产生了阴影效果，如图6-91所示。

图6-91

11 继续新建一个红色的纯色图层，并单击（椭圆形工具）按钮绘制两个圆，如图6-92所示。

12 设置【蒙版1】的【模式】为【相加】，【蒙版2】的【模式】为【相减】，如图6-93所示。

图6-92

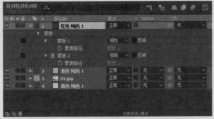

图6-93

13 此时的效果如图6-94所示。

图6-94

14 接着输入文字，并设置文字的颜色、字体大小等，放到画面左侧，如图6-95所示。

图6-95

15 最终的效果如图6-96所示。

图6-96

实例125　油画

文件路径	第6章\油画
难易指数	⭐⭐⭐⭐⭐
技术要点	● 椭圆形工具 ●【散布】效果 ●【曲线】效果

🔍扫码深度学习

💡操作思路

　　本例为素材使用椭圆形工具制作遮罩，为素材添加【散布】效果、【曲线】效果制作油画。

🖱案例效果

　　案例效果如图6-97所示。

图6-97

🎤操作步骤

01 将素材"背景.jpg"导入时间线窗口中，设置【位置】为373.0,829.5，【缩放】为45.0,45.0%，如图6-98所示。

图6-98

02 将素材"01.jpg"导入时间线窗口中，设置【缩放】为24.0,24.0%，【不透明度】为61%，如图6-99所示。

03 此时的效果如图6-100所示。

图6-99

图6-100

04 选择素材"01.jpg",单击 █ （椭圆形工具）按钮,拖动鼠标绘制出一个椭圆形遮罩,如图6-101所示。

图6-101

05 为素材"01.jpg"添加【散布】效果,设置【散布数量】为191.0,【颗粒】为【垂直】。添加【彩色浮雕】效果,设置【起伏】为4.40。添加【自然饱和度】效果,设置【自然饱和度】为100.0,【饱和度】为50.0,如图6-102所示。

图6-102

06 此时的效果如图6-103所示。

图6-103

07 为素材"01.jpg"添加【曲线】效果,并调整曲线形状,如图6-104所示。

图6-104

08 此时的油画效果如图6-105所示。

图6-105

09 最终的效果如图6-106所示。

图6-106

第 7 章

调色特效

 本章概述　　调色是指After Effects中用于颜色调整的滤镜效果，通过这些调色滤镜可以将作品的画面色调气氛调整为适合的效果，如黑白的调色、唯美的调色、电影的调色、电视节目的调色等。

 本章重点
- ◆ 了解色调
- ◆ 掌握调色效果及属性
- ◆ 掌握调色特效的应用

/ 佳 / 作 / 欣 / 赏 /

实例126　黑白色效果

文件路径	第7章\黑白色效果
难易指数	★★★★★
技术要点	●【黑色和白色】效果 ●【亮度和对比度】效果

🔍扫码深度学习

💡操作思路

本例为素材添加【黑色和白色】效果、【亮度和对比度】效果制作明暗对比强烈的黑白色效果。

🖱案例效果

案例效果如图7-1所示。

图7-1

🎙实战步骤

01 将项目窗口中的"01.jpg"素材文件拖曳到时间线中，并设置【缩放】为74.0,74.0%，如图7-2所示。

图7-2

02 此时拖动时间线滑块查看效果，如图7-3所示。

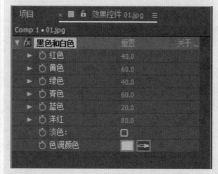

图7-3

03 为"01.jpg"素材添加【黑色和白色】效果，如图7-4所示。

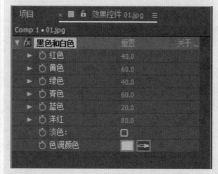

图7-4

04 此时拖动时间线滑块查看效果，如图7-5所示。

图7-5

05 为"01.jpg"素材添加【亮度和对比度】效果，设置【亮度】为24，【对比度】为50，勾选【使用旧版】复选框，如图7-6所示。

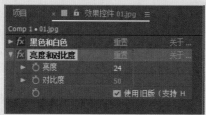

图7-6

06 最终黑白色效果如图7-7所示。

图7-7

实例127　四色渐变效果

文件路径	第7章\四色渐变效果
难易指数	★★★★★
技术要点	【四色渐变】效果

🔍扫码深度学习

💡操作思路

本例通过对素材添加【四色渐变】效果制作四种颜色的渐变效果。

🖱案例效果

案例效果如图7-8所示。

图7-8

🎙实战步骤

01 将项目窗口中的"01.jpg"素材文件拖曳到时间线中，如图7-9所示。

图7-9

02 此时拖动时间线滑块查看效果，如图7-10所示。

图7-10

艺境 中文版After Effects影视后期特效设计与制作全视频 实战228例 After Effects

03 为"01.jpg"素材添加【四色渐变】效果,设置【混合模式】为【滤色】,如图7-11所示。

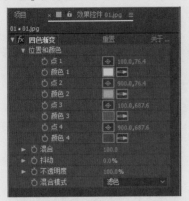

图7-11

04 最终四色渐变效果如图7-12所示。

图7-12

实例128	统一色调
文件路径	第7章\统一色调
难易指数	★★★★★
技术要点	●【色相/饱和度】效果 ●【亮度和对比度】效果 ●【颜色平衡】效果 ●【曲线】效果

扫码深度学习

操作思路

本例为素材添加【色相/饱和度】效果、【亮度和对比度】效果、【颜色平衡】效果、【曲线】效果制作绿色色调的风景。

案例效果

案例效果如图7-13所示。

图7-13

操作步骤

01 将项目窗口中的"01.jpg"素材文件拖曳到时间线中,如图7-14所示。

图7-14

02 此时拖动时间线滑块查看效果,如图7-15所示。

图7-15

03 为"01.jpg"素材添加【色相/饱和度】效果,设置【通道控制】为【红色】,设置【红色色相】为0x+78.0°,如图7-16所示。

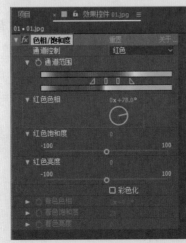

图7-16

04 设置【通道控制】为【黄色】,设置【黄色色相】为0x+36.0°,如图7-17所示。

图7-17

05 此时产生了绿色画面的效果,如图7-18所示。

图7-18

06 继续为"01.jpg"素材添加【亮度和对比度】效果,设置【亮度】为5,【对比度】为15,如图7-19所示。

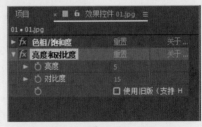

图7-19

07 继续为"01.jpg"素材添加【颜色平衡】效果,设置【阴影红色平衡】为-10.0,【中间调绿色平衡】为-10.0,如图7-20所示。

08 继续为"01.jpg"素材添加【曲线】效果,并设置曲线形状,如图7-21所示。

图7-20

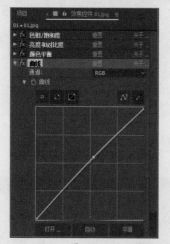

图7-21

09 最终统一色调效果，如图7-22所示。

图7-22

实例129 只保留红色花朵

文件路径	第7章\只保留红色花朵
难易指数	★★★★★
技术要点	● 【保留颜色】效果 ● 【色相/饱和度】效果

扫码深度学习

操作思路

本例为素材添加【保留颜色】效果

制作只包括红色的画面，为其添加【色相/饱和度】效果增强红色色调。

案例效果

案例效果如图7-23所示。

图7-23

操作步骤

01 将"01.jpg"素材文件导入到项目窗口中，然后将其拖动到时间线窗口中，如图7-24所示。

图7-24

02 此时拖动时间线滑块查看效果，如图7-25所示。

图7-25

03 为"01.jpg"素材添加【保留颜色】效果，先单击█按钮，并吸取画面中花朵的红色，设置【脱色量】为100.0%，设置【容差】为30.0%，设置【匹配颜色】为【使用色相】，如图7-26所示。

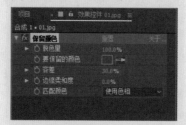

图7-26

04 为"01.jpg"素材添加【色相/饱和度】效果，设置【主饱和度】为16，设置【主亮度】为5，如图7-27所示。

图7-27

05 此时画面只保留了花朵的红色，其他部分都变成了黑白灰效果，如图7-28所示。

图7-28

实例130 春天变秋天

文件路径	第7章\春天变秋天
难易指数	★★★★★
技术要点	【色相/饱和度】效果

扫码深度学习

操作思路

本例通过对素材添加【色相/饱和度】效果，并对不同的通道进行颜色的调整，从而将绿色调的画面效果更改为橙色调的画面效果。

案例效果

案例效果如图7-29所示。

图7-29

操作步骤

01 将项目窗口中的"01.jpg"素材文件拖曳到时间线中，如图7-30所示。

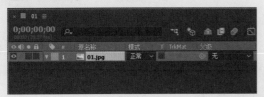

图7-30

02 此时拖动时间线滑块查看效果，如图7-31所示。

03 为"01.jpg"素材添加【色相/饱和度】效果，设置【通道控制】为【主】，设置【主色相】为0x-6.0°，【主饱和度】为27，如图7-32所示。接着设置【通道控制】为【黄色】，设置【黄色色相】为-1x-42°。

图7-31

04 设置【通道控制】为【绿色】，设置【绿色色相】为0x+266.0°，如图7-33所示。

图7-32

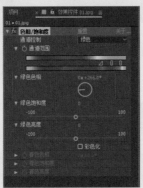

图7-33

05 为"01.jpg"素材添加【自然饱和度】效果，设置【自然饱和度】为15.0，【饱和度】为5.0，如图7-34所示。

06 最终得到了春天变秋天的颜色效果，如图7-35所示。

图7-34

图7-35

提示

色彩冷暖

对颜色冷暖的感受是人类对颜色最为敏感的感觉，而在色相环中绿色一侧的色相为冷色，红色一侧的色相为暖色。冷色给人一种冷静、沉着、寒冷的感觉，暖色给人一种温暖、热情、活泼的感觉。

1. 色彩冷暖的主观感觉

色彩的冷暖受到人的生理、心理因素的影响，它是个人的感受。而每个人对颜色的感受都有所不同，且色彩的冷与暖是相互联系、衬托的两个方面，并且主要通过它们之间的对比体现出感受。

2. 色彩冷暖的属性

色彩的冷暖感觉是人们在生活实践中由于联想而形成的感受。例如，红、橙、黄等暖色系的颜色可以令人联想到太阳、火焰，从而产生温暖的视觉感受，应用此类颜色能够使画面产生一定的温馨感。而青、蓝、紫以及黑白灰则会给人清凉爽朗的感觉；但绿色和紫色等邻近色给人的感觉是不冷不暖，故称为"中性色"，主要用于表现稳定、慎重的感觉。

远近感也与冷、暖色系相关联。暖色给人突出、前进的感觉，冷色给人后退、远离的感受，如图7-36所示。

图7-36

实例131 黑白铅笔画效果

文件路径	第7章\黑白铅笔画效果
难易指数	★★★★★
技术要点	● 【黑色和白色】效果 ● 【查找边缘】效果 ● 【亮度和对比度】效果 ● 【曲线】效果

扫码深度学习

操作思路

本例通过对素材添加【黑色和白色】效果、【查找边缘】效果、【亮度和对比度】效果、【曲线】效果，将正常拍摄的风景作品处理为黑白色铅笔画。

案例效果

案例效果如图7-37所示。

图7-37

操作步骤

01 将项目窗口中的"01.jpg"素材文件拖曳到时间线中，如图7-38所示。

图7-38

02 此时拖动时间线滑块查看效果，如图7-39所示。

图7-39

03 为"01.jpg"素材添加【黑色和白色】效果，设置【蓝色】为300.0，设置【色调颜色】为白色，如图7-40所示。

图7-40

04 此时产生了黑白效果，如图7-41所示。

图7-41

05 为"01.jpg"素材添加【查找边缘】效果，如图7-42所示。

图7-42

06 此时出现了类似铅笔画的质感，如图7-43所示。

07 为"01.jpg"素材添加【亮度和对比度】效果，设置【亮度】为-50，【对比度】为30，如图7-44

所示。

图7-44

08 此时的画面对比度增强了，如图7-45所示。

图7-45

09 为"01.jpg"素材添加【曲线】效果，并调整曲线的形状，如图7-46所示。

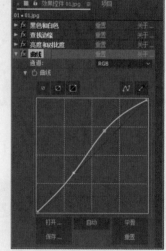

图7-46

10 最终黑白画铅笔作品效果如图7-47所示。

图7-47

艺境 中文版After Effects影视后期特效设计与制作全视频 实战228例 After Effects

实例132 老照片动画

文件路径	第7章\老照片动画
难易指数	★★★★★
技术要点	● 【照片滤镜】效果 ● 【三色调】效果 ● 【投影】效果 ● 3D图层 ● 关键帧动画

扫码深度学习

操作思路

本例为素材添加【照片滤镜】效果、【三色调】效果、【投影】效果将素材处理为复古效果，使用3D图层、关键帧动画制作动画。

案例效果

案例效果如图7-48所示。

图7-48

操作步骤

01 将项目窗口中的"背景.jpg"素材文件拖曳到时间线中，如图7-49所示。

图7-49

02 此时拖动时间线滑块查看效果，如图7-50所示。

03 将素材"01.png"导入时间线窗口中，激活 ⬚（3D图层）按钮，设置【Z轴旋转】为0x+15.0°。将时间线拖动到第0秒，打开"01.png"的【位置】前面的⬚按钮，设置数值为427.0,280.0,-1500.0，如图7-51所示。

图7-50

图7-51

04 将时间线拖动到第3秒，设置素材"01.png"的【位置】为427.0,280.0,0.0，如图7-52所示。

图7-52

05 拖动时间线，查看照片下落动画，如图7-53所示。

图7-53

06 为素材"01.png"添加【照片滤镜】效果，设置【滤镜】为【暖色滤镜（81）】，如图7-54所示。

07 为素材"01.png"添加【三色调】效果，设置【中间调】为土黄色，如图7-55所示。

图7-54   图7-55

08 为素材"01.png"添加【投影】效果，设置【距离】为15.0，【柔和度】为20.0，如图7-56所示。

09 此时的画面色调比较统一，具有老照片的特点，如图7-57所示。

图7-56   图7-57

10 将素材"02.png"导入时间线窗口中，激活🔲（3D图层）按钮，设置【Z轴旋转】为0x−6.0°。将时间线拖动到第0秒，打开"02.png"的【位置】前面的🕐按钮，设置数值为637.0,436.0,−1500.0。打开【方向】前面的🕐按钮，设置数值为60.0°,10.0°,0.0°，如图7−58所示。

图7−58

11 将时间线拖动到第4秒，设置"01.png"的【位置】为637.0,436.0,0.0，设置【方向】为0.0°,0.0°,0.0°，如图7−59所示。

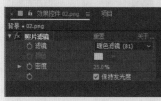

图7−59

12 拖动时间线，查看照片下落动画，如图7−60所示。

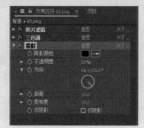

图7−60

13 为素材"02.png"添加【照片滤镜】效果，设置【滤镜】为【暖色滤镜（81）】，如图7−61所示。

14 为素材"02.png"添加【三色调】效果，设置【中间调】为土黄色，如图7−62所示。

图7−61   图7−62

15 为素材"02.png"添加【投影】效果，设置【距离】为15.0，【柔和度】为20.0，如图7−63所示。

图7−63

16 此时的画面对比度增强了，如图7−64所示。

图7−64

实例133	电影调色	
文件路径	第7章 \ 电影调色	
难易指数	⭐⭐⭐⭐⭐	
技术要点	● 【曲线】效果 ● 【色相／饱和度】效果 ● 【颜色平衡】效果 ● 【快速模糊】效果 ● 【锐化】效果 ● 【四色渐变】效果	🔍扫码深度学习

💡 操作思路

本例通过对素材添加【曲线】效果、【色相/饱和度】效果、【颜色平衡】效果、【快速模糊】效果、【锐化】效果、【四色渐变】效果制作电影调色效果。

图7−65

🖱 案例效果

案例效果如图7−65所示。

🎤 操作步骤

01 将项目窗口中的"01.jpg"素材文件拖曳到时间线中，如图7−66所示。

图7−66

02 此时拖动时间线滑块查看效果，如图7−67所示。

图7-67

03 为素材"01.jpg"添加【曲线】效果，并调整曲线效果，如图7-68所示。

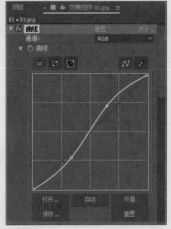

图7-68

04 为素材"01.jpg"添加【色相/饱和度】效果，并设置【主饱和度】为-30，如图7-69所示。

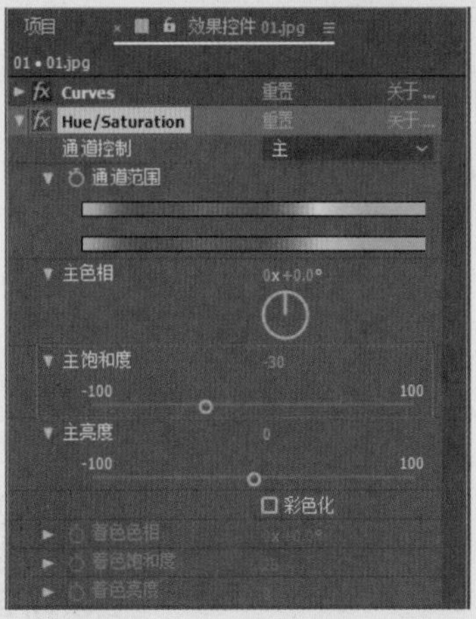

图7-69

05 为素材"01.jpg"添加【颜色平衡】效果，并设置【阴影红色平衡】为80.0，【阴影蓝色平衡】为11.0，【中间调红色平衡】为30.0，【高光红色平衡】为20.0，【高光绿

色平衡】为6.0，【高光蓝色平衡】为-50.0，如图7-70所示。

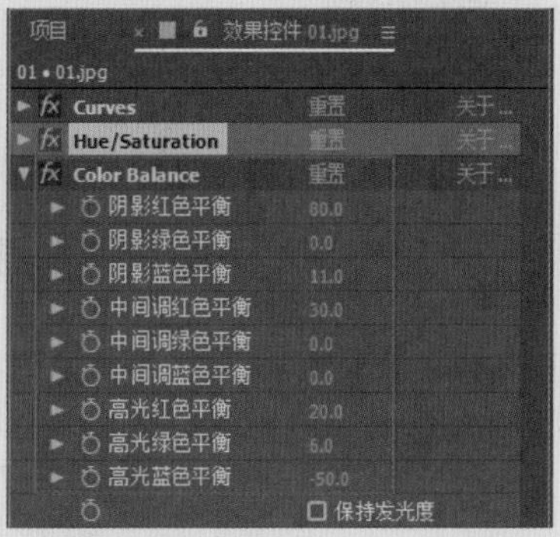

图7-70

06 此时拖动时间线滑块查看效果，如图7-71所示。

图7-71

07 为素材"01.jpg"添加【快速模糊】效果，并设置【模糊度】为1.0，如图7-72所示。

图7-72

08 为素材"01.jpg"添加【锐化】效果，并设置【锐化量】为50，如图7-73所示。

图7-73

09 为素材"01.jpg"添加【四色渐变】效果，并设置【点1】为

192.0,108.0，【颜色1】为绿色，【点2】为1728.0,108.0，【颜色2】为深灰色，【点3】为192.0,972.0，【颜色3】为紫色，【点4】为1692.0,878.0，【颜色4】为深蓝色，【混合模式】为【滤色】，如图7-74所示。

图7-74

10 为素材"01.jpg"添加【曲线】效果，并调整曲线的形状，如图7-75所示。

图7-75

11 最终的电影调色效果如图7-76所示。

图7-76

After Effects

实例134　炭笔绘画质感效果

文件路径	第7章\炭笔绘画质感效果
难易指数	⭐⭐⭐⭐⭐
技术要点	● 【亮度和对比度】效果 ● 【阈值】效果 ● 混合模式

扫码深度学习

操作思路

本例通过对素材添加【亮度和对比度】效果、【阈值】效果制作出炭笔绘画质感，并设置混合模式将两个图层进行混合。

案例效果

案例效果如图7-77所示。

图7-77

操作步骤

01 将"01.jpg"素材文件导入到项目窗口中，然后将其拖曳到时间线窗口中，如图7-78所示。

02 此时拖动时间线滑块查看效果，如图7-79所示。

图7-78　　　　　图7-79

03 为素材"01.jpg"添加【亮度和对比度】效果，设置【亮度】为-18，【对比度】为30，【使用旧版】为【开】，如图7-80所示。

04 此时拖动时间线滑块查看效果，如图7-81所示。

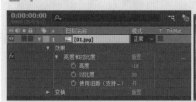

图7-80　　　　　图7-81

05 将项目窗口中的"02.jpg"素材文件拖曳到时间线中，设置【缩放】为64.0,64.0%，如图7-82所示。

图7-82

06 设置素材"02.jpg"的【模式】为【相乘】，如图7-83所示。

图7-83

07 此时拖动时间线滑块查看效果，如图7-84所示。

08 为素材"02.jpg"添加【阈值】效果，设置【级别】为90，如图7-85所示。

图7-84　　　　　　　图7-85

09 最终炭笔绘画效果如图7-86所示。

图7-86

实例135　图像混合效果

文件路径	第7章\图像混合效果
难易指数	⭐⭐⭐⭐⭐
技术要点	● 【混合】效果 ● 【曲线】效果 ● 横排文字工具 ● 混合模式

扫码深度学习

操作思路

本例通过对素材添加【混合】效果、【曲线】效果调整画面颜色，应用横排文字工具创建文字，并设置混合模式将图像进行叠加。

案例效果

案例效果如图7-87所示。

图7-87

操作步骤

01 将"01.jpg"和"02.jpg"素材文件导入到项目窗口中，然后将其依次拖动到时间线窗口中，设置"01.jpg"的【缩放】为76,76.0%，如图7-88所示。

图7-88

02 此时拖动时间线滑块查看效果，如图7-89所示。

03 为素材"01.jpg"添加【混合】效果，设置【与图层混合】为"02.jpg"，【模式】为【仅变暗】，【与原始图像混合】为28.0%，【如果图层大小不同】为【伸缩以适合】，如图7-90所示。

图7-89

04 为素材"01.jpg"添加【曲线】效果，设置曲线的形状，如图7-91所示。

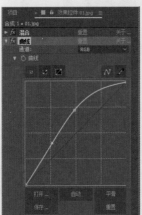

图7-90　　　　图7-91

05 单击取消◉按钮，将"02.jpg"图层隐藏显示，如图7-92所示。

图7-92

06 此时拖动时间线滑块查看效果，如图7-93所示。

07 使用▣（横排文字工具），单击并输入文字，如图7-94所示。

08 在【字符】面板中设置相应的字体类型，设置字体大小为100像素，按下▣（仿粗体）按钮和▣（全部大写字母）按钮，如图7-95所示。

图7-93

图7-94　　　　图7-95

09 设置刚才的文本图层的【模式】为【叠加】，如图7-96所示。

图7-96

10 最终混合画面效果如图7-97所示。

图7-97

实例136 暖意效果

文件路径	第 7 章 \ 暖意效果
难易指数	★★★★★
技术要点	● 【色调均化】效果 ● 【色相 / 饱和度】效果 ● 【颜色平衡】效果 ● 【镜头光晕】效果

扫码深度学习

操作思路

本例为素材添加【色调均化】效果、【色相/饱和度】效果、【颜色平衡】效果、【镜头光晕】效果制作暖意效果。

案例效果

案例效果如图7-98所示。

图7-98

操作步骤

01 将素材"背景.jpg"导入时间线窗口中，如图7-99所示。

图7-99

02 此时拖动时间线滑块查看效果，如图7-100所示。

图7-100

03 为素材"背景.jpg"添加【色调均化】效果，设置【色调均化】为【Photoshop样式】，【色调均化量】为40.0%，如图7-101所示。

图7-101

04 为素材"背景.jpg"添加【色相/饱和度】效果，设置【主色相】为0x+2.0°，【主饱和度】为33，如图7-102所示。

图7-102

05 此时拖动时间线滑块查看效果，如图7-103所示。

图7-103

06 为素材"背景.jpg"添加【颜色平衡】效果，设置【中间调红色平衡】为60.0，【中间调绿色平衡】为15.0，如图7-104所示。

07 为素材"背景.jpg"添加【镜头光晕】效果，设置【光晕中心】为1014.6,18.0,【光晕亮度】为130%，【镜头类型】为【105毫米定焦】，如图7-105所示。

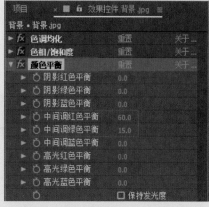

图7-104

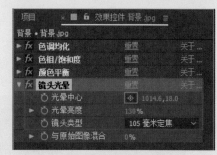

图7-105

08 最终暖意画面效果如图7-106所示。

图7-106

提示 色彩远近

色彩的远近感是由色彩的明度、纯度、面积等多种因素造成的错觉现象。色彩的远近错觉可用于制造出空间感，能产生各种美妙构想，并使画面主题得以突出，是设计的重要造型手段之一。

特点：

色彩的远近与色彩的冷暖有着直接的联系，高明度、暖色调的颜色会令人感觉靠前，这类颜色被称为前进色；低明度、冷色调的颜色会令人感觉靠后，这类颜色被称为后褪色，如图7-107所示。

图7-107

实例137 童话感风景调色

文件路径	第7章＼童话感风景调色
难易指数	★★★★★
技术要点	● 【色调】效果 ● 【四色渐变】效果 ● 【色阶】效果 ● 【曲线】效果 ● 【色相/饱和度】效果 ● 【颜色平衡】效果

扫码深度学习

操作思路

　　本例通过对素材添加【色调】效果、【四色渐变】效果、【色阶】效果、【曲线】效果、【色相/饱和度】效果、【颜色平衡】效果制作童话感风景调色效果。

案例效果

　　案例效果如图7-108所示。

图7-108

操作步骤

01 将素材"01.jpg"导入时间线窗口中，如图7-109所示。

02 此时拖动时间线滑块查看效果，如图7-110所示。

图7-109

图7-110

03 为素材"01.jpg"添加【色调】效果，设置【将黑色映射到】为【棕色】，【将白色映射到】为【黄色】，【着色数量】为7.0%，如图7-111所示。

图7-111

04 为素材"01.jpg"添加【四色渐变】效果，并设置【点1】为161.8,220.5，【颜色1】为蓝色，【点2】为1212.6,723.8，【颜色2】为黄色，【点3】为975.1,40.5，【颜色3】为青色，【点4】为1700.0,1047.9，【颜色4】为棕色，【不透明度】为51.0%，【混合模式】为【叠加】，如图7-112所示。

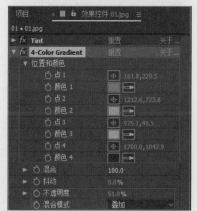

图7-112

05 为素材"01.jpg"添加【色阶】效果，并设置【灰度系数】为1.08，如图7-113所示。

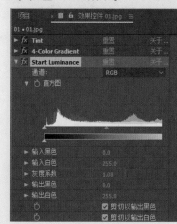

图7-113

06 此时拖动时间线滑块查看效果，如图7-114所示。

图7-114

07 为素材"01.jpg"添加【曲线】效果，并设置曲线形状，如图7-115所示。

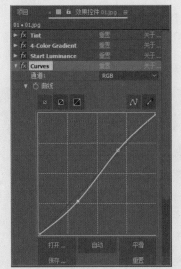

图7-115

08 为素材"01.jpg"添加【色相/饱和度】效果，并设置【主饱和度】为-23，如图7-116所示。

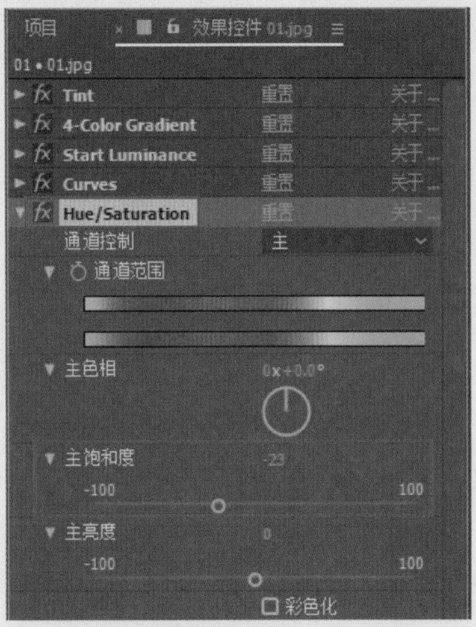

图7-116

09 为素材"01.jpg"添加【颜色平衡】效果，并设置【阴影红色平衡】为72.0，【阴影蓝色平衡】为11.0，【中间调红色平衡】为25.0，【高光红色平衡】为14.0，【高光绿色平衡】为6.0，【高光蓝色平衡】为-49.0，如图7-117所示。

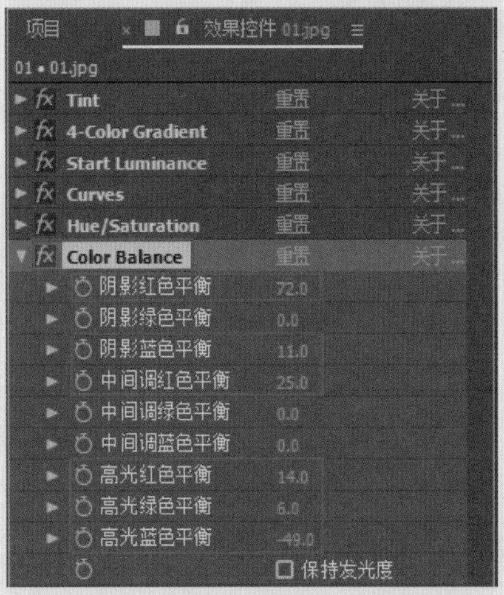

图7-117

10 此时拖动时间线滑块查看效果，如图7-118所示。

图7-118

11 为素材"01.jpg"添加【四色渐变】效果，并设置【点1】为192.0,108.0，【颜色1】为深绿色，【点2】为1677.7,235.7，【颜色2】为深灰色，【点3】为192.0,972.0，【颜色3】为紫色，【点4】为1692.0,878.0，【颜色4】为深蓝色，【不透明度】为100.0%，【混合模式】为【滤色】，如图7-119所示。

12 为素材"01.jpg"添加【曲线】效果，并设置曲线形状，如图7-120所示。

13 最终童话感风景效果如图7-121所示。

图7-119

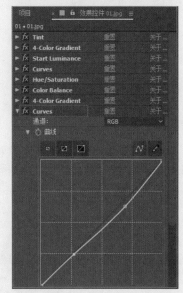

图7-120

图7-121

提示

同类色

同类色就是在色相环内相隔30°左右的两种颜色。两种颜色搭配在一起可以使整体画面协调、统一，所以被称为协调色。协调色之间虽然色距较近，但也有一定的变化。既协调又不单调，因为它们

中都含有相同的色素，如图7-122
所示。

图7-122

同类色构成的特点：

在色环中两种颜色相隔30°左
右为协调色。效果和谐、柔和，避
免了单一颜色的单调感，是属于色
相对比中的弱对比。同类色的色组
方案如图7-123所示。

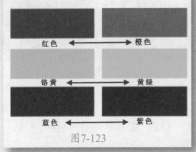

图7-123

实例138　时尚质感调色

文件路径	第7章\时尚质感调色
难易指数	★★★★★
技术要点	●【曲线】效果 ●【快速模糊】效果 ●【锐化】效果 ●【杂色】效果 ●【颜色平衡】效果

🔍扫码深度学习

💡操作思路

本例通过对素材添加【曲线】效
果、【快速模糊】效果、【锐化】效
果、【杂色】效果、【颜色平衡】效
果制作时尚范质感调色。

🖱案例效果

案例效果如图7-124所示。

图7-124

🎤操作步骤

01 将素材"01.jpg"导入时间线窗口
中，如图7-125所示。

图7-125

02 此时拖动时间线滑块查看效果，
如图7-126所示。

图7-126

03 为素材"01.jpg"添加【曲线】
效果，并分别设置红、绿、蓝三
个通道的曲线形状，如图7-127所示。

图7-127

04 此时拖动时间线滑块查看效果，
如图7-128所示。

图7-128

05 为素材"01.jpg"添加【快速模
糊】效果，并设置【模糊度】为
1.0，如图7-129所示。

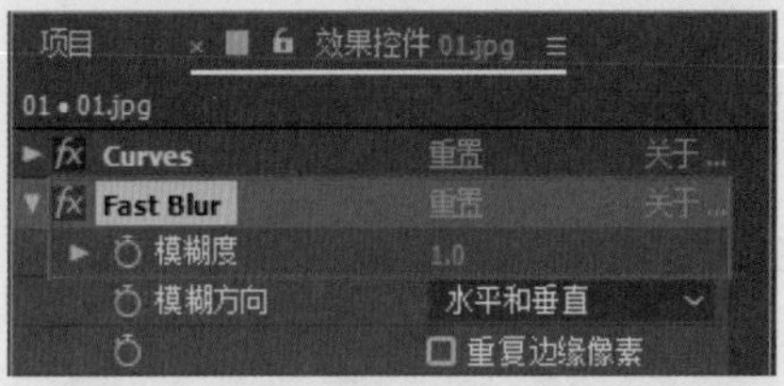

图7-129

06 为素材"01.jpg"添加【锐化】
效果，并设置【锐化量】为50，
如图7-130所示。

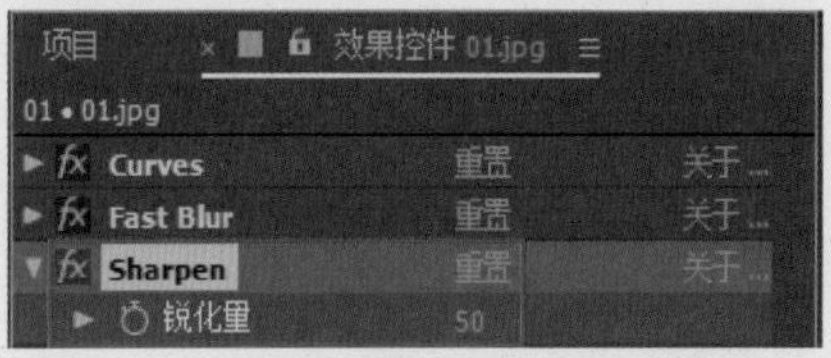

图7-130

07 为素材"01.jpg"添加【杂色】
效果，并设置【杂色数量】为
2.0%，如图7-131所示。

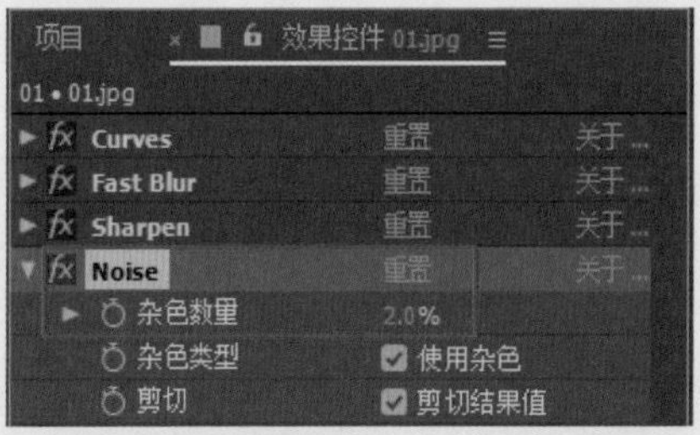

图7-131

08 为素材"01.jpg"添加【颜色平
衡】效果，并设置【阴影红色平
衡】为50.0，【阴影蓝色平衡】为38.0，
【中间调绿色平衡】为10.0，【高光
红色平衡】为5.0，如图7-132所示。

图7-132

09 最终的时尚画面效果如图7-133所示。

图7-133

实例139	LOMO色彩
文件路径	第7章 \ LOMO 色彩
难易指数	★★★★★
技术要点	● 【色调】效果 ● 【照片滤镜】效果 ● 【曲线】效果 ● 【曝光度】效果 ● 【自然饱和度】效果 ● 【亮度和对比度】效果

🔍扫码深度学习

💡 操作思路

　　本例通过对素材添加【色调】效果、【照片滤镜】效果、【曲线】效果、【曝光度】效果、【自然饱和度】效果、【亮度和对比度】效果，从而制作LOMO感觉的色彩。

🖱 案例效果

　　案例效果如图7-134所示。

图7-134

🎤 操作步骤

01 将素材"01.jpg"导入时间线窗口中，如图7-135所示。

图7-135

02 此时拖动时间线滑块查看效果，如图7-136所示。

图7-136

03 为素材"01.jpg"添加【色调】效果，并设置【将白色映射到】为黑色，【着色数量】为15.0%，如图7-137所示。

图7-137

04 为素材"01.jpg"添加【照片滤镜】效果，并设置【滤镜】为【自定义】，【颜色】为青色，如图7-138

所示。

图7-138

05 此时拖动时间线滑块查看效果，如图7-139所示。

图7-139

06 为素材"01.jpg"添加【曲线】效果，并分别设置RGB、红、绿、蓝四个通道的曲线形状，如图7-140所示。

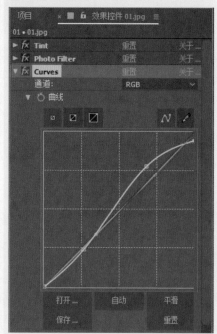

图7-140

07 为素材"01.jpg"添加【曝光度】效果，并设置【偏移】为0.0500，如图7-141所示。

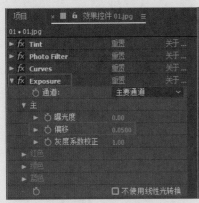

图7-141

08 为素材"01.jpg"添加【自然饱和度】效果，并设置【自然饱和度】为-29.5，【饱和度】为6.6，如图7-142所示。

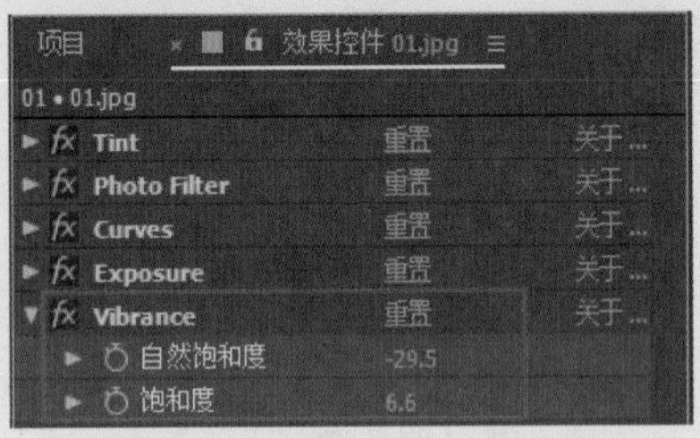

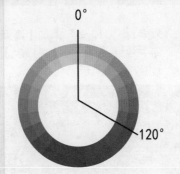

图7-142

09 为素材"01.jpg"添加【亮度和对比度】效果，并设置【亮度】为5，【对比度】为10，如图7-143所示。

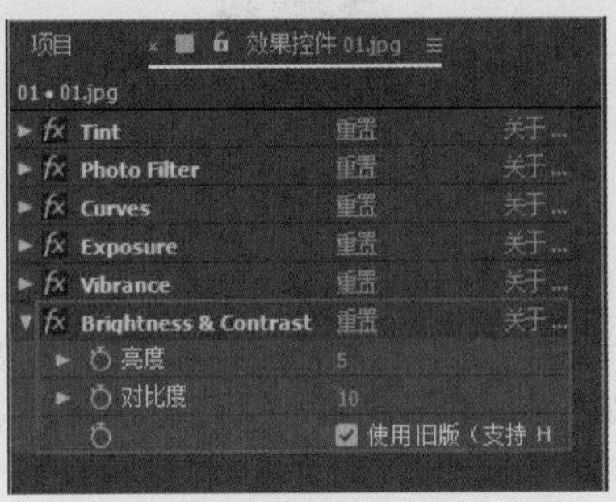

图7-143

10 最终LOMO色彩画面效果如图7-144所示。

图7-144

提示 ◁

对比色

对比色就是两种或两种以上色相之间的对比，是赋予色彩表现力的方式之一。当对比双方的色彩处于色相环相隔在120°到150°之间的范围时，属于对比色关系。如红与黄绿、红与蓝绿、橙与紫、黄与蓝等，如图7-145所示。

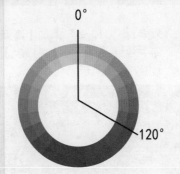

图7-145

对比色构成的特点：

在色环中，两种颜色相隔120°左右为对比色。对比色给人一种强烈、明快、醒目、具有冲击力的感觉，但使用过度容易引起视觉疲劳和精神亢奋。对比色的色组方案如图7-146所示。

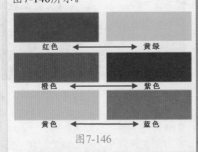

红色	◄—►	黄绿
橙色	◄—►	紫色
黄色	◄—►	蓝色

图7-146

实例140　经典稳重色调

文件路径	第7章\经典稳重色调
难易指数	★★★★★
技术要点	● 【三色调】效果 ● 【照片滤镜】效果 ● 【曲线】效果 ● 【曝光度】效果 ● 【自然饱和度】效果 ● 【高斯模糊】效果

🔍扫码深度学习

💡操作思路

本例通过对素材添加【三色调】效果、【照片滤镜】效果、【曲线】效果、【曝光度】效果、【自然饱和度】效果、【高斯模糊】效果，从而制作经典稳重色调。

📖案例效果

案例效果如图7-147所示。

图7-147

🎤操作步骤

01 将素材"01.jpg"导入时间线窗口中，如图7-148所示。

图7-148

02 此时拖动时间线滑块查看效果，如图7-149所示。

图7-149

03 为素材"01.jpg"添加【三色调】效果，并设置【高光】为白色，【中间调】为红色，【阴影】为黑色，【与原始图像混合】为80.0%，如图7-150所示。

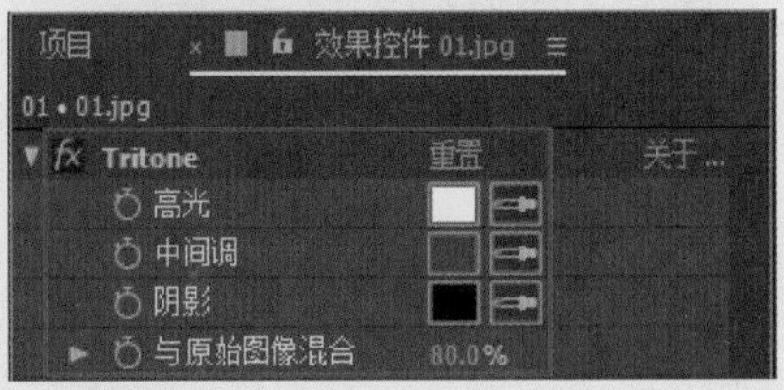

图7-150

04 为素材"01.jpg"添加【照片滤镜】效果，并设置【滤镜】为【自定义】，【颜色】为绿色，【密度】为45.0%，如图7-151所示。

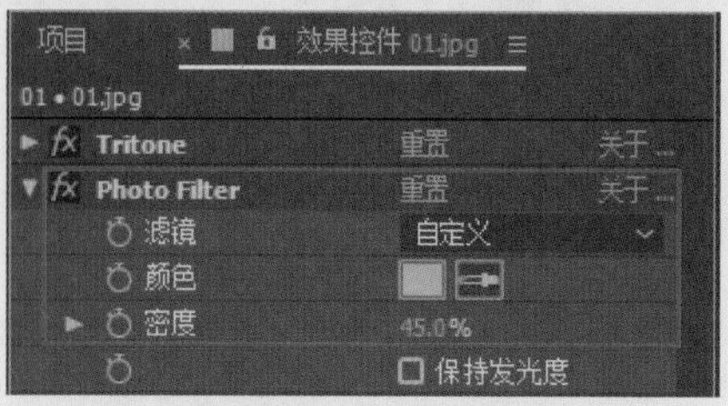

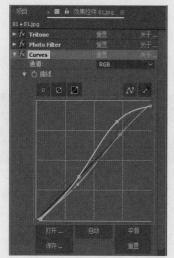

图7-151

05 为素材"01.jpg"添加【曲线】效果，并分别设置RGB、红、绿、蓝四个通道的曲线形状，如图7-152所示。

图7-152

06 为素材"01.jpg"添加【曝光度】效果，并分别设置【曝光度】为0.06，【偏移】为0.0100，【灰度系数校正】为1.00，如图7-153所示。

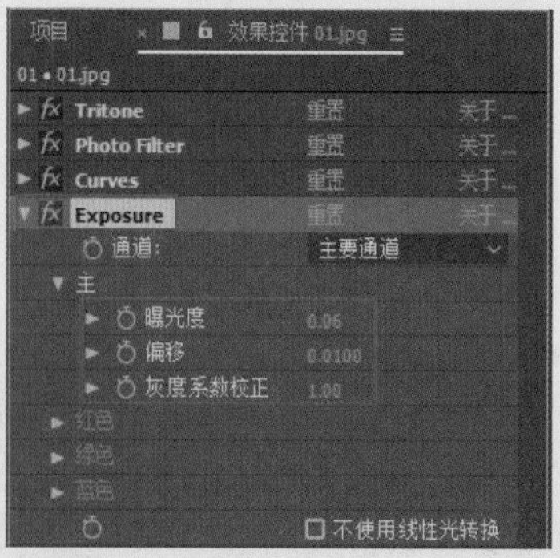

图7-153

07 为素材"01.jpg"添加【自然饱和度】效果，并设置【自然饱和

度】为-20.0，【饱和度】为-5.0，如图7-154所示。

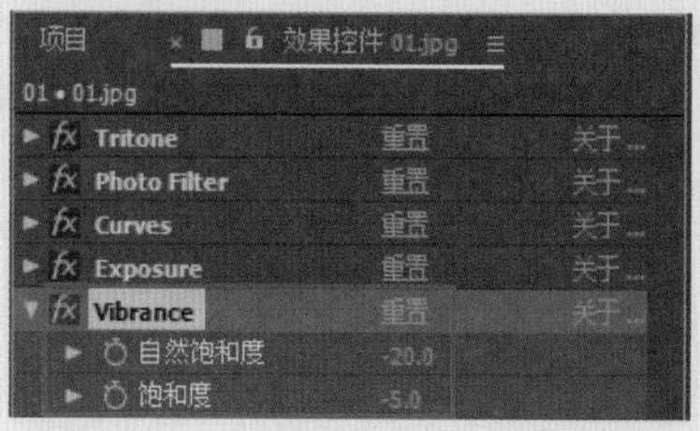

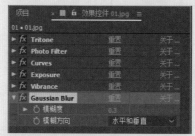

图7-154

08 为素材"01.jpg"添加【高斯模糊】效果，并设置【模糊度】为0.3，如图7-155所示。

图7-155

09 最终经典稳重色彩画面效果，如图7-156所示。

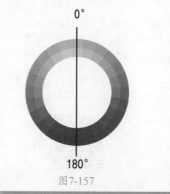

图7-156

提示 互补色

在色环中，相差180°左右为互补色。这样的色彩搭配可以产生一种强烈的刺激作用，对人的视觉具有最强的吸引力，如红与绿、黄与紫、蓝与橙等色组，如图7-157所示。

0°

180°

图7-157

互补色构成的特点：

色相环直径两端相对，即180°的两种颜色互为互补色。互补色搭配在一起效果最强烈，会产生刺激、动荡、冲突之感，属于最强对比。互补色的色组方案如图7-158所示。

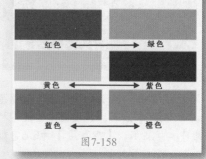

红色 ← → 绿色
黄色 ← → 紫色
蓝色 ← → 橙色

图7-158

实例141 低对比柔和灰调风景

文件路径	第7章\低对比柔和灰调风景
难易指数	★★★★★
技术要点	●【色调】效果 ●【色阶】效果 ●【三色调】效果 ●【四色渐变】效果 ●【快速模糊】效果 ●【锐化】效果 ●【曲线】效果 ●【着色】效果

扫码深度学习

操作思路

本例通过对素材添加【色调】效果、【色阶】效果、【三色调】效果、【四色渐变】效果、【快速模糊】效果、【锐化】效果、【曲线】效果、【色调】效果，从而制作低对比柔和灰调风景。

案例效果

案例效果如图7-159所示。

图7-159

操作步骤

01 将素材"01.jpg"导入时间线窗口中，如图7-160所示。

图7-160

02 此时拖动时间线滑块查看效果，如图7-161所示。

03 为素材"01.jpg"添加【色调】效果，并设置【将黑色映射到】为深灰色，如图7-162所示。

图7-161

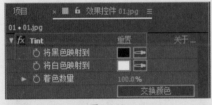

图7-162

04 此时拖动时间线滑块查看效果，如图7-163所示。

图7-163

05 为素材"01.jpg"添加【色阶】效果，并设置【输入白色】为220.0，如图7-164所示。

06 为素材"01.jpg"添加【三色调】效果，并分别设置【高光】为白色，【中间调】为褐色，【阴影】为深褐色，如图7-165所示。

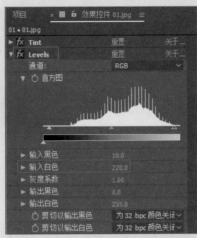

图7-164

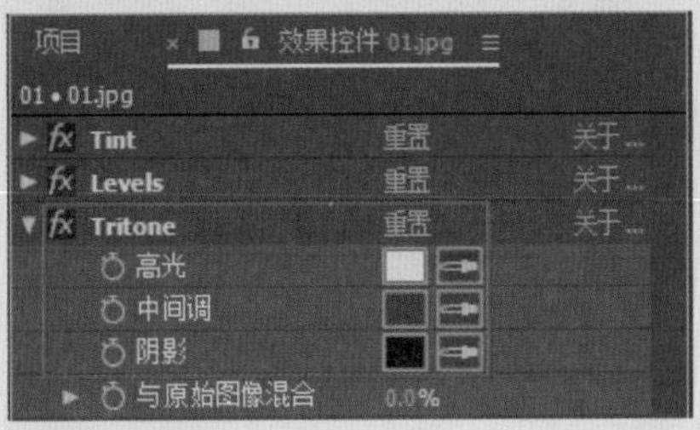

图7-165

07 为素材"01.jpg"添加【四色渐变】效果，并设置【点1】为192.0,108.0，【颜色1】为棕色，【点2】为1728.0,108.0，【颜色2】为土黄色，【点3】为757.3,-77.0，【颜色3】为白色，【点4】为1692.0,878.0，【颜色4】为深红色，【不透明度】为100.0%，【混合模式】为【滤色】，如图7-166所示。

图7-166

08 为素材"01.jpg"添加【快速模糊】效果，并设置【模糊度】为1.0，如图7-167所示。

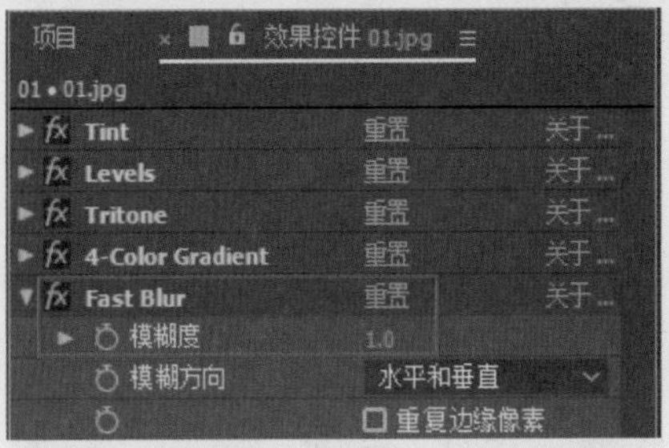

图7-167

09 为素材"01.jpg"添加【锐化】效果，并设置【锐化量】为50，如图7-168所示。

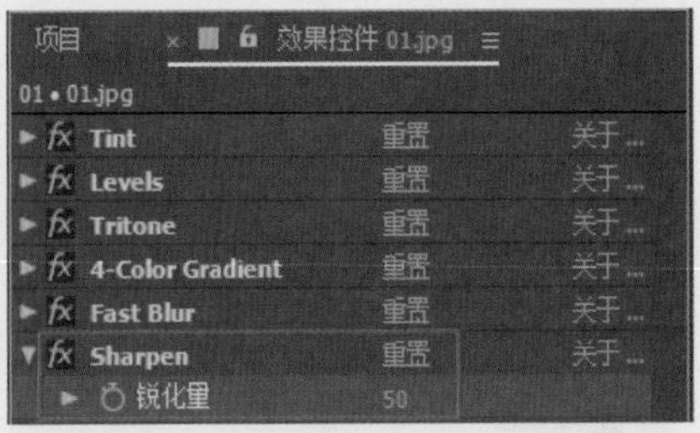

图7-168

10 为素材"01.jpg"添加【曲线】效果，并设置曲线的形状，如图7-169所示。

图7-169

11 为素材"01.jpg"添加【色调】效果，并设置【将黑色映射到】为黑色，【将白色映射到】为白色，如图7-170所示。

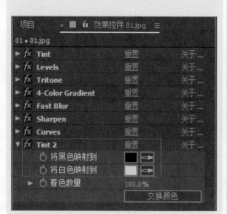

图7-170

12 最终低对比柔和灰调风景画面效果，如图7-171所示。

图7-171

实例142 超强质感画面

文件路径	第7章\超强质感画面
难易指数	★★★★★
技术要点	● 【色调】效果 ● 【色相/饱和度】效果 ● 【色阶】效果 ● 【曲线】效果 ● 【颜色平衡】效果 ● 【锐化】效果

扫码深度学习

操作思路

本例通过对素材添加【色调】效果、【色相/饱和度】效果、【色阶】效果、【曲线】效果、【颜色平衡】效果、【锐化】效果，从而制作超强质感画面。

案例效果

案例效果如图7-172所示。

图7-172

操作步骤

01 将素材"01.jpg"导入时间线窗口中，如图7-173所示。

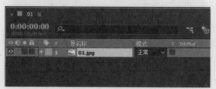

图7-173

02 此时拖动时间线滑块查看效果，如图7-174所示。

图7-174

03 为素材"01.jpg"添加【色调】效果，并设置【将黑色映射到】为深灰色，【将白色映射到】为白色，【着色数量】为31.0%，如图7-175所示。

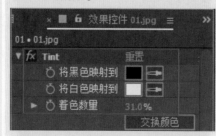

图7-175

04 为素材"01.jpg"添加【色相/饱和度】效果，并设置【主饱和度】为-10，【主亮度】为-14，如图7-176所示。

05 为素材"01.jpg"添加【色阶】效果，并设置【输入黑色】为23.0，【输入白色】为206.6，

【灰度系数】为1.13，【输出黑色】为-5.1，【输出白色】为265.2，如图7-177所示。

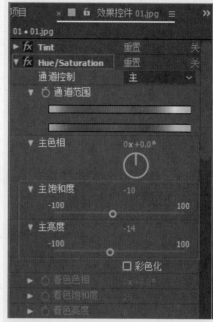

图7-176

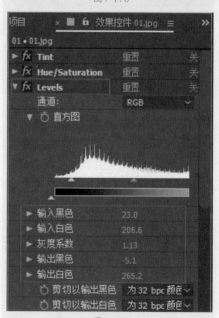

图7-177

06 为素材"01.jpg"添加【曲线】效果，并分别设置曲线的形状，如图7-178所示。

07 为素材"01.jpg"添加【颜色平衡】效果，并设置【中间调蓝色平衡】为-12.0，【高光绿色平衡】为4.0，【高光蓝色平衡】为16.0，如图7-179所示。

艺境 中文版After Effects影视后期特效设计与制作全视频 实战228例

图7-178

图7-181

fx Tint	重置	关于...
fx Hue/Saturation	重置	关于...
fx Levels	重置	关于...
fx Curves	重置	关于...
fx Color Balance	重置	关于...
阴影红色平衡	0.0	
阴影绿色平衡	0.0	
阴影蓝色平衡	0.0	
中间调红色平衡	0.0	
中间调绿色平衡	0.0	
中间调蓝色平衡	-12.0	
高光红色平衡	0.0	
高光绿色平衡	4.0	
高光蓝色平衡	16.0	
	□ 保持发光度	

图7-179

08 为素材"01.jpg"添加【锐化】效果，并设置【锐化量】为45，如图7-180所示。

fx Tint	重置	关于...
fx Hue/Saturation	重置	关于...
fx Levels	重置	关于...
fx Curves	重置	关于...
fx Color Balance	重置	关于...
fx 锐化	重置	关于...
锐化量	45	

图7-180

09 此时拖动时间线滑块查看最终效果，如图7-181所示。

实例143　MV画面颜色

文件路径	第7章＼MV画面颜色
难易指数	★★★★★
技术要点	● 【色调】效果 ● 【照片滤镜】效果 ● 【亮度和对比度】效果 ● 【曲线】效果 ● 【级别】效果 ● 【曝光度】效果 ● 【自然饱和度】效果 ● 【高斯模糊】效果

🔍扫码深度学习

💡操作思路

本例通过对素材添加【色调】效果、【照片滤镜】效果、【亮度和对比度】效果、【曲线】效果、【级别】效果、【曝光度】效果、【自然饱和度】效果、【高斯模糊】效果，从而制作MV画面颜色。

🖱案例效果

案例效果如图7-182所示。

图7-182

🎤操作步骤

01 将素材"01.jpg"导入时间线窗口中，如图7-183所示。

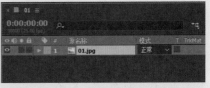

图7-183

02 此时拖动时间线滑块查看效果，如图7-184所示。

图7-184

03 为素材"01.jpg"添加【色调】效果，并设置【将黑色映射到】为深灰色，【将白色映射到】为深灰色，【着色数量】为10.0%，如图7-185所示。

fx Tint 2	重置	关于...
将黑色映射到		
将白色映射到		
着色数量	10.0%	
	交换颜色	

图7-185

04 为素材"01.jpg"添加【色调】效果，并设置【将黑色映射到】为黑色，【将白色映射到】为白色，【着色数量】为10.0%，如图7-186所示。

fx Tint 2	重置	关于...
fx Tint	重置	关于...
将黑色映射到		
将白色映射到		
着色数量	10.0%	
	交换颜色	

图7-186

05 为素材"01.jpg"添加【照片滤镜】效果，设置【滤镜】为【自定义】，设置【密度】为25.0%，设置【颜色】为青色，如图7-187所示。

06 此时拖动时间线滑块查看效果，如图7-188所示。

图7-187

图7-188

07 为素材"01.jpg"添加【亮度和对比度】效果,并设置【亮度】为-10,勾选【使用旧版】,如图7-189所示。

图7-189

08 为素材"01.jpg"添加【曲线】效果,并设置曲线形状,如图7-190所示。

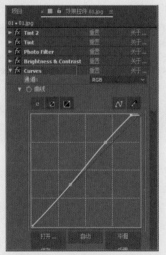

图7-190

09 为素材"01.jpg"添加【色阶】效果,并设置【输入黑色】为2.0,【输入白色】为255.0,【灰度系数】为1.12,如图7-191所示。

图7-191

10 此时拖动时间线滑块查看效果,如图7-192所示。

图7-192

11 为素材"01.jpg"添加【曝光度】效果,并设置【偏移】为0.0050,【灰度系数校正】为1.05,如图7-193所示。

图7-193

12 为素材"01.jpg"添加【自然饱和度】效果,并设置【自然饱和度】为-20.0,【饱和度】为-20.0,如图7-194所示。

图7-194

13 为素材"01.jpg"添加【高斯模糊】效果,并设置【模糊度】为0.5,如图7-195所示。

图7-195

14 此时拖动时间线滑块查看最终效果,如图7-196所示。

图7-196

实例144	粉嫩少女色
文件路径	第7章\粉嫩少女色
难易指数	⭐⭐⭐⭐⭐
技术要点	●【色阶】效果 ●【照片滤镜】效果 ●【色调】效果 ●【颜色平衡】效果 ●【发光】效果 ●【曲线】效果 ●【快速模糊】效果 ●【锐化】效果

🔍扫码深度学习

操作思路

本例通过对素材添加【色阶】效果、【照片滤镜】效果、【色调】效果、【颜色平衡】效果、【发光】效果、【曲线】效果、【快速模糊】效果、【锐化】效果，从而制作粉嫩少女色。

案例效果

案例效果如图7-197所示。

图7-197

操作步骤

01 将素材"01.jpg"导入时间线窗口中，如图7-198所示。

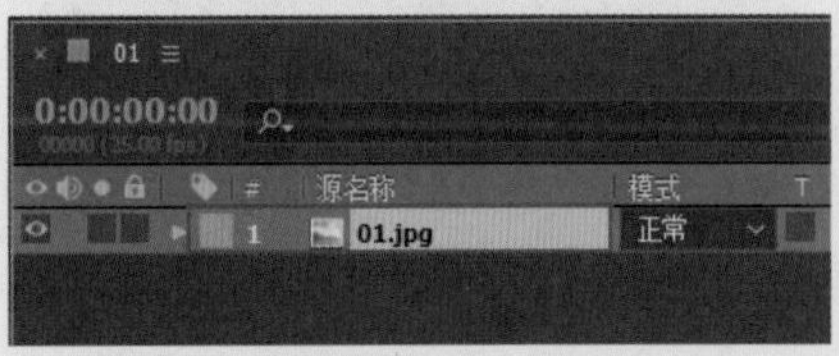

图7-198

02 此时拖动时间线滑块查看效果，如图7-199所示。

图7-199

03 为素材"01.jpg"添加【色阶】效果，并设置【灰度系数】为0.75，【输出黑色】为34.0，如图7-200所示。

04 为素材"01.jpg"添加【照片滤镜】效果，并设置【滤镜】为【暖色滤镜（81）】，【颜色】为黄色，如图7-201所示。

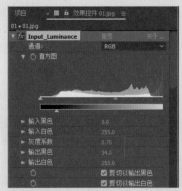

图7-200

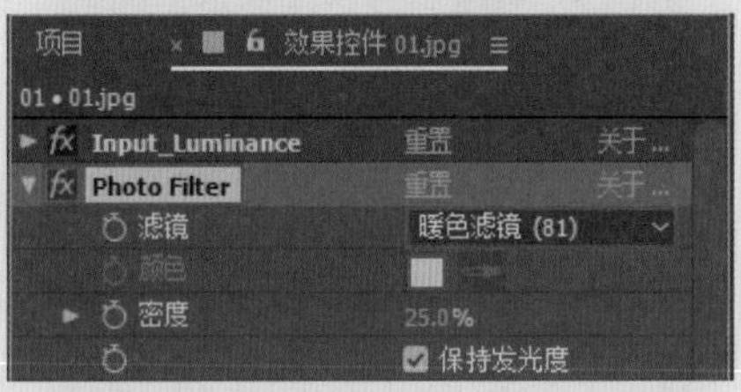

图7-201

05 为素材"01.jpg"添加【色调】效果，设置【将黑色映射到】为黑色，设置【将白色映射到】为白色，【着色数量】为30.0%，如图7-202所示。

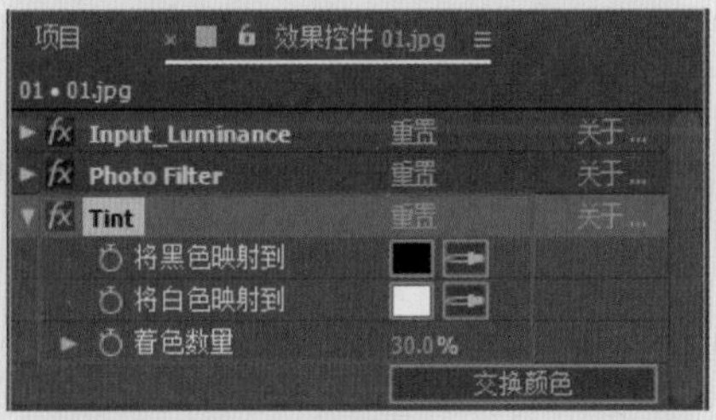

图7-202

06 为素材"01.jpg"添加【颜色平衡】效果，设置【阴影绿色平衡】为7.0，【阴影蓝色平衡】为24.0，【中间调红色平衡】为2.0，【中间调绿色平衡】为23.0，【中间调蓝色平衡】为-3.0，【高光红色平衡】为3.0，【高光绿色平衡】为6.0，【高光蓝色平衡】为14.0，如图7-203所示。

07 此时拖动时间线滑块查看效果，如图7-204所示。

08 为素材"01.jpg"添加【发光】效果，并设置【发光阈值】为98.0%，【发光半径】为238.0，【发光强度】为0.2，【发光颜色】为【A和B颜色】，【颜色B】为橙色，如图7-205所示。

图7-203

图7-204

图7-205

09 为素材"01.jpg"添加【曲线】效果，并设置红、绿、蓝三个通道的曲线形状，如图7-206所示。

10 为素材"01.jpg"添加【快速模糊】效果，并设置【模糊度】为1.0，如图7-207所示。

11 此时拖动时间线滑块查看效果，如图7-208所示。

12 为素材"01.jpg"添加【锐化】效果，并设置【锐化量】为50，如图7-209所示。

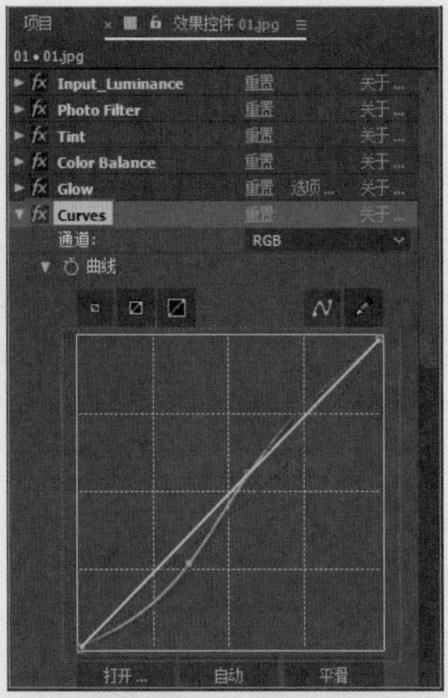

图7-206

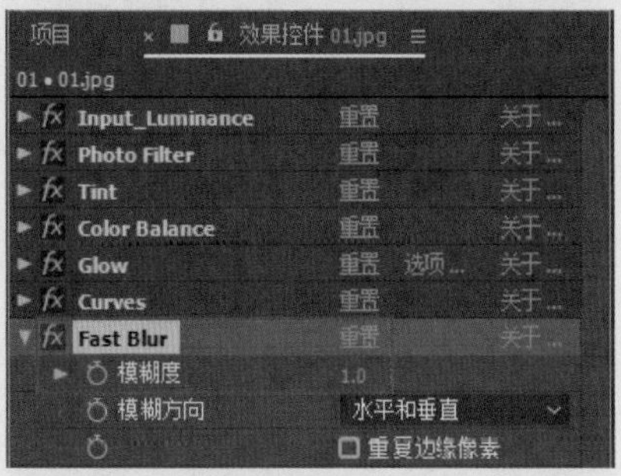

图7-207

图7-208

图7-209

13 为素材"01.jpg"添加【颜色平衡】效果,设置【阴影红色平衡】为49.0,【阴影蓝色平衡】为

38.0,【中间调红色平衡】为44.0,【中间调绿色平衡】为9.0,【中间调蓝色平衡】为-8.0,【高光红色平衡】为5.0,【高光绿色平衡】为-20.0,【高光蓝色平衡】为2.0,如图7-210所示。

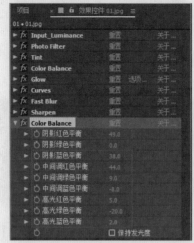

图7-210

14 此时拖动时间线滑块查看最终效果,如图7-211所示。

图7-211

实例145	旅游色彩调节效果
文件路径	第7章\旅游色彩调节效果
难易指数	★★★★★
技术要点	● 【快速模糊】效果 ● 【锐化】效果 ● 【四色渐变】效果 ● 【曲线】效果

扫码深度学习

💡 **操作思路**

本例通过对素材添加【快速模糊】效果、【锐化】效果、【四色渐

变】效果、【曲线】效果,从而制作旅游色彩调节效果。

🖱 **案例效果**

案例效果如图7-212所示。

图7-212

🎙 **操作步骤**

01 将素材"背景.jpg"导入到项目窗口中,然后将其拖动到时间线窗口中。接着将素材"01.png"导入到项目窗口中,然后将其拖动到时间线窗口中,设置【位置】为2497.2,265.4,如图7-213所示。

图7-213

02 此时拖动时间线滑块查看效果,如图7-214所示。

图7-214

03 在时间线窗口中右击鼠标,在弹出的快捷菜单中选择【新建】|【调整图层】命令,如图7-215所示。

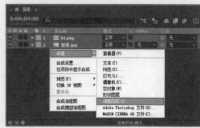

图7-215

04 此时的【调整图层1】如图7-216所示。

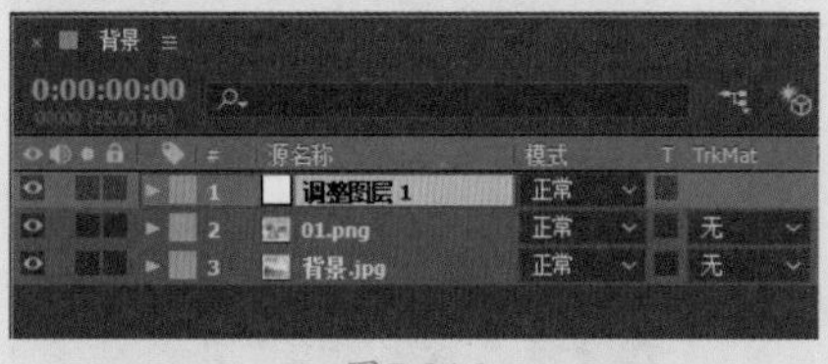

图7-216

05 为【调整图层1】添加【快速模糊】效果，设置【模糊度】为1.0，如图7-217所示。

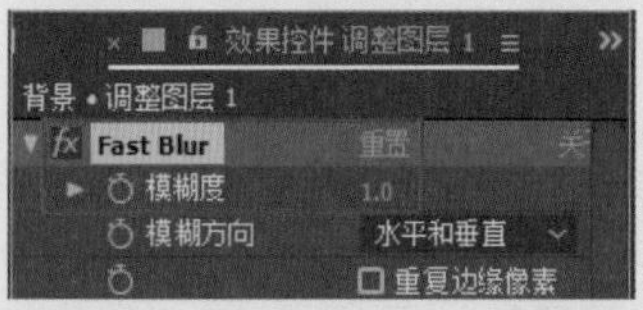

图7-217

06 为【调整图层1】添加【锐化】效果，设置【锐化量】为50，如图7-218所示。

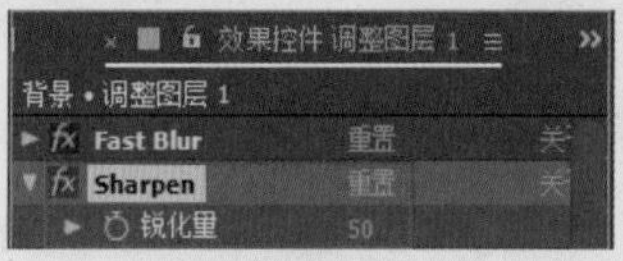

图7-218

07 为【调整图层1】添加【四色渐变】效果，设置【点1】为192.0,108.0，【颜色1】为墨绿色，【点2】为1728.0,108.0，【颜色2】为深灰色，【点3】为192.0,972.0，【颜色3】为紫色，【点4】为1692.0,878.0，【颜色4】为深蓝色，【混合模式】为【滤色】，如图7-219所示。

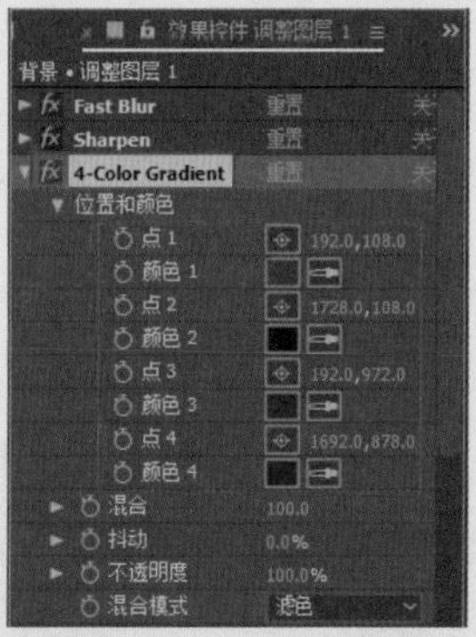

图7-219

08 此时拖动时间线滑块查看效果，如图7-220所示。

09 为【调整图层1】添加【曲线】效果，设置曲线形状，如图7-221所示。

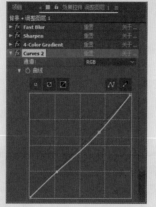

图7-220

图7-221

10 此时拖动时间线滑块查看最终效果，如图7-222所示。

图7-222

实例146 冷调风格效果

文件路径	第7章\冷调风格效果
难易指数	★★★★★
技术要点	● 【色调】效果 ● 【色相／饱和度】效果 ● 【曲线】效果 ● 【色阶】效果 ● 【颜色平衡】效果 ● 【颜色平衡（HLS）】效果

扫码深度学习

操作思路

本例通过对素材添加【色调】效果、【色相/饱和度】效果、【曲线】效果、【色阶】效果、【颜色平衡】效果、【颜色平衡（HLS）】效果，从而制作冷调风格效果。

案例效果

案例效果如图7-223所示。

图7-223

操作步骤

01 将素材"背景.jpg"导入时间线窗口中，如图7-224所示。

图7-224

02 此时拖动时间线滑块查看效果，如图7-225所示。

图7-225

03 为素材"背景.jpg"添加【色调】效果，并设置【将黑色映射到】为深蓝色，【将白色映射到】为青色，【着色数量】为35.0%，如图7-226所示。

04 为素材"背景.jpg"添加【色相/饱和度】效果，并设置【主饱和度】为-23，【主亮度】为-4，如图7-227所示。

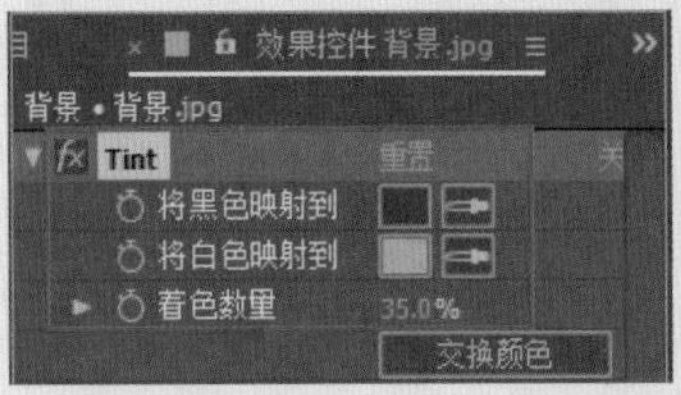

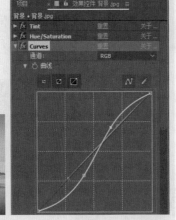

图7-226

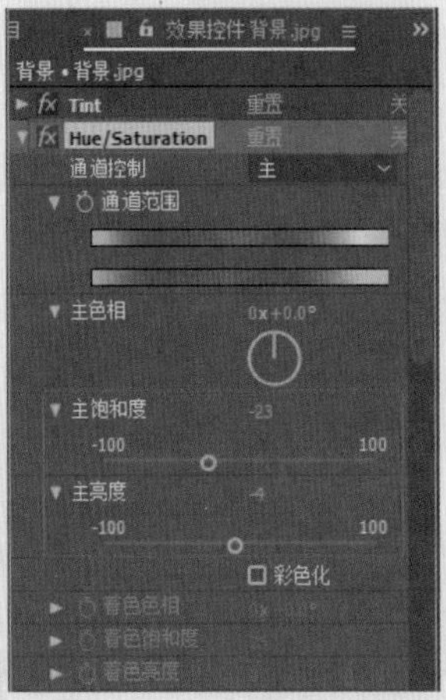

图7-227

图7-232

09 为素材"背景.jpg"添加【颜色平衡】效果，并设置【阴影红色平衡】为36.0，【阴影绿色平衡】为-4.0，【阴影蓝色平衡】为39.0，【中间调绿色平衡】为14.0，【中间调蓝色平衡】为-5.0，【高光红色平衡】为7.0，【高光绿色平衡】为2.0，【高光蓝色平衡】为-2.0，如图7-232所示。

10 为素材"背景.jpg"添加【颜色平衡（HLS）】效果，并设置【饱和度】为11.0，如图7-233所示。

11 此时拖动时间线滑块查看最终效果，如图7-234所示。

05 此时拖动时间线滑块查看效果，如图7-228所示。

06 为素材"背景.jpg"添加【曲线】效果，并调整曲线形状，如图7-229所示。

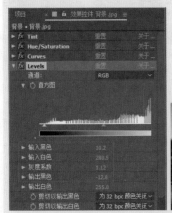

图7-228

图7-229

07 为素材"背景.jpg"添加【色阶】效果，并设置【输入黑色】为10.2，【输入白色】为280.5，【灰度系数】为1.12，【输出黑色】为-12.8，如图7-230所示。

08 此时拖动时间线滑块查看效果，如图7-231所示。

图7-233

图7-234

色彩重量感

色彩的重量感主要取决于明度。通常明度高的颜色令人感觉轻，明度低的颜色令人感觉重。当色彩的明度相同时，纯度高的比纯度低的感觉轻。

特点：

如果从色相方面看色彩重量感：暖色调的红色、黄色和橙色等邻近色会给人一种较轻的感觉，而冷色调的青色、蓝色、紫色以及黑白灰色调会给人有重量的感觉。

通常感觉轻的色彩给人的感觉是较为柔软，而感觉重的色彩给人的感觉较为强硬、坚硬，如图7-235所示。

图7-235

图7-230

图7-231

图7-235（续）

实例147　红色浪漫

文件路径	第7章\红色浪漫
难易指数	★★★★★
技术要点	【曲线】效果

🔍 扫码深度学习

💡操作思路

　　本例通过对素材设置混合模式，并添加【曲线】效果制作红色调画面效果。

🖱️案例效果

　　案例效果如图7-236所示。

图7-236

🎙️操作步骤

01 将素材"01.jpg"和"02.mov"导入时间线窗口中，如图7-237所示。

图7-237

02 设置视频"02.mov"的【模式】为【屏幕】，如图7-238所示。

图7-238

03 此时产生了梦幻的画面效果，如图7-239所示。

图7-239

04 为素材"01.jpg"添加【曲线】效果，并调整RGB、红、绿、蓝四个通道的曲线形状，如图7-240所示。

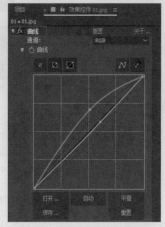

图7-240

05 此时拖动时间线滑块查看效果，如图7-241所示。

图7-241

提示　色相对比

　　色相对比是两种或两种以上不同色相颜色之间的差别。色相主要体现事物的固有色和冷暖感。且纯色搭配最能体现色相对比感，尤其是使用补色或三原色纯色搭配，色相对比感最为强烈，如图7-242所示。

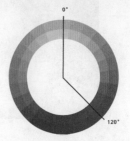

图7-242

　　色相对比构成的特点：

　　色相环上，当对方的色彩处于90°~120°，甚至是小于150°的范围时，属于对比关系。而色彩间隔距离大小决定了色相对比组合的强弱效果。

　　同色不同背景的色相对比效果，如图7-243所示。

图7-243

　　同样的绿色，在红色背景中显得更加鲜艳、立体。同样的蓝色，在紫色背景中显得更加亮眼、醒目，如图7-244所示。

图7-244

实例148　丰富的旅游风景色调

文件路径	第7章\丰富的旅游风景色调
难易指数	★★★★★
技术要点	【曲线】效果

🔍 扫码深度学习

After Effects

操作思路

本例通过对素材添加【曲线】效果，并调整RGB、红、绿、蓝四个通道的曲线形状，从而将画面色调进行调整。

案例效果

案例效果如图7-245所示。

图7-245

操作步骤

01 将素材"01.jpg"导入时间线窗口中，如图7-246所示。

图7-246

02 此时拖动时间线滑块查看效果，如图7-247所示。

03 为素材"01.jpg"添加【曲线】效果，并调整RGB、红、绿、蓝四个通道的曲线形状，如图7-248所示。

图7-247

04 此时拖动时间线滑块查看效果，如图7-249所示。

图7-248　　　　图7-249

明度对比

明度对比是指色彩明暗程度的对比，也称为色彩的"黑白对比"。按照明度顺序可将颜色分为低明度、中明度和高明度三个阶段。在有彩色中，柠檬黄为高明度，蓝紫色为低明度。在明度对比中，画面的主基调取决于黑、白、灰的量和互相对比产生的其他色调。色调本身又具有很强的可塑性，例如空间感、层次感等，因此它对画面是否明快、形象是否清晰起着决定性的作用，如图7-250所示。

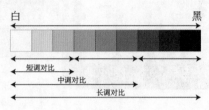

图7-250

色彩明度差别的大小，决定了明度对比的强弱。三度差以内的对比又称为短调对比，短调对比给人舒适、平缓的感觉；三至六度差的对比称为明度中对比，又称为中调对比，中调对比给人朴素、老实、朴素的感觉；六度差以外的对比，称为明度强对比，又称为长调对比，长调对比给人鲜明、刺激的感觉。同色不同背景的明度对比效果，如图7-251所示。

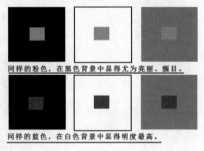

图7-251

实例149　小清新色调

文件路径	第7章\小清新色调
难易指数	⭐⭐⭐⭐⭐
技术要点	● 【色阶】效果 ● 【曲线】效果 ● 【照片滤镜】效果 ● 【色调】效果 ● 【颜色平衡】效果 ● 【发光】效果 ● 【快速模糊】效果 ● 【锐化】效果

🔍扫码深度学习

操作思路

本例通过对素材添加【色阶】效果、【曲线】效果、【照片滤镜】效果、【色调】效果、【颜色平衡】效果、【发光】

效果、【快速模糊】效果、【锐化】效果，从而制作小清新色调效果。

🖱 案例效果

案例效果如图7-252所示。

图7-252

🎤 操作步骤

01 将素材"01.jpg"导入时间线窗口中，如图7-253所示。

图7-253

02 此时拖动时间线滑块查看效果，如图7-254所示。

图7-254

03 为素材"01.jpg"添加【色阶】效果，设置【通道】为RGB，【输入黑色】为31.0，【灰度系数】为1.30，【输出黑色】为30.0，如图7-255所示。

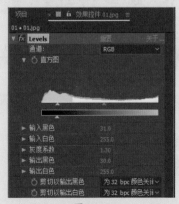

图7-255

04 设置【通道】为蓝色，并设置【蓝色输出黑色】为60.0，【蓝色输出白色】为232.0，如图7-256所示。

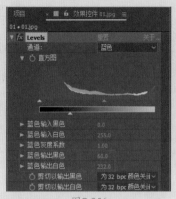

图7-256

05 为素材"01.jpg"添加【曲线】效果，并调整红、绿、蓝三个通道的曲线形状，如图7-257所示。

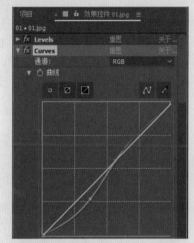

图7-257

06 为素材"01.jpg"添加【色阶】效果，并设置【灰度系数】为0.75，【输出黑色】为34.0，如图7-258所示。

图7-258

07 为素材"01.jpg"添加【照片滤镜】效果，并设置【滤镜】为【暖色滤镜（81）】，颜色为黄色，如图7-259所示。

图7-259

08 为素材"01.jpg"添加【色调】效果，并设置【着色数量】为30.0%，如图7-260所示。

图7-260

09 为素材"01.jpg"添加【颜色平衡】效果，并设置【阴影绿色平衡】为7.0，【阴影蓝色平衡】为24.0，【中间调红色平衡】为2.0，【中间调绿色平衡】为23.0，【中间调蓝色平衡】为-3.0，【高光红色平衡】为3.0，【高光绿色平衡】为6.0，【高光蓝色平衡】为14.0，如图7-261所示。

图7-261

10 此时拖动时间线滑块查看效果，如图7-262所示。

图7-262

11 为素材"01.jpg"添加【发光】效果，并设置【发光阈值】为98.0%，【发光半径】为238.0，【发光强度】为0.2，【发光颜色】为【A和B颜色】，【颜色B】为橙色，如图7-263所示。

项目	×	🔒	效果控件 01.jpg	≡
01 • 01.jpg				

▶	fx	Levels	重置	关于...
▶	fx	Curves	重置	关于...
▶	fx	Input_Luminance	重置	关于...
▶	fx	Photo Filter	重置	关于...
▶	fx	Tint	重置	关于...
▶	fx	Color Balance	重置	关于...
▼	fx	Glow	重置	选项 关于...

发光基于 颜色通道
▶ 发光阈值 98.0%
▶ 发光半径 238.0
发光强度 0.2
合成原始项目 后面
发光操作 相加
发光颜色 A和B颜色
颜色循环 三角形 A>B>A
▶ 颜色循环 1.0
▼ 色彩相位 0x+0.0°
▶ A和B中点 50%
颜色A
颜色B
发光维度 水平和垂直

图7-263

12 为素材"01.jpg"添加【快速模糊】效果，并设置【模糊度】为1.0，如图7-264所示。

项目	×	🔒	效果控件 01.jpg	≡
01 • 01.jpg				

▶	fx	Levels	重置	关于...
▶	fx	Curves	重置	关于...
▶	fx	Input_Luminance	重置	关于...
▶	fx	Photo Filter	重置	关于...
▶	fx	Tint	重置	关于...
▶	fx	Color Balance	重置	关于...
▶	fx	Glow	重置	选项 关于...
▼	fx	Fast Blur	重置	关于...

▶ 模糊度 1.0
模糊方向 水平和垂直
□ 重复边缘像素

图7-264

13 为素材"01.jpg"添加【锐化】效果，并设置【锐化量】为50，如图7-265所示。

项目	×	🔒	效果控件 01.jpg	≡
01 • 01.jpg				

▶	fx	Levels	重置	关于...
▶	fx	Curves	重置	关于...
▶	fx	Input_Luminance	重置	关于...
▶	fx	Photo Filter	重置	关于...
▶	fx	Tint	重置	关于...
▶	fx	Color Balance	重置	关于...
▶	fx	Glow	重置	选项 关于...
▶	fx	Fast Blur	重置	关于...
▼	fx	Sharpen	重置	关于...

▶ 锐化量 50

图7-265

14 为素材"01.jpg"添加【颜色平衡】效果，并设置【阴影红色平衡】为49.0，【阴影蓝色平衡】为38.0，【中间调红色平衡】为44.0，【中间调绿色平衡】为9.0，【中间调蓝色平衡】为-8.0，【高光红色平衡】为5.0，【高光绿色平衡】为-20.0，【高光蓝色平衡】为2.0，如图7-266所示。

项目	×	🔒	效果控件 01.jpg	≡
01 • 01.jpg				

▶	fx	Levels	重置	关于...
▶	fx	Curves	重置	关于...
▶	fx	Input_Luminance	重置	关于...
▶	fx	Photo Filter	重置	关于...
▶	fx	Tint	重置	关于...
▶	fx	Color Balance	重置	关于...
▶	fx	Glow	重置	选项...
▶	fx	Fast Blur	重置	关于...
▶	fx	Sharpen	重置	关于...
▼	fx	Color Balance	重置	关于...

▶ 阴影红色平衡 49.0
▶ 阴影绿色平衡
▶ 阴影蓝色平衡 38.0
▶ 中间调红色平衡 44.0
▶ 中间调绿色平衡 9.0
▶ 中间调蓝色平衡 -8.0
▶ 高光红色平衡 5.0
▶ 高光绿色平衡 -20.0
▶ 高光蓝色平衡 2.0
□ 保持发光度

图7-266

15 此时拖动时间线滑块查看效果，如图7-267所示。

图7-267

实例150 盛夏的向日葵

文件路径	第7章 \ 盛夏的向日葵
难易指数	★★★★★
技术要点	● 【色阶】效果 ● 【曲线】效果 ● 【色相/饱和度】效果 ● 【颜色平衡】效果 ● 【快速模糊】效果 ● 【锐化】效果 ● 【四色渐变】效果

🔍 扫码深度学习

💡 操作思路

本例通过对素材添加【色阶】效果、【曲线】效果、【色相/饱和度】效果、【颜色平衡】效果、【快速模糊】效果、【锐化】效果、【四色渐变】效果，从而制作盛夏的向日葵。

📖 案例效果

案例效果如图7-268所示。

图7-268

🎤 操作步骤

01 将素材"01.jpg"导入时间线窗口中，如图7-269所示。

图7-269

02 此时拖动时间线滑块查看效果，如图7-270所示。

03 为素材"01.jpg"添加【色阶】效果，设置【灰度系数】为2.00，如图7-271所示。

04 为素材"01.jpg"添加【曲线】效果，设置曲线形状，如

艺境 中文版After Effects影视后期特效设计与制作全视频 实战228例

After Effects

图7-272所示。

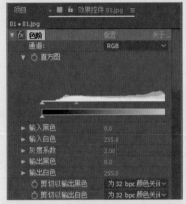

图7-270

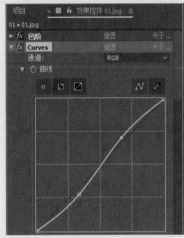

图7-271

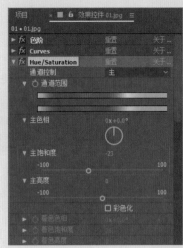

图7-273

图7-274

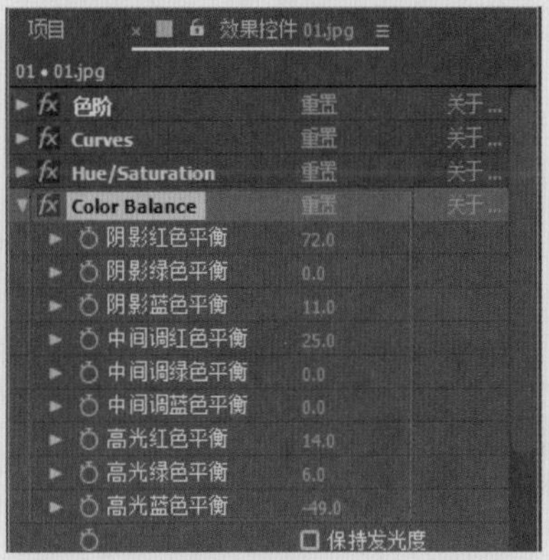

05 为素材"01.jpg"添加【色相/饱和度】效果,设置【主饱和度】为−23,如图7-273所示。

06 此时拖动时间线滑块查看效果,如图7-274所示。

07 为素材"01.jpg"添加【颜色平衡】效果,并设置【阴影红色平衡】为72.0,【阴影蓝色平衡】为11.0,【中间调红色平衡】为25.0,【高光红色平衡】为14.0,【高光绿色平衡】为6.0,【高光蓝色平衡】为−49.0,如图7-275所示。

图7-272

图7-277

10 此时拖动时间线滑块查看效果,如图7-278所示。

图7-275

08 为素材"01.jpg"添加【快速模糊】效果,并设置【模糊度】为1.0,如图7-276所示。

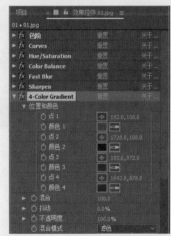

图7-276

09 为素材"01.jpg"添加【锐化】效果,并设置【锐化量】为50,如图7-277所示。

图7-278

11 为素材"01.jpg"添加【四色渐变】效果,并设置【点1】为192.0,108.0,【颜色1】为墨绿色,【点2】为1728.0,108.0,【颜色2】为深灰色,【点3】为192.0,972.0,【颜色3】为紫色,【点4】为1692.0,878.0,【颜色4】为深蓝色,【混合模式】为【滤色】,如图7-279所示。

图7-279

12 此时拖动时间线滑块查看效果,如图7-280所示。

图7-280

13 为素材"01.jpg"添加【曲线】效果，并设置曲线形状，如图7-281所示。

14 此时拖动时间线滑块查看效果，如图7-282所示。

图7-281

图7-282

提示

纯度对比

纯度对比是指色彩饱和度的差异产生的色彩对比效果。纯度对比既可以体现在同一类色相的色彩对比中，也可以体现在不同色相的对比中。通常将纯度划分为三个阶段：高纯度、中纯度和低纯度。

而纯度的对比构成又可分为强对比、中对比、弱对比。色彩纯度对比的力量不及明度或色相对比，在应用色彩的时候要注意这个特性，如图7-283所示。

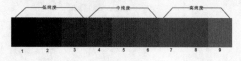
图7-283

纯度变化的基调：

低纯度的色彩基调会给人一种（灰调）：简朴、暗淡、消极、陈旧的视觉感受。中纯度的色彩基调会给人一种（中调）：稳定、文雅、中庸、朦胧的视觉感受。高纯度的色彩基调会给人一种（鲜调）：积极、强烈、亮眼、冲动的视觉感受。

同色不同背景的纯度对比效果，如图7-284所示。

图7-284

实例151　回忆色调

文件路径	第7章\回忆色调	
难易指数	★★★★★	
技术要点	● 【色调】效果 ● 【黑&白】效果 ● 【色相/饱和度】效果 ● 【曝光度】效果 ● 【曲线】效果 ● 【色阶】效果 ● 【照片滤镜】效果 ● 【颜色平衡】效果 ● 【发光】效果 ● 【快速模糊】效果 ● 【锐化】效果	 扫码深度学习

操作思路

本例通过对素材添加【色调】效果、【黑&白】效果、【色相/饱和度】效果、【曝光度】效果、【曲线】效果、【色阶】效果、【照片滤镜】效果、【颜色平衡】效果、【发光】效果、【快速模糊】效果、【锐化】效果，从而制作岁月痕迹画面色调。

案例效果

案例效果如图7-285所示。

图7-285

操作步骤

01 将素材"01.jpg"导入时间线窗口中，如图7-286所示。

图7-286

02 此时拖动时间线滑块查看效果，如图7-287所示。

03 为素材"01.jpg"添加【色调】效果，设置【着色数量】为30.0%，如图7-288所示。

图7-287

04 为素材"01.jpg"添加【黑色和白色】效果，并设置【红色】为42.0，【黄色】为25.0，【绿色】为35.0，【青色】为9.0，【蓝色】为38.0，【洋红】为40.0，【色调颜色】为米色，如图7-289所示。

图7-288

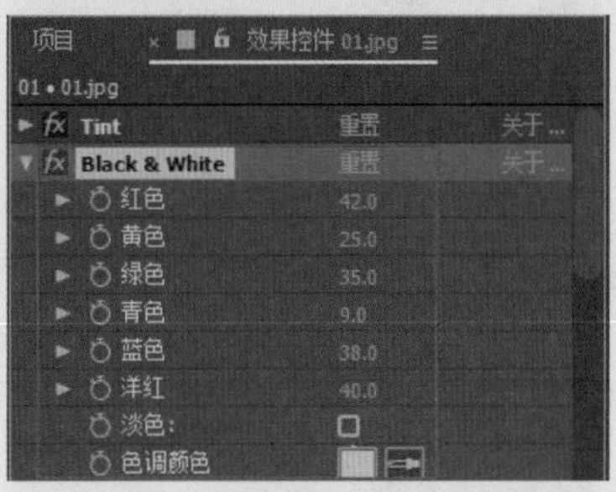

图7-289

05 为素材"01.jpg"添加【色相/饱和度】效果，并设置【主亮度】为7，如图7-290所示。

图7-290

06 此时拖动时间线滑块查看效果，如图7-291所示。

图7-291

07 为素材"01.jpg"添加【曝光度】效果，并设置【曝光度】为0.27，【灰度系数校正】为1.12，如图7-292所示。

图7-292

08 为素材"01.jpg"添加【曲线】效果，并调整红、绿、蓝三个通道的形状，如图7-293所示。

图7-293

09 为素材"01.jpg"添加【色阶】效果，并设置【灰度系数】为0.75，【输出黑色】为34.0，如图7-294所示。

图7-294

10 此时拖动时间线滑块查看效果，如图7-295所示。

图7-295

11 为素材"01.jpg"添加【照片滤镜】效果，并设置【滤镜】为【暖色滤镜（81）】，颜色为黄色，如图7-296所示。

图7-296

12 为素材"01.jpg"添加【颜色平衡】效果，并设置【阴影绿色平衡】为7.0，【阴影蓝色平衡】为24.0，【中间调红色平衡】为2.0，【中间调绿色平衡】为23.0，【中间调蓝色平衡】为-3.0，【高光红色平衡】为3.0，【高光绿色平衡】为6.0，【高光蓝色平衡】为14.0，如图7-297所示。

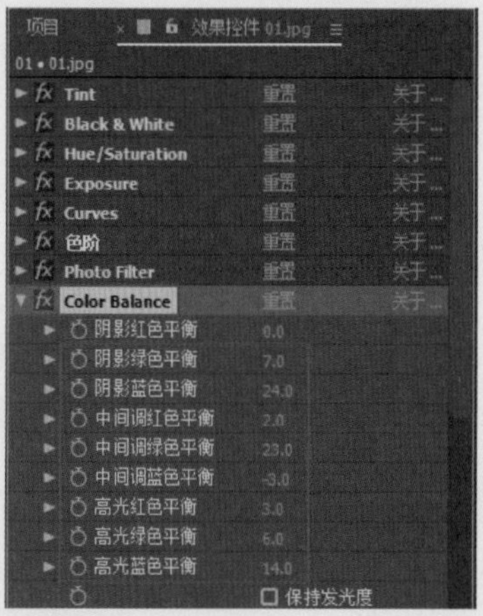

图7-297

13 此时拖动时间线滑块查看效果，如图7-298所示。

图7-298

14 为素材"01.jpg"添加【发光】效果，并设置【发光阈值】为98.0%，【发光半径】为238.0，【发光强度】为0.2，如图7-299所示。

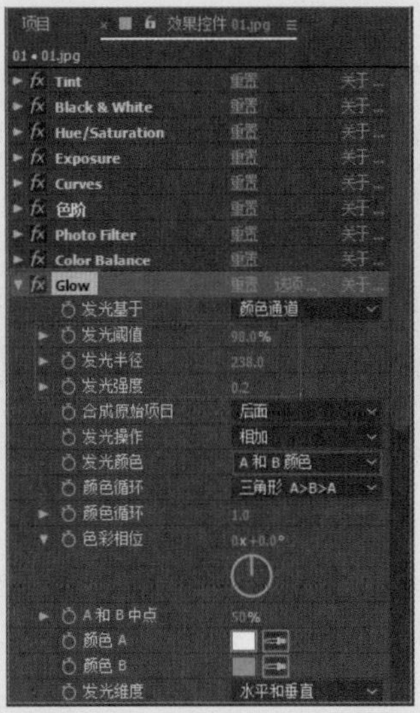

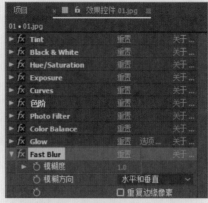

图7-300

16 为素材"01.jpg"添加【锐化】效果，并设置【锐化量】为50，如图7-301所示。

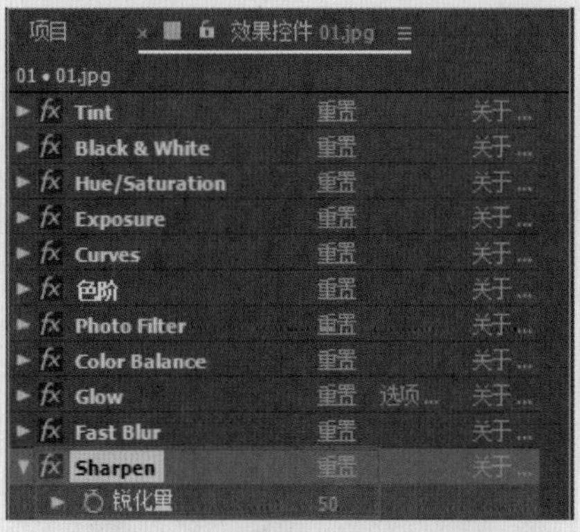

图7-299

15 为素材"01.jpg"添加【快速模糊】效果，并设置【模糊度】为1.0，如图7-300所示。

图7-301

17 为素材"01.jpg"添加【颜色平衡】效果，并设置【阴影红色平衡】为49.0，【阴影蓝色平衡】为38.0，【中间调红色平衡】为44.0，【中间调绿色平衡】为9.0，【中间

调蓝色平衡】为-8.0，【高光红色平衡】为5.0，【高光绿色平衡】为-20.0，【高光蓝色平衡】为2.0，如图7-302所示。

图7-302

18 此时拖动时间线滑块查看效果，如图7-303所示。

图7-303

第8章

跟踪与稳定

本章概述　跟踪与稳定是After Effects中不太常用的功能，主要用于电影、广告等作品的制作中。在拍摄视频时，若视频产生了晃动，可以在After Effects中进行作品稳定处理，消除晃动感，也可在After Effects中进行跟踪操作，让素材跟踪于视频中，产生真实的动画变化。

本章重点
- ◆ 掌握跟踪和替换画面效果的应用
- ◆ 掌握稳定画面效果的应用

/ 佳 / 作 / 欣 / 赏 /

实例152 动态马赛克跟随

文件路径	第8章 \ 动态马赛克跟随
难易指数	★★★★★
技术要点	● 【马赛克】效果 ● 跟踪器

🔍扫码深度学习

💡操作思路

本例应用【马赛克】效果制作马赛克，并应用【跟踪器】模拟马赛克跟随画面中的花朵中心。

🖱案例效果

案例效果如图8-1所示。

图8-1

🎙操作步骤

01 将项目窗口中的"素材.mp4"素材文件拖曳到时间线中，如图8-2所示。

图8-2

02 在时间线窗口中右击鼠标，在弹出的快捷菜单中选择【新建】|【调整图层】命令，如图8-3所示。

图8-3

03 此时"调整图层1"创建完成，如图8-4所示。

图8-4

04 选择"调整图层1"，然后在菜单栏中选择【图层】|【纯色设置】命令，如图8-5所示。

05 设置【宽度】为300像素，【高度】为300像素，如图8-6所示。

图8-5

图8-6

06 为"调整图层1"添加【马赛克】效果，设置【水平块】为20，【垂直块】为20，如图8-7所示。

图8-7

07 设置"调整图层1"的【位置】为1222.2,434.3，此时花朵中心出现了马赛克效果，如图8-8所示。

图8-8

08 在菜单栏中选择【窗口】|【跟踪器】命令，如图8-9所示。

图8-9

09 在【时间线】窗口中选择"素材.mp4"图层，然后单击【跟踪器】面板中的【跟踪运动】按钮，如图8-10所示。

图8-10

10 将跟踪点位置移动到花朵的中心位置,如图8-11所示。

图8-11

11 选择"素材.mp4"图层,然后单击【跟踪器】面板中的▶(向前分析)按钮,如图8-12所示。

图8-12

12 此时在监视器窗口中已经出现了跟踪动画关键帧,如图8-13所示。

图8-13

13 选择"调整图层1"图层,然后单击【跟踪器】面板中的【应用】按钮,如图8-14所示。

14 在弹出的对话框中单击【确定】按钮,如图8-15所示。

15 此时拖动时间线滑块查看最终效果,如图8-16所示。

图8-14

图8-15

图8-16

实例153 窥视蜗牛爬行

文件路径	第8章\窥视蜗牛爬行
难易指数	★★★★★
技术要点	● 椭圆工具 ● 跟踪器 ● 钢笔工具

扫码深度学习

操作思路

本例通过应用椭圆工具绘制圆形遮罩,应用【跟踪器】将圆形跟踪蜗牛头部。

案例效果

案例效果如图8-17所示。

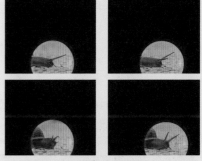

图8-17

操作步骤

01 在项目窗口右击鼠标,在弹出的快捷菜单中选择【新建合成】命令,在弹出的【合成设置】对话框中设置相应的参数,然后单击【确定】按钮。接着将"01.jpg"素材文件导入到项目窗口中,然后将其拖动到时间线窗口中,并设置【模式】为【屏幕】,设置【位置】为460.0,606.5,设置【缩放】为37.0,37.0%,如图8-18所示。

图8-18

02 此时拖动时间线滑块查看效果,如图8-19所示。

03 选择"01.jpg"素材,并使用 ■（椭圆工具）绘制一个圆形遮罩，如图8-20所示。

04 将"02.mp4"素材文件添加到时间线窗口中，如图8-21所示。

图8-19

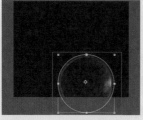
图8-20

图8-21

05 此时拖动时间线滑块查看效果，如图8-22所示。

06 在菜单栏中选择【窗口】|【跟踪器】命令，如图8-23所示。

图8-22

图8-23

07 在【时间线】窗口中选择"02.mp4"图层，然后单击【跟踪器】面板中的【跟踪运动】按钮，如图8-24所示。

08 将时间线滑块拖动到起始帧的位置，然后在"02.mp4"图层监视器中调整【跟踪点1】的位置，并适当调整搜寻范围框和特征范围框的大小，如图8-25所示。

09 选择"02.mp4"图层，然后单击【跟踪】面板中的 ▶（向前分析）按钮，如图8-26所示。

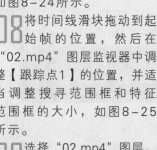

图8-24

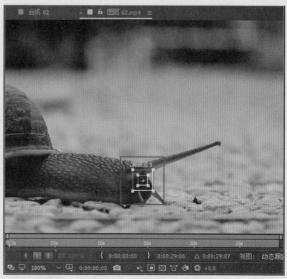
图8-25

图8-26

10 此时在监视器窗口中已经出现了跟踪动画关键帧，如图8-27所示。

图8-27

11 选择"01.jpg"图层，然后单击【跟踪器】面板中的【应用】按钮，如图8-28所示。

图8-28

12 在弹出的对话框中单击【确定】按钮，如图8-29所示。

图8-29

13 此时拖动时间线滑块查看效果，如图8-30所示。

图8-30

14 将"01.jpg"图层按快捷键Ctrl+D进行复制，并重命名为"02.jpg"，然后设置图层【模式】为【正常】。接着打开02.jpg图层的【蒙板】，并勾选【蒙板1】后面的【反转】，如图8-31所示。

图8-31

15 此时拖动时间线滑块查看效果，如图8-32所示。

16 在时间线窗口右击鼠标，新建一个黑色纯色图层，如图8-33所示。

图8-32

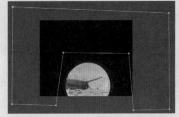

图8-33

17 选择"黑色纯色1"图层，单击✎（钢笔工具）按钮，并绘制一个闭合的图形，如图8-34所示。

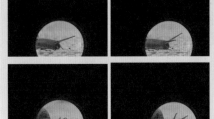

图8-34

18 此时拖动时间线滑块查看效果，如图8-35所示。

图8-35

实例154	稳定晃动的镜头
文件路径	第8章\稳定晃动的镜头
难易指数	⭐⭐⭐⭐⭐
技术要点	跟踪器

🔍 扫码深度学习

💡 操作思路

本例使用【跟踪器】将原本拍摄时比较晃动的镜头效果，校正为相对比较稳定的效果。

🖱 案例效果

案例效果如图8-36所示。

图8-36

🎤 操作步骤

01 将"01.mp4"素材文件添加到时间线窗口中，如图8-37所示。

图8-37

02 此时拖动时间线滑块查看效果，如图8-38所示。

图8-38

After Effects

03 在菜单栏中选择【窗口】|【跟踪器】命令，如图8-39所示。

04 在【时间线】窗口中选择"01.mp4"图层，然后单击【跟踪器】面板中的【稳定运动】按钮，如图8-40所示。

图8-39　　　　　　　图8-40

05 将时间线滑块拖动到起始帧的位置，然后在"01.mp4"图层监视器中调整【跟踪点1】的位置，并适当调整搜寻范围框和特征范围框的大小，如图8-41所示。

图8-41

06 选择"01.mp4"图层，然后单击【跟踪器】面板中的▶（向前分析）按钮，此时开始了运算，如图8-42所示。

07 选择"01.mp4"图层，然后单击【跟踪器】面板中的【应用】按钮，如图8-43所示。

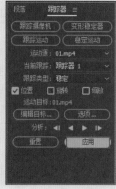

图8-42　　　　　　　图8-43

08 在弹出的对话框中单击【确定】按钮，如图8-44所示。

09 运算之后，由于自动校正了晃动效果，因此画面四周部分出现了一些黑色区域，如图8-45所示。

图8-44　　　　　　　图8-45

10 并且此时的素材"01.mp4"中出现了很多关键帧，如图8-46所示。

图8-46

11 在项目窗口中对合成【01】右击鼠标，在弹出的快捷菜单中选择【合成设置】命令，如图8-47所示。

12 修改【宽度】为1750px，【高度】为950px，如图8-48所示。

图8-47　　　　　　　图8-48

13 此时拖动时间线滑块查看效果，如图8-49所示。

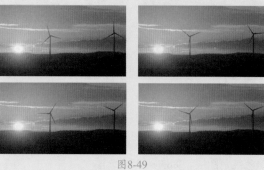

图8-49

实例155 替换方形广告

文件路径	第8章\替换方形广告
难易指数	★★★★★
技术要点	跟踪器

扫码深度学习

操作思路

本例通过使用【跟踪器】工具,将视频素材合成到广告牌中。应注意四个角要非常精准地对位。

案例效果

案例效果如图8-50所示。

图8-50

操作步骤

01 将"01.avi"素材文件添加到时间线窗口中,如图8-51所示。

图8-51

02 此时拖动时间线滑块查看效果,如图8-52所示。

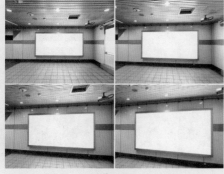

图8-52

03 将"02.mp4"素材文件添加到时间线窗口中,设置【缩放】为31,如图8-53所示。

图8-53

04 此时拖动时间线滑块查看效果,如图8-54所示。

05 在菜单栏中选择【窗口】|【跟踪器】命令,如图8-55所示。

图8-54   图8-55

06 在【时间线】窗口中选择"01.avi"图层,然后单击【跟踪器】面板中的【跟踪运动】按钮,并勾选【位置】、【旋转】、【缩放】,如图8-56所示。

07 设置【跟踪类型】为【透视边角定位】,如图8-57所示。

图8-56   图8-57

08 依次调整【跟踪点1】、【跟踪点2】、【跟踪点3】、【跟踪点4】的位置到广告牌的四角位置,如图8-58所示。

09 选择"01.avi"图层,然后单击【跟踪器】面板中的▶(向前分析)按钮,此时开始了运算,如图8-59所示。

图 8-58　　　　　　　　　　　　图 8-59

提示

使用【透视边角定位】跟踪类型

　　在制作运动跟踪时，若选择【跟踪类型】为【透视边角定位】，则会出现四个跟踪点，并可以调整四个跟踪点的透视角度和位置。常用于海报、广告牌、屏幕画面的替换和跟踪。

实例156　替换油画内容

文件路径	第8章\替换油画内容
难易指数	★★★★★
技术要点	跟踪器

🔍扫码深度学习

10 此时在监视器窗口中已经出现了跟踪动画关键帧，如图8-60所示。

11 然后单击【跟踪器】面板中的【应用】按钮，如图8-61所示。

💡**操作思路**

　　本例通过使用【跟踪器】工具，将视频素材合成到油画框中。应注意四个角要非常准地对位。

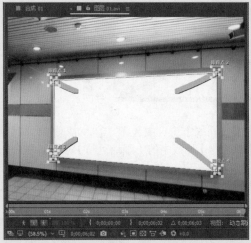

图 8-60　　　　　　　　　　　　图 8-61

12 此时视频已经成功地定位到广告牌的四角位置上了，如图8-62所示。

13 此时拖动时间线滑块查看效果，如图8-63所示。

🖱**案例效果**

　　案例效果如图8-64所示。

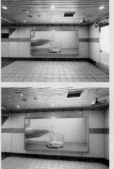

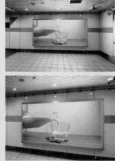

图 8-62　　　　　　　　　　　　图 8-63

图 8-64

图8-64（续）

🎤 操作步骤

01 将"背景.avi"素材文件添加到时间线窗口中，如图8-65所示。

图8-65

02 此时拖动时间线滑块查看效果，如图8-66所示。

图8-66

03 将"01.avi"素材文件添加到时间线窗口中，设置【缩放】为50.0,50.0%，如图8-67所示。

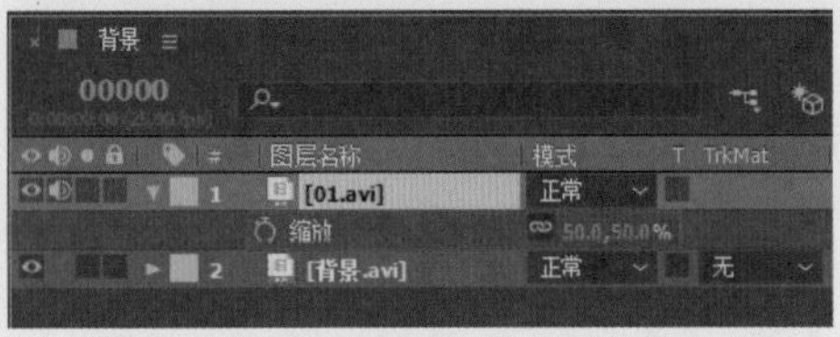

图8-67

04 此时拖动时间线滑块查看效果，如图8-68所示。

图8-68

05 在菜单栏中选择【窗口】|【跟踪器】命令，如图8-69所示。

06 在时间线窗口中选择"背景.avi"图层，然后单击【跟踪器】面板中的【跟踪运动】按钮，如图8-70所示。

图8-69　　　　　　图8-70

07 勾选【位置】、【旋转】、【缩放】，如图8-71所示。

08 设置【跟踪类型】为【透视边角定位】，如图8-72所示。

图8-71　　　　　　图8-72

09 依次调整【跟踪点1】、【跟踪点2】、【跟踪点3】、【跟踪点4】的位置到油画框的四角位置，如图8-73所示。

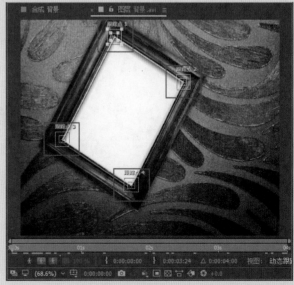

图8-73

10 选择"01.avi"图层，然后单击【跟踪器】面板中的▶（向前分析）按钮，此时开始了运算，如图8-74所示。

图8-74

11 此时视频已经成功地定位到广告牌的四角位置上了，如图8-75所示。

图8-75

12 然后单击【跟踪器】面板中的【应用】按钮，如图8-76所示。

13 此时拖动时间线滑块查看效果，如图8-77所示。

图8-76

图8-77

中文版After Effects影视后期特效设计与制作全视频 实战228例

第 **9** 章

视频输出

本章概述

在After Effects中作品的动画、颜色、特效在制作完成后，我们就可以进行最后一步，那就是视频输出。在After Effects中可以输出各种格式的文件，如视频、音频、图片、序列等。

本章重点

◆ 了解输出概念
◆ 掌握视频的输出方法

/ 佳 / 作 / 欣 / 赏 /

实例157　输出AVI视频

文件路径	第9章 \ 输出 AVI 视频
难易指数	★★★★★
技术要点	渲染队列

扫码深度学习

操作思路

　　本例讲解了在【渲染队列】中设置参数，输出AVI格式视频。

案例效果

　　案例效果如图9-1所示。

图9-1

操作步骤

01 打开本书配备的"157.aep"素材文件，如图9-2所示。

图9-2

02 在时间线窗口中，按快捷键Ctrl+M打开【渲染队列】，如图9-3所示。

03 单击【输出模块】后的【无损】，如图9-4所示。

04 在弹出的【输出模块设置】对话框中设置【格式】为AVI，设置完成后，单击【确定】按钮，如图9-5所示。

05 单击【输出到】后面的"01.avi"，如图9-6所示。

图9-3

图9-4

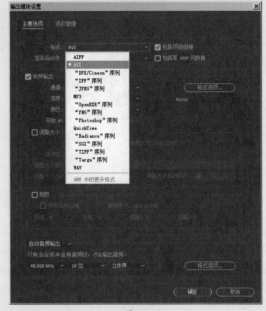

图9-5

图9-6

06 然后在弹出的【将影片输出到:】对话框中修改名称，并单击【保存】按钮，如图9-7所示。

艺境 中文版After Effects影视后期特效设计与制作全视频 实战228例

After Effects

图9-7

07 此时单击【渲染】按钮，如图9-8所示。

图9-8

08 现在正在进行渲染，等待一段时间即可完成渲染，如图9-9所示。

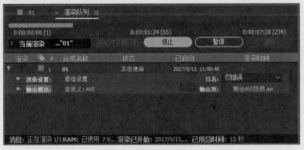

图9-9

实例158　输出MOV视频

文件路径	第9章\输出MOV视频
难易指数	★★★★★
技术要点	渲染队列

扫码深度学习

操作思路

本例讲解了在【渲染队列】中设置参数，输出MOV格式视频。

案例效果

案例效果如图9-10所示。

图9-10

操作步骤

01 打开本书配备的"158.aep"素材文件，如图9-11所示。

图9-11

02 在时间线窗口中，按快捷键Ctrl+M打开【渲染队列】，如图9-12所示。

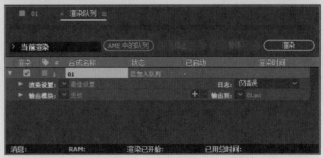

图9-12

03 单击【输出模块】后的【无损】，如图9-13所示。

04 在弹出的【输出模块设置】对话框中设置【格式】为QuickTime，设置完成后，单击【确定】按钮，如图9-14所示。

05 单击【输出到】后面的"01.mov"，如图9-15所示。

06 然后在弹出的【将影片输出到：】对话框中修改名称并单击【保存】按钮，如图9-16所示。

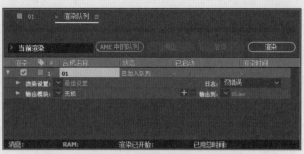

图9-13

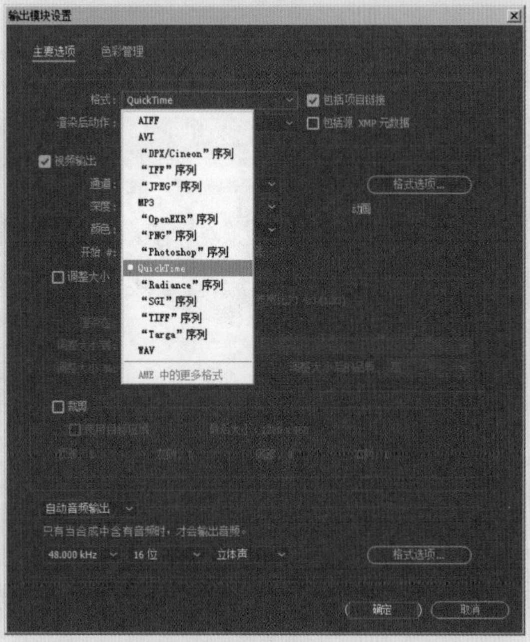

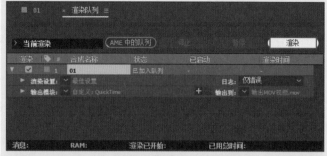

07 此时单击【渲染】按钮，如图9-17所示。

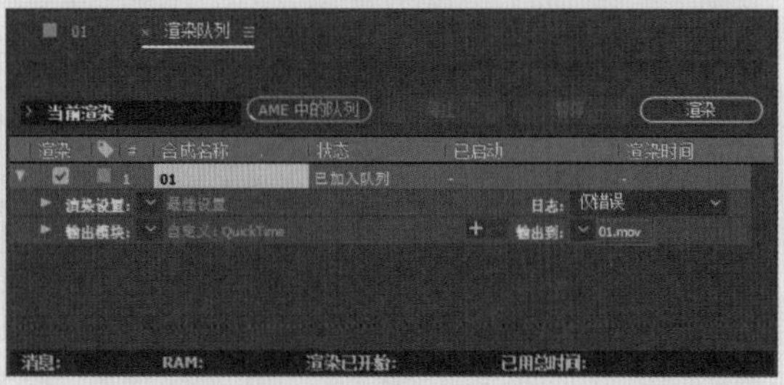

08 现在正在进行渲染，等待一段时间即可完成渲染，如图9-18所示。

图9-17

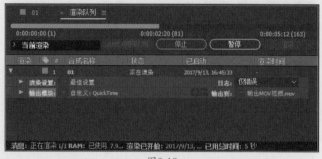

图9-14

图9-18

图9-15

实例159 输出音频

文件路径	第9章\输出音频
难易指数	★★★★★
技术要点	渲染队列

扫码深度学习

操作思路

本例讲解了在【渲染队列】中设置参数，输出音频格式文件。

案例效果

案例效果如图9-19所示。

图9-16

图9-19

🎙️操作步骤

01 打开本书配备的"159.aep"素材文件，如图9-20所示。

02 在时间线窗口中，按快捷键Ctrl+M打开【渲染队列】，如图9-21所示。

图9-23

图9-20

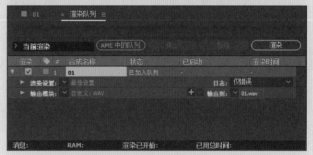

图9-24

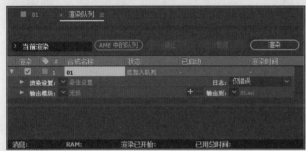

图9-21

03 单击【输出模块】后的【无损】，如图9-22所示。

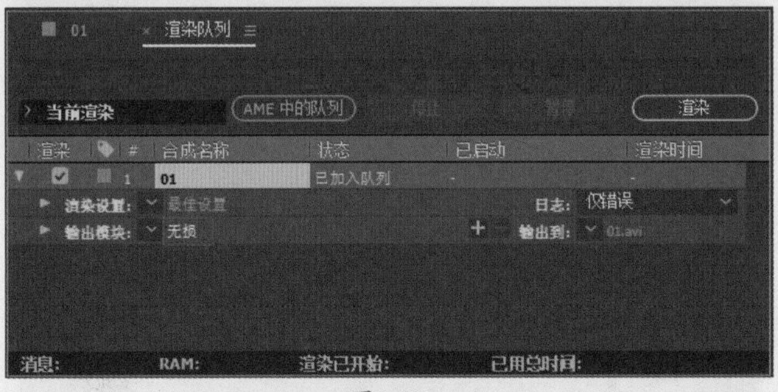

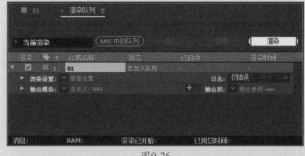

图9-22

04 在弹出的【输出模块设置】对话框中设置【格式】为WAV，设置完成后，单击【确定】按钮，如图9-23所示。

05 单击【输出到】后面的"01.wav"，如图9-24所示。

06 然后在弹出的【将影片输出到:】对话框中修改名称并单击【保存】按钮，如图9-25所示。

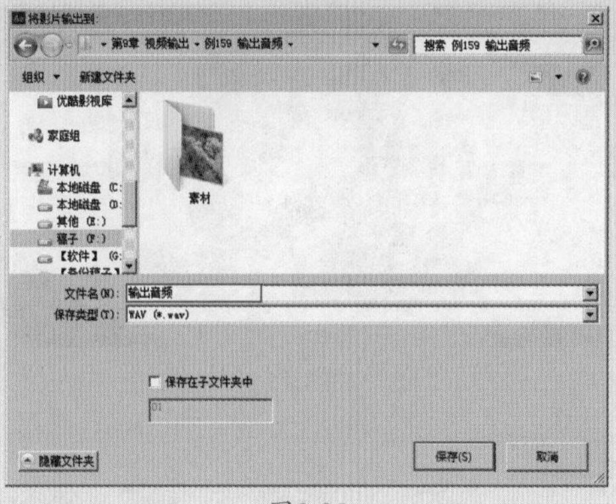

图9-25

07 此时单击【渲染】按钮，如图9-26所示。

图9-26

08 现在正在进行渲染，由于该视频较小，所以渲染时间较短，等待一段时间即可完成，如图9-27所示。

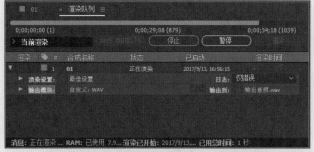

图9-27

图9-29

实例160	输出JPG单张图片
文件路径	第9章\输出JPG单张图片
难易指数	★★★★★
技术要点	渲染队列

Q 扫码深度学习

操作思路

本例讲解了在【渲染队列】中设置参数，输出JPG格式的图片文件。

案例效果

案例效果如图9-28所示。

图9-28

操作步骤

01 打开本书配备的"160.aep"素材文件，如图9-29所示。

02 将时间线拖到第5秒11帧的位置，如图9-30所示。

03 此时的画面效果如图9-31所示。

04 在菜单栏中选择【合成】|【帧另存为】|【文件】命令，如图9-32所示。

05 此时出现了【渲染队列】，如图9-33所示。

06 单击【输出模块】后的Photoshop，如图9-34所示。

图9-30

图9-31　　　　　　　　图9-32

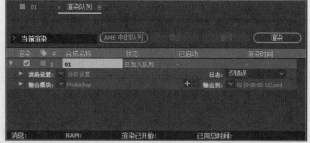

图9-33

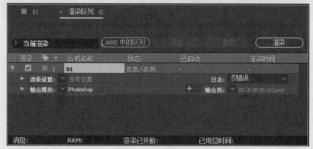

图9-34

07 在弹出的【输出模块设置】对话框中设置格式为【"JPEG"序列】，取消【使用合成帧编号】，设置完成后，单击【确定】按钮，如图9-35所示。

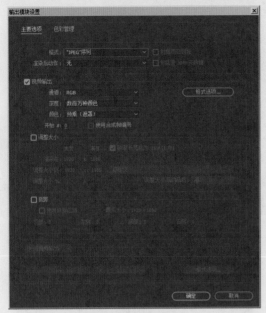

图9-35

08 单击【输出到】后面的"01（0-00-05-11）.jpg"，如图9-36所示。

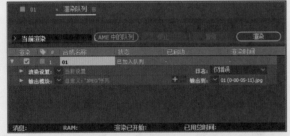

图9-36

09 然后在弹出的【将帧输出到：】对话框中修改名称，并单击【保存】按钮，如图9-37所示。接着在弹出的【JPEG选项】对话框中单击【确定】按钮。

图9-37

10 现在正在进行渲染，等待一段时间即可完成渲染，如图9-38所示。

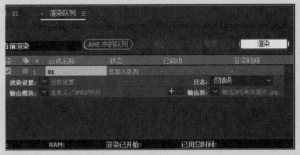

图9-38

11 此时为渲染完成的效果，如图9-39所示。

图9-39

实例161　输出序列图片

文件路径	第9章\输出序列图片
难易指数	★★★★★
技术要点	渲染队列

🔍扫码深度学习

操作思路

　　本例讲解了在【渲染队列】中设置参数，输出Targa序列文件。

案例效果

　　案例效果如图9-40所示。

图9-40

操作步骤

01 打开本书配备的"161.aep"素材文件，如图9-41所示。

02 拖动时间线，查看此时动画效果，如图9-42所示。

然后在弹出的对话框中单击【确定】按钮，如图9-46所示。

图9-45　　　　　　　　　　图9-46

07 在【输出模块设置】对话框中勾选【使用合成帧编号】，单击【确定】按钮，如图9-47所示。

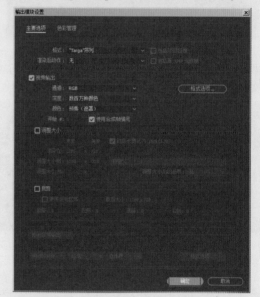

图9-47

图9-41

图9-42

03 在时间线窗口中，按快捷键Ctrl+M打开【渲染队列】，如图9-43所示。

图9-43

04 单击【输出模块】后的Photoshop，如图9-44所示。

08 单击【输出到】后面的"01\01_[#####].tga"，如图9-48所示。

图9-48

图9-44

05 设置【格式】为【"Targa"序列】，如图9-45所示。

09 在弹出的【将帧输出到：】对话框中修改名称，并单击【保存】按钮，如图9-49所示。

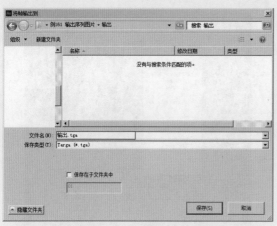

图9-49

10 此时单击【渲染】按钮，如图9-50所示。

图9-50

11 现在正在进行渲染，等待一段时间即可完成渲染，如图9-51所示。

图9-51

12 在刚才设置的文件夹中可以看到渲染的序列，如图9-52所示。

图9-52

实例162 输出小尺寸视频

文件路径	第9章\输出小尺寸视频
难易指数	★★★★★
技术要点	渲染队列

Q 扫码深度学习

操作思路

本例讲解了在【渲染队列】中设置参数，输出小尺寸的视频文件。

案例效果

案例效果如图9-53所示。

图9-53

操作步骤

01 打开本书配备的"162.aep"素材文件，如图9-54所示。

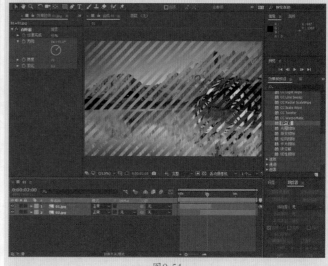

图9-54

02 拖动时间线，查看此时动画效果，如图9-55所示。

03 在时间线窗口中，按快捷键Ctrl+M打开【渲染队列】，然后单击【渲染设置】后的【最佳设置】，如图9-56所示。

04 在弹出的【渲染设置】对话框中设置【分辨率】为【三分之一】，单击【确定】按钮，如图9-57所示。

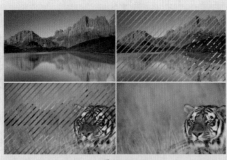

图9-55

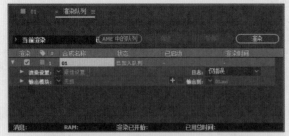

图9-56

图9-57

05 然后单击【输出模块】后的【无损】，如图9-58所示。

图9-58

06 在弹出的【输出模块设置】对话框中设置【格式】为AVI，单击【确定】按钮，如图9-59所示。

07 单击【输出到】后面的"01.avi"，如图9-60所示。

08 在弹出的【将影片输出到：】对话框中设置文件名和修改文件保存位置，单击【保存】按钮，如图9-61所示。

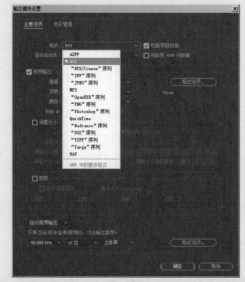

图9-59

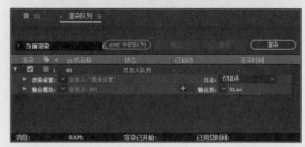

图9-60

图9-61

09 此时单击【渲染】按钮，如图9-62所示。

图9-62

实例163 输出PSD格式文件

文件路径	第9章\输出PSD格式文件
难易指数	⭐⭐⭐⭐⭐
技术要点	帧另存为

扫码深度学习

操作思路

本例讲解了通过使用【帧另存为】并设置参数,输出PSD格式的文件。

案例效果

案例效果如图9-63所示。

图9-63

操作步骤

01 打开本书配备的"163.aep"素材文件,如图9-64所示。

图9-64

02 拖动时间线,查看此时动画效果,如图9-65所示。

03 在菜单栏中选择【合成】|【帧另存为】|【文件】命令,如图9-66所示。

04 此时出现了【渲染队列】,如图9-67所示。

05 单击【输出到】后面的【01(0-00-00-00).psd】,如图9-68所示。

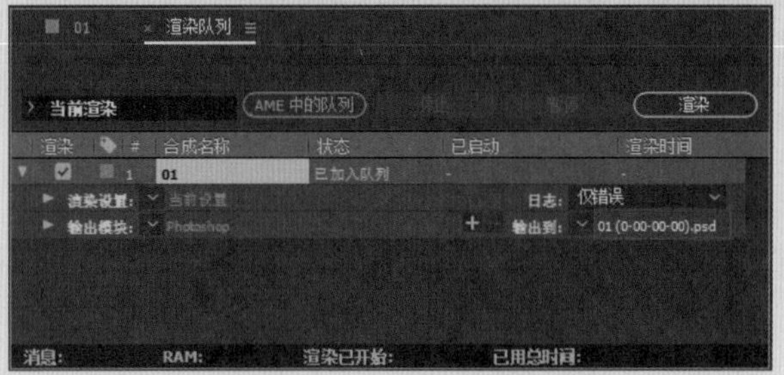

图9-65

图9-66

图9-67

图9-68

06 在弹出的对话框中设置文件名和修改文件保存位置,如图9-69所示。

图9-69

07 此时单击【渲染】按钮,如图9-70所示。

图9-70

08 在刚才设置的文件夹中可以看到渲染的.psd格式文件，如图9-71所示。

图9-71

实例164 输出gif格式小动画

文件路径	第 9 章 \ 输出 gif 格式小动画
难易指数	★★★★★
技术要点	添加到 Adobe Media Encoder 队列

扫码深度学习

操作思路

本例讲解了通过应用【添加到Adobe Media Encoder队列】，输出gif格式动态文件。

案例效果

案例效果如图9-72所示。

图9-72

操作步骤

01 打开本书配备的"164.aep"素材文件，如图9-73所示。

图9-73

02 拖动时间线，查看此时动画效果，如图9-74所示。

图9-74

03 在菜单栏中选择【合成】|【添加到Adobe Media Encoder队列】命令，如图9-75所示。

04 由于电脑中安装了软件Adobe Media Encoder CC，所以可以成功开启，此时正在开启该软件，如图9-76所示。

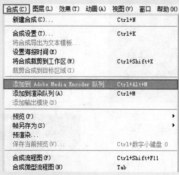

图9-75

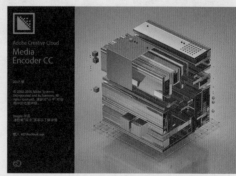

图9-76

05 在弹出的面板中单击【匹配源–高比特率】，如图9-77所示。

06 然后在弹出的【导出设置】对话框中设置【格式】为【动画GIF】，如图9-78所示。

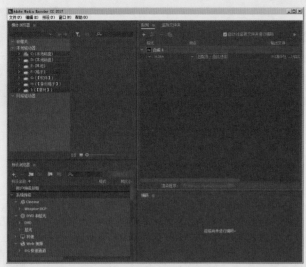

图9-77

图9-78

07 继续设置【输出名称】为【输出gif格式小动画】。取消右侧的选项，并设置【宽度】为500，【高度】为400，如图9-79所示。

图9-79

08 单击 ▶ （启用队列）按钮，如图9-80所示。

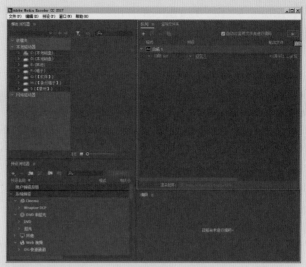

图9-80

09 此时开始渲染文件，如图9-81所示。

图9-81

10 等待一段时间，在刚才设置的文件夹中可以看到渲染的.gif格式的动画文件，如图9-82所示。

图9-82

Adobe Media Encoder的作用

　　使用Adobe Media Encoder，可以批量处理多个视频和音频文件。而且在对视频文件进行编码时，可以更改批处理文件的编码设置和排列顺序。

实例165　设置输出自定义时间范围

文件路径	第9章＼设置输出自定义时间范围
难易指数	★★★★★
技术要点	渲染队列

扫码深度学习

操作思路

　　本例讲解了在【渲染队列】中设置参数，输出自定义时间范围内的文件。

案例效果

　　案例效果如图9-83所示。

图9-83

操作步骤

01 打开本书配备的"165.aep"素材文件，如图9-84所示。

图9-84

02 在时间线窗口中，按快捷键Ctrl+M打开【渲染队列】，如图9-85所示。

图9-85

03 单击【渲染设置】后的【最佳设置】，如图9-86所示。

04 此时单击【自定义】按钮，如图9-87所示。

图9-86

图9-87

05 接着设置【起始】时间为15秒，【结束】时间为20秒，如图9-88所示。

图9-88

06 单击【输出到】后面的"01.avi"，如图9-89所示。

07 然后修改名称，并单击【保存】按钮，如图9-90所示。

08 此时单击【渲染】按钮，如图9-91所示。

图9-89

图9-90

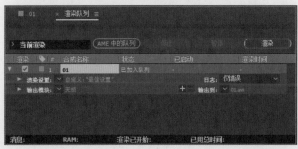

图9-91

09 现在正在进行渲染，等待一段时间即可完成渲染，如图9-92所示。

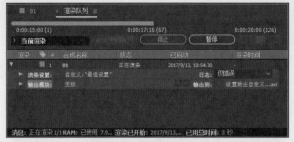

图9-92

实例166　输出预设视频

文件路径	第9章\输出预设视频
难易指数	★★★★★
技术要点	添加到 Adobe Media Encoder 队列

扫码深度学习

操作思路

本例讲解了应用【添加到Adobe Media Encoder队列】，并输出预设视频文件。

案例效果

案例效果如图9-93所示。

图9-93

操作步骤

01 打开本书配备的"166.aep"素材文件，如图9-94所示。

图9-94

02 拖动时间线，查看此时动画效果，如图9-95所示。

图9-95

03 在菜单栏中选择【合成】|【添加到Adobe Media Encoder队列】命令，如图9-96所示。

04 此时正在开启Adobe Media Encoder软件，如图9-97所示。

图9-96

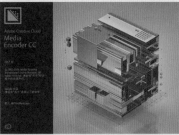
图9-97

05 软件界面已经打开，如图9-98所示。

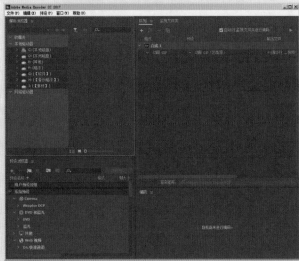
图9-98

06 单击【合成1】下方中间的位置，如图9-99所示。

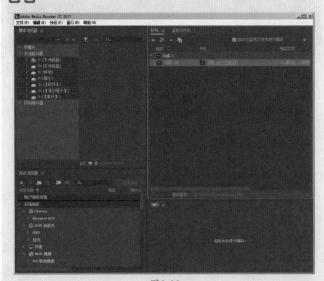
图9-99

07 设置【格式】为MPEG2，设置【输出名称】为"输出预设视频.mpg"，如图9-100所示。

图9-100

08 单击▶（启用队列）按钮，如图9-101所示。

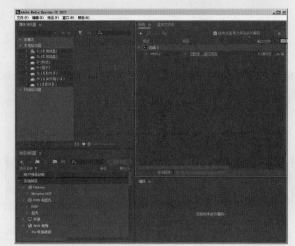
图9-101

09 此时开始渲染文件，如图9-102所示。

图9-102

第**10**章

粒子和光效

本章概述
粒子是After Effects中比较有趣的技术，通过为图层添加粒子相关的效果，可产生大量的粒子，常应用于影视特效、广告设计等行业。光效也是After Effects中用于产生光特效的技术，常用于制作影视特效、动画设计等。

本章重点
◆ 了解粒子和光效的使用效果
◆ 掌握粒子和光效的应用方法

/ 佳 / 作 / 欣 / 赏 /

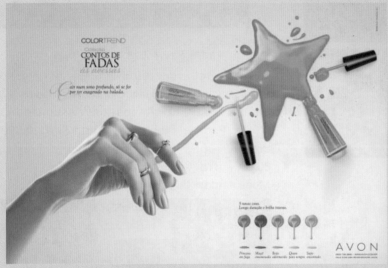

实例167　星形发光粒子动画

文件路径	第10章 \ 星形发光粒子动画
难易指数	⭐⭐⭐⭐⭐
技术要点	● CC Particle World 效果 ● 【发光】效果

扫码深度学习

操作思路

本例通过对纯色图层添加CC Particle World效果制作炫酷的星形粒子动画，添加【发光】效果制作发光效果。

案例效果

案例效果如图10-1所示。

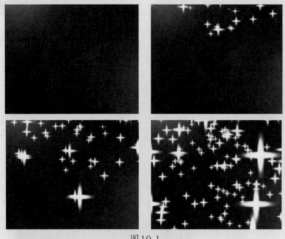

图10-1

操作步骤

01 将素材"01.jpg"导入时间线窗口中，设置【缩放】为60.0,60.0%，如图10-2所示。

图10-2

02 此时的背景效果如图10-3所示。

图10-3

03 在时间线窗口中，右击鼠标，在弹出的快捷菜单中选择【新建】|【纯色】命令，如图10-4所示。

04 将此时的黑色纯色名称命名为"粒子"，如图10-5所示。

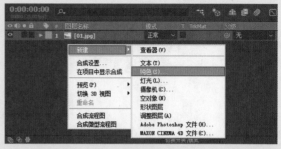

图10-4

图10-5

05 为此时的【粒子】层添加CC Particle World效果，设置Birth Rate为0.5，Longevity（sec）为5.00，Position Y为−0.45，Radius X为0.500，Radius Y为0.025，Radius Z为1.000，Animation为Viscouse，Gravity为0.050，Particle Type为Star，Birth Size为0.600，Death Size为0.500，Size Variation为10.0%，Max Opacity为80.0%，Birth Color为黄色，Death Color为橙色，Transfer Mode为Add，如图10-6所示。

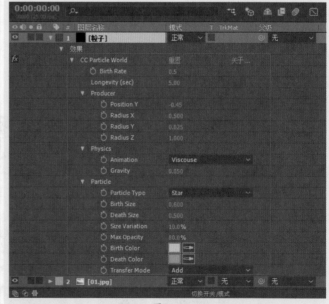

图10-6

06 拖动时间线查看此时动画效果，如图10-7所示。

艺圃 中文版After Effects影视后期特效设计与制作全视频 实战228例

After Effects

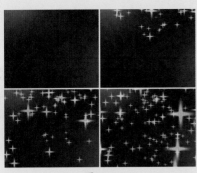

图10-7

07 为【粒子】图层添加【发光】效果，设置【发光基于】为【Alpha通道】，【发光阈值】为50.0%，【发光颜色】为【A和B颜色】，【颜色B】为白色，如图10-8所示。

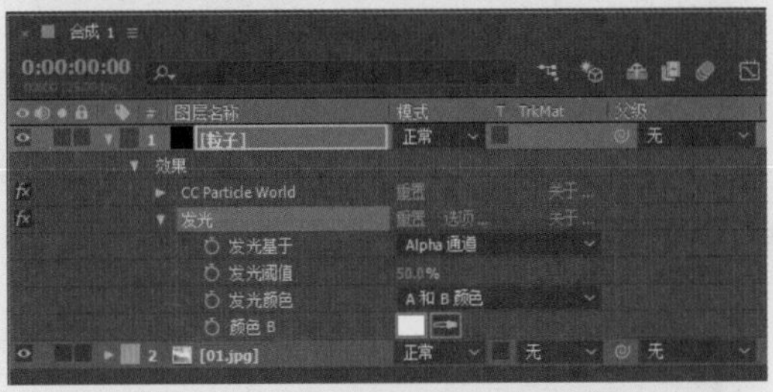

图10-8

08 拖动时间线查看此时动画效果，如图10-9所示。

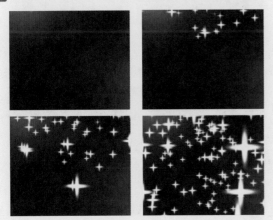

图10-9

实例168 时尚栏目包装粒子部分

文件路径	第10章\时尚栏目包装粒子部分
难易指数	★★★★★
技术要点	● 【梯度渐变】效果 ● 【CC Particle World】效果 ● 【百叶窗】效果 ● 【投影】效果 ● 钢笔工具 ● 横排文字工具 ● 动画预设

扫码深度学习

操作思路

本例应用【梯度渐变】效果、CC Particle World效果、【百叶窗】效果、【投影】效果、钢笔工具、横排文字工具、动画预设，制作时尚栏目包装粒子部分。

案例效果

案例效果如图10-10所示。

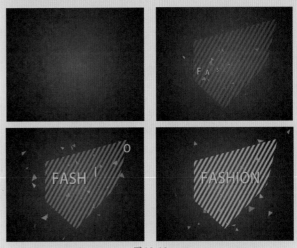

图10-10

操作步骤

01 在时间线窗口右击鼠标，在弹出的快捷菜单中选择【新建】|【纯色】命令，如图10-11所示。

图10-11

02 为新建的纯色命名为"背景"，如图10-12所示。

图10-12

03 为当前【背景】图层添加【梯度渐变】效果，设置【渐变起点】为360.0,288.0，【起始颜色】为蓝色，【渐变终点】为360.0,850.0，【结束颜色】为黑色，【渐变形状】为【径向渐变】，如图10-13所示。

04 此时的渐变背景效果，如图10-14所示。

图10-13

图10-14

05 继续新建一个纯色层，命名为"粒子"，如图10-15所示。

图10-15

06 为【粒子】图层添加CC Particle World效果，并设置Birth Rate为0.5，Gravity为0.000，Particle Type为TriPolygon，Birth Size为0.150，Death Size为0.400，Max Opacity为100.0%，Birth Color为红色，Death Color为橙色，如图10-16所示。

图10-16

07 继续新建一个湖蓝色的纯色层，命名为"三角形"，如图10-17所示。

图10-17

08 将时间线拖动到第0帧，打开"三角形"图层的【不透明度】前面的按钮，设置【不透明度】为0%，如图10-18所示。

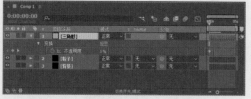

图10-18

09 将时间线拖动到第2秒，设置【不透明度】为100%，如图10-19所示。

图10-19

10 拖动时间线查看此时动画效果，如图10-20所示。

图10-20

11 为"三角形"图层添加【百叶窗】效果，设置【过渡完成】为50%，【方向】为0x+30.0°，如图10-21所示。

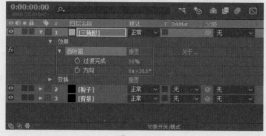

图10-21

12 选择"三角形"图层，然后单击（钢笔工具）按钮，绘制一个闭合的图形作为遮罩，如图10-22所示。

13 此时使用（横排文字工具）创建一组英文，如图10-23所示。

图10-22

图10-23

14 进入【字符】面板，设置文本的字体类型，并设置颜色为黄色、字体大小为75像素、行距为75像素，按下 T（仿粗体）和 TT（全部大写字母）按钮，如图10-24所示。

15 为当前的文本添加【投影】效果，设置【柔和度】为15.0，如图10-25所示。

图10-24　　　　　　　图10-25

16 进入【效果和预设】面板，单击【动画预设】|Text|3D Text|【3D居中反弹】，并将其拖动到文本上，如图10-26所示。

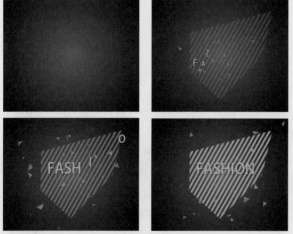

图10-26

17 拖动时间线查看此时动画效果，如图10-27所示。

图10-27

实例169　雪花粒子下落

文件路径	第10章\雪花粒子下落
难易指数	★★★★★
技术要点	● CC Snowfall 效果 ● 混合模式

扫码深度学习

操作思路

　　本例应用CC Snowfall效果制作雪花飘落，设置混合模式制作混合效果。

案例效果

　　案例效果如图10-28所示。

图10-28

操作步骤

01 将素材"01.jpg"导入时间线窗口中，设置【缩放】为72.0,72.0%，如图10-29所示。

图10-29

02 此时背景效果，如图10-30所示。

图10-30

03 在时间线窗口右击鼠标，在弹出的快捷菜单中选择【新建】|【纯色】命令，为新建的纯色命名为"深灰色 纯色1"，如图10-31所示。

图10-31

04 此时的背景效果如图10-32所示。

图10-32

05 为"深灰色 纯色1"图层添加CC Snowfall效果，设置Size为15.0，Wind为50.0，Variation%（Wind）为0.30，Opacity为80.0，如图10-33所示。

图10-33

06 此时拖动时间线查看动画效果，如图10-34所示。

图10-34

07 设置"深灰色 纯色1"图层的【模式】为【颜色减淡】，如图10-35所示。

图10-35

08 拖动时间线查看动画效果，如图10-36所示。

图10-36

实例170　光线粒子效果——粒子动画

文件路径	第10章 \ 光线粒子效果	
难易指数	★★★★★	扫码深度学习
技术要点	● 【梯度渐变】效果 ● CC Particle World 效果 ● 关键帧动画	

操作思路

　　本例应用【梯度渐变】效果制作蓝色背景，应用CC Particle World效果制作粒子，应用关键帧动画制作动画。

案例效果

　　案例效果如图10-37所示。

图10-37

操作步骤

01 在时间线窗口中新建一个纯色层，命名为"背景"，如图10-38所示。

图10-38

02 为"背景"图层添加【梯度渐变】效果,设置【起始颜色】为蓝色,【结束颜色】为深蓝色,设置【渐变形状】为【径向渐变】,如图10-39所示。

图10-39

03 此时的蓝色渐变背景如图10-40所示。

图10-40

04 在时间线窗口中新建一个青色的纯色层,命名为"粒子1",如图10-41所示。

图10-41

05 为"粒子1"图层添加CC Particle World效果,设置Birth Rate为1.0,Longevity(sec)为2.00,Animation为Viscouse,Velocity为0.35,Gravity为0.000,Particle Type为Lens Convex,Birth Size为0.150,Death Size为0.150。将时间线拖动到第0帧,打开Position X和Position Y前面的 按钮,设置Position X为0.60,Position Y为-0.36,如图10-42所示。

图10-42

06 将时间线拖动到第1秒,设置Position X为-0.31,Position Y为-0.06,如图10-43所示。

图10-43

07 将时间线拖动到第2秒,设置Position X为-0.31,Position Y为-0.06,如图10-44所示。

图10-44

08 将时间线拖动到第3秒,设置Position X为1.22,Position Y为-0.09,如图10-45所示。

图10-45

09 拖动时间线查看此时的动画,如图10-46所示。

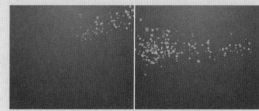

图10-46

10 在时间线窗口中新建一个白色的纯色层，命名为"粒子2"，如图10-47所示。

图10-47

11 为"粒子2"图层添加"CC Particle World"效果，设置Birth Rate为1.0，Longevity（sec）为2.00，Animation为Viscouse，Velocity为0.55，Gravity为0.000，Particle Type为Lens Convex，Birth Size为0.150，Death Size为0.150。将时间线拖动到第0帧，打开Position X和Position Y前面的 按钮，设置Position X为0.60，Position Y为-0.36，如图10-48所示。

图10-48

12 将时间线拖动到第1秒，设置Position X为-0.31，Position Y为-0.06，如图10-49所示。

图10-49

13 将时间线拖动到第2秒，设置Position X为-0.31，Position Y为-0.06，如图10-50所示。

14 将时间线拖动到第3秒，设置Position X为1.22，Position Y为-0.09，如图10-51所示。

15 拖动时间线查看粒子动画效果，如图10-52所示。

图10-50

图10-51

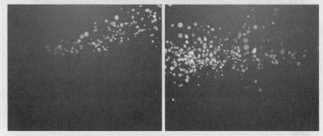

图10-52

实例171 光线粒子效果——文字动画

文件路径	第10章\光线粒子效果	
难易指数	★★★★★	
技术要点	● 横排文字工具 ● 动画预设	扫码深度学习

操作思路

本例应用横排文字工具创建一组文字，应用【动画预设】制作文字动画。

案例效果

案例效果如图10-53所示。

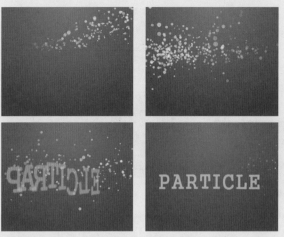

图10-53

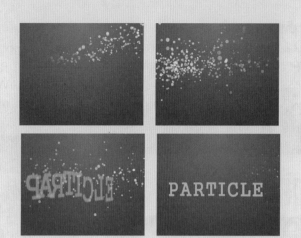

图10-57

操作步骤

01 使用 ■（横排文字工具）创建一组英文，如图10-54所示。

02 进入【字符】面板，设置文本的字体类型，并设置颜色为白色、字体大小为97像素，按下 ■（仿粗体）和 ■■（全部大写字母）按钮，如图10-55所示。

图10-54

图10-55

03 进入【效果和预设】面板，单击【动画预设】|Text|3D Text|【3D下飞和展开】，并将其拖动到文本上，如图10-56所示。

图10-56

04 拖动时间线查看最终动画效果，如图10-57所示。

实例172	星球光线
文件路径	第10章\星球光线
难易指数	★★★★★
技术要点	● 【镜头光晕】效果 ● CC Light Sweep 效果

Q 扫码深度学习

操作思路

本例应用【镜头光晕】效果制作光晕光感，为素材添加CC Light Sweep效果制作炫酷光效。

案例效果

案例效果如图10-58所示。

图10-58

操作步骤

01 在时间线窗口中导入素材"背景.jpg"，如图10-59所示。

图10-59

02 设置素材"背景.jpg"的【缩放】为51.0,51.0%,如图10-60所示。

图10-60

03 此时的背景效果如图10-61所示。

图10-61

04 为素材"背景.jpg"添加【镜头光晕】效果,设置【光晕中心】为800.0,530.0,【光晕亮度】为125%,【镜头类型】为【105毫米定焦】,如图10-62所示。

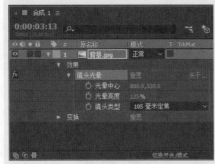

图10-62

05 此时产生了光晕效果,如图10-63所示。

图10-63

06 为素材"背景.jpg"添加CC Light Sweep效果,设置Center为822.9,571.9,Direction为0×+58.0°,Width为21.0,Light Reception为Composite,如图10-64所示。

图10-64

07 此时产生了直线光斑效果,如图10-65所示。

图10-65

08 再次为素材"背景.jpg"添加CC Light Sweep效果,设置Center为812.7,588.2,Direction为0x-103.0°,Width为20.0,Sweep Intensity为30.0,如图10-66所示。

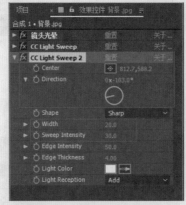

图10-66

09 此时光效制作完成,如图10-67所示。

图10-67

实例173 扫光效果

文件路径	第10章\扫光效果
难易指数	★★★★★
技术要点	● CC Light Sweep 效果 ● 横排文字工具

（二维码）

🔍 扫码深度学习

💡 操作思路

本例应用CC Light Sweep效果制作素材的扫光效果,应用横排文字工具创建文字。

🖱 案例效果

案例效果如图10-68所示。

图10-68

🎤 操作步骤

01 在时间线窗口中导入素材"01.jpg",设置【缩放】为75.0,75.0%,如图10-69所示。

02 此时的背景效果如图10-70所示。

图10-69　　　　　　　　　　　　图10-70

03 在时间线窗口中导入素材"02.jpg"，设置【缩放】为72.0,40.0%，如图10-71所示。

04 此时的合成效果如图10-72所示。

图10-71　　　　　　　　　　　　图10-72

05 为素材"02.jpg"添加CC Light Sweep效果，设置Direction为0x+21.0°，Width为60.0，Sweep Intensity为80.0，Edge Thickness为2.00，Light Color为浅黄色，Light Reception为Composite。将时间线拖动到第0帧，打开Center前面的■按钮，设置Center为95.0,144.0，如图10-73所示。

图10-73

06 将时间线拖动到第2秒，设置Center为873.0,144.0，如图10-74所示。

图10-74

07 拖动时间线查看此时的动画效果，如图10-75所示。

图10-75

08 使用█（横排文字工具）创建一组英文，如图10-76所示。

09 进入【字符】面板，设置文本的字体类型，并设置颜色为白色、字体大小为46像素，按下█（仿粗体）和█（全部大写字母）按钮，如图10-77所示。

图10-76　　　　　　　　　　　　图10-77

10 设置此文本的【位置】为185.0,307.0，如图10-78所示。

图10-78

11 拖动时间线窗口，最终动画效果如图10-79所示。

图10-79

After Effects

第 **11** 章

高级动画

本章概述　　在After Effects中可以通过设置关键帧动画等技术快速创建出动画效果，也可以通过设置特效动画、表达式等使得素材产生动画。高级动画是指在After Effects中相对复杂一些的动画技术，是制作大型项目的关键。

本章重点
◆ 了解制作动画的基本制作方法
◆ 掌握制作高级动画的效果
◆ 掌握制作高级动画的多种技能

/ 佳 / 作 / 欣 / 赏 /

实例174 动态栏目背景——动态背景

文件路径	第11章\动态栏目背景
难易指数	★★★★★
技术要点	● 【分形杂色】效果 ● CC Toner 效果 ● 【曲线】效果 ● 关键帧动画

扫码深度学习

操作思路

本例应用【分形杂色】效果、CC Toner效果、【曲线】效果制作绿色动态背景，设置关键帧动画制作素材旋转、缩放和不透明度的动画。

案例效果

案例效果如图11-1所示。

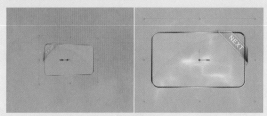

图11-1

操作步骤

01 在时间线窗口中新建一个黑色纯色层，命名为"背景"，如图11-2所示。

图11-2

02 为"背景"图层添加【分形杂色】效果。设置【分形类型】为【湍流锐化】，【反转】为【开】，【对比度】为160.0，【亮度】为15.0，【溢出】为【柔和固定】。设置【缩放】为1500.0，【透视位移】为【开】，【循环演化】为【开】。将时间线拖动到第0帧，打开【演化】前面的码表按钮，设置【演化】为0x+0.0°，如图11-3所示。

图11-3

03 将时间线拖动到第4秒24帧，设置【演化】为0x+270.0°，如图11-4所示。

图11-4

04 拖动时间线查看此时的动画效果，如图11-5所示。

图11-5

05 为"背景"图层添加CC Toner效果，设置Midtones为绿色，如图11-6所示。

06 为"背景"图层添加【曲线】效果，并设置曲线的形状，如图11-7所示。

图11-6

图11-7

07 将素材"01.png"导入到项目窗口中，然后将其拖动到时间线窗口中，并单击激活（3D图层）按钮，如图11-8所示。

图11-8

08 选择素材"01.png",将时间线拖动到第0帧,打开【缩放】、【Y轴旋转】、【不透明度】前面的 按钮,设置此时的【缩放】为0.0,0.0,0.0%,【Y轴旋转】为0x-90.0°,【不透明度】为0%,如图11-9所示。

图11-9

09 将时间线拖动到第1秒,设置此时的【缩放】为100.0,100.0,100.0%,【Y轴旋转】为1x+0.0°,【不透明度】为100%,如图11-10所示。

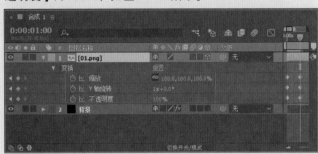

图11-10

10 拖动时间线查看此时的效果,如图11-11所示。

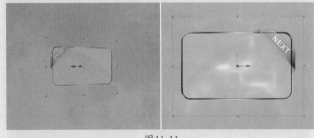

图11-11

实例175 动态栏目背景——文字动画

文件路径	第11章\动态栏目背景
难易指数	★★★★★
技术要点	● 横排文字工具 ● 【投影】效果 ● 关键帧动画

⚲扫码深度学习

操作思路

本例应用横排文字工具创建文字,添加【投影】效果制作阴影,设置关键帧动画制作文字动画。

案例效果

案例效果如图11-12所示。

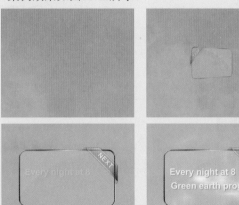

图11-12

操作步骤

01 使用 T (横排文字工具)创建一组英文,如图11-13所示。

02 设置此时文本的【位置】为124.4,270.8。将时间线拖动到第1秒,打开该文本图层的【不透明度】前面的 按钮,设置【不透明度】为0%,如图11-14所示。

图11-13

图11-14

03 将时间线拖动到第2秒,设置【不透明度】为100%,如图11-15所示。

图11-15

04 为该文本添加【投影】效果，设置【不透明度】为40%，【柔和度】为10.0，如图11-16所示。

图11-16

05 拖动时间线查看此时动画效果，如图11-17所示。

图11-17

06 继续使用 T （横排文字工具）创建一组英文，如图11-18所示。

图11-18

07 设置此时文本的【位置】为130.5,344.1。将时间线拖动到第2秒，打开该文本图层的【不透明度】前面的 按钮，设置【不透明度】为0%，如图11-19所示。

图11-19

08 将时间线拖动到第3秒，设置【不透明度】为100.0%，如图11-20所示。

图11-20

09 为该文本添加【投影】效果，设置【不透明度】为40%，【柔和度】为10.0，如图11-21所示。

图11-21

10 拖动时间线查看此时动画效果，如图11-22所示。

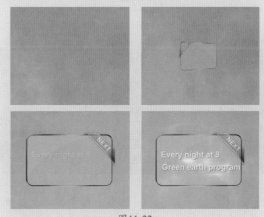

图11-22

实例176　海底动态光线背景

文件路径	第 11 章 \ 海底动态光线背景
难易指数	⭐⭐⭐⭐⭐
技术要点	● 【镜头光晕】效果 ● 【曲线】效果 ● 【分形杂色】效果 ● 【线性擦除】效果

扫码深度学习

操作思路

本例应用【镜头光晕】效果制作光晕，应用【曲线】效果、【分形杂色】效果、【线性擦除】效果制作海底动态光线。

案例效果

案例效果如图11-23所示。

图11-23

操作步骤

01 将素材"01.jpg"导入时间线窗口中,设置【位置】为360.0,346.0,【缩放】为73.0,73.0%,如图11-24所示。

02 此时背景效果如图11-25所示。

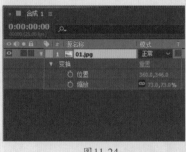

图11-24　　　　　　　　图11-25

03 为素材"01.jpg"添加【镜头光晕】效果,设置【光晕中心】为261.0,65.0,【光晕亮度】为80%,【镜头类型】为【35毫米定焦】,如图11-26所示。

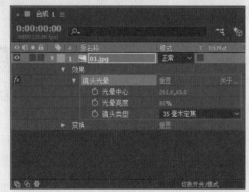

图11-26

04 为素材"01.jpg"添加【曲线】效果,并调整曲线形状,如图11-27所示。

05 此时的背景效果如图11-28所示。

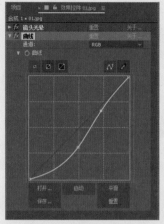

图11-27　　　　　　　　图11-28

06 在时间线窗口中右击鼠标,新建一个黑色的纯色图层,命名为"光线",并单击激活（3D图层）按钮,如图11-29所示。

图11-29

07 设置"光线"图层的【模式】为【屏幕】,设置【位置】为360.0,170.0,0.0,【缩放】为150.0,174.1,100.0%,【X轴旋转】为0x-55°,如图11-30所示。

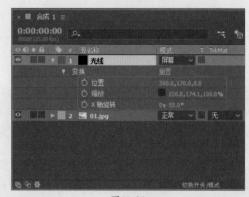

图11-30

08 为"光线"图层添加【分形杂色】效果。设置【对比度】为120.0,【亮度】为-30.0,【统一缩放】为【关】,【缩放高度】为4000.0,【偏移（湍流）】为358.8,288.0,【不透明度】为90.0%。将时间线拖动到第0帧，打开【演化】前面的按钮，设置【演化】为0x+0.0°，如图11-31所示。

图11-31

09 将时间线拖动到第4秒24帧，设置【演化】为3x+0.0°，如图11-32所示。

图11-32

10 拖动时间线查看此时动画效果，如图11-33所示。

图11-33

11 为"光线"图层添加【线性擦除】效果，设置【过渡完成】为11%，【擦除角度】为0x+0.0°，【羽化】为42.0，如图11-34所示。

图11-34

12 拖动时间线查看最终动画效果，如图11-35所示。

图11-35

实例177　路径文字动画

文件路径	第11章\路径文字动画
难易指数	★★★★★
技术要点	● 横排文字工具 ● 钢笔工具 ● 路径选项

🔍扫码深度学习

💡操作思路

本例通过使用横排文字工具创建文本，使用钢笔工具绘制路径，并修改路径选项设置关键帧动画制作路径文字动画。

🖱案例效果

案例效果如图11-36所示。

图11-36

🎤操作步骤

01 将素材"01.jpg"导入时间线窗口中，设置【缩放】为81.0，81.0%，如图11-37所示。

02 此时背景效果如图11-38所示。

图11-37　　　　　　　　图11-38

03 继续使用 **T**（横排文字工具）创建一组英文，如图11-39所示。

04 进入【字符】面板，设置合适的字体类型和样式，设置【字体大小】为20，激活【全部大写字母】按钮 **TT**，如图11-40所示。

图11-39　　　　　　　　图11-40

05 此时的文字效果如图11-41所示。

06 选择刚才的文本，并使用 **钢笔工具**（钢笔工具）绘制出一条弯曲的线，如图11-42所示。

图11-41　　　　　　　　图11-42

07 进入【文本】|【路径选项】中，设置【路径】为【蒙版1】，设置【填充和描边】为【全部填充在全部描边之上】。将时间线拖动到第0帧，打开【首字边距】前面的 按钮，设置【首字边距】为1340.0，如图11-43所示。

图11-43

08 将时间线拖动到第3秒，设置【首字边距】为-137.0，如图11-44所示。

图11-44

09 拖动时间线查看最终动画效果，如图11-45所示。

图11-45

实例178　模糊背景动画——前景卡片效果

文件路径	第11章\模糊背景动画	
难易指数	★★★★★	
技术要点	● CC Toner 效果 ● 预合成	扫码深度学习

操作思路

本例为素材添加CC Toner效果，将颜色更改为蓝色调，并将素材进行预合成操作。

案例效果

案例效果如图11-46所示。

操作步骤

01 将素材"01.jpg""02.jpg"导入时间线窗口中，如图11-47所示。

图11-46

图11-47

02 设置"01.jpg"的【位置】为360.0,240.0,【缩放】为45.0,45.0%,设置"02.jpg"的【位置】为360.0,389.0,【缩放】为64.0,64.0%,如图11-48所示。

图11-48

03 此时的画面合成效果如图11-49所示。

图11-49

04 为"01.jpg"图层添加CC Toner效果,并设置Midtones为蓝色,如图11-50所示。

图11-50

05 此时的画面效果如图11-51所示。

图11-51

06 选中当前两个图层,如图11-52所示。

图11-52

07 按组合键Ctrl+Shift+C进行预合成,命名为"照片合成",如图11-53所示。

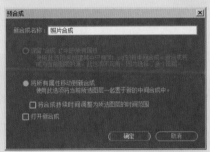

图11-53

08 此时的预合成图层如图11-54所示。

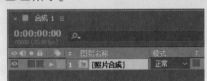

图11-54

09 此时的画面效果如图11-55所示。

图11-55

文件路径	第11章\模糊背景动画
难易指数	
技术要点	● 【投影】效果 ● CC Light Rays 效果 ● CC Light Sweep 效果 ● 【定向模糊】效果

扫码深度学习

操作思路

　　本例通过对素材添加【投影】效果、CC Light Rays效果、CC Light Sweep效果、【定向模糊】效果制作模糊背景的变换动画。

案例效果

　　案例效果如图11-56所示。

图11-56

219

操作步骤

01 为"图片合成"图层添加【投影】效果，设置【距离】为10.0，【柔和度】为20.0，如图11-57所示。

02 为"图片合成"添加CC Light Rays效果，如图11-58所示。

图11-57

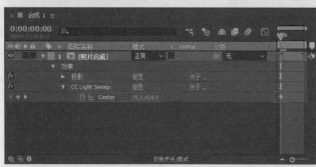

图11-58

03 为"图片合成"图层添加CC Light Sweep效果。将时间线拖动到第0帧，打开Center前面的按钮，设置Center为75.1,428.9，如图11-59所示。

图11-59

04 将时间线拖动到第3秒，设置Center为816.1,428.9，如图11-60所示。

图11-60

05 拖动时间线查看此时动画效果，如图11-61所示。

图11-61

06 将项目窗口中的素材"01.jpg"导入时间线窗口中，设置【缩放】为105.0,105.0%，如图11-62所示。

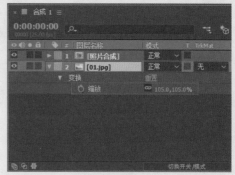

图11-62

07 此时的画面合成效果如图11-63所示。

图11-63

08 为"01.jpg"图层添加【定向模糊】效果，设置【方向】为0x+90.0°。将时间线拖动到第0帧，打开【模糊长度】前面的按钮，设置【模糊长度】为0.0，如图11-64所示。

图11-64

09 将时间线拖动到第3秒，设置【模糊长度】为150.0，如图11-65所示。

图11-65

10 拖动时间线查看最终动画效果，如图11-66所示。

图11-66

实例180 炫彩背景动画——渐变背景

文件路径	第11章\炫彩背景动画
难易指数	★★★★★
技术要点	【四色渐变】效果

扫码深度学习

操作思路

本例通过对纯色图层添加【四色渐变】效果制作出四种颜色的背景效果。

案例效果

案例效果如图11-67所示。

操作步骤

01 在时间线窗口中右击鼠标，在弹出的快捷菜单中选择【新建】|【纯色】命令，如图11-68所示。

图11-67

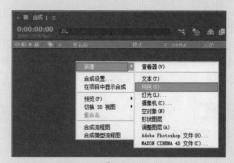

图11-68

02 将新建的黑色纯色图层命名为"背景"，如图11-69所示。

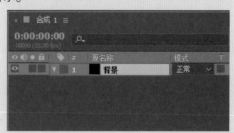

图11-69

03 为"背景"图层添加【四色渐变】效果，设置【点1】为88.0,288.0，【颜色1】为黄色，【点2】为259.0,288.0，【颜色2】为绿色，【点3】为434.0,288.0，【颜色3】为紫色，【点4】为628.0,288.0，【颜色4】为青色，如图11-70所示。

04 此时的四色渐变背景效果如图11-71所示。

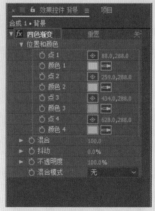

图11-70　　　　　　图11-71

实例181 炫彩背景动画——文字动画

文件路径	第11章\炫彩背景动画
难易指数	★★★★★
技术要点	● 横排文字工具 ● 【发光】效果 ● 【棋盘】效果 ● 关键帧动画

扫码深度学习

操作思路

本例应用横排文字工具制作描边文字，应用【发光】效果、【棋盘】效果制作棋盘格式文字纹理，设置关键帧动画制作纹理动画变化。

案例效果

案例效果如图11-72所示。

图11-72

操作步骤

01 使用 T（横排文字工具）创建一组英文，如图11-73所示。

02 进入【字符】面板，设置合适的字体类型和样式，设置【填充颜色】为黄色、【描边颜色】为白色。设置【字体大小】为220像素，【描边宽度】为15像素，激活 T（仿粗体）按钮和 TT（全部大写字母）按钮，如图11-74所示。

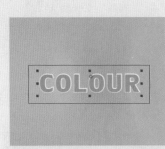

图11-73   图11-74

03 选择文本图层，设置【锚点】为326.0，-95.0，【位置】为375.9，265.1。将时间线拖动到第0帧，打开【缩放】前面的 ◎ 按钮，设置【缩放】为70.0，70.0%，如图11-75所示。

04 将时间线拖动到第3秒，设置【缩放】为100.0，100.0%，如图11-76所示。

图11-75

图11-76

05 拖动时间线查看此时动画效果，如图11-77所示。

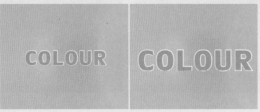

图11-77

06 为文本图层添加【棋盘】效果，设置【混合模式】为【叠加】。将时间线拖动到第0帧，打开【宽度】前面的 按钮，设置【宽度】为16.0，如图11-78所示。

07 将时间线拖动到第3秒1帧，设置【宽度】为182.0，如图11-79所示。

图11-78

图11-79

08 拖动时间线查看此时的动画效果，如图11-80所示。

09 为文本图层添加【发光】效果。将时间线拖动到第0帧，打开【发光阈值】和【发光半径】前面的 按钮，设置【发光阈值】为60.0%、【发光半径】为10.0，如图11-81所示。

图11-80

图11-81

10 （10）将时间线拖动到第3秒，设置【发光阈值】为100.0%、【发光半径】为500.0，如图11-82所示。

图11-82

11 拖动时间线查看最终动画效果，如图11-83所示。

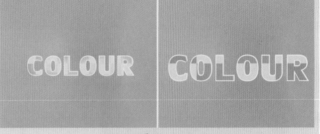

图11-83

第 12 章

影视栏目包装设计

本章概述 　栏目包装是对电视节目、栏目、频道甚至是电视台的整体形象进行一种外在形式要素的规范和强化，目前已成为电视台和各电视节目公司、广告公司最常用的概念之一。After Effects是栏目包装最常用的软件之一。

本章重点 　◆ 了解影视栏目包装
　　　　　　　◆ 掌握影视包装设计效果

/ 佳 / 作 / 欣 / 赏 /

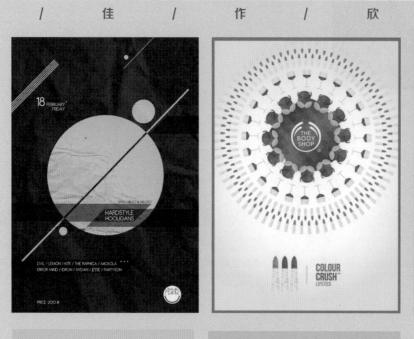

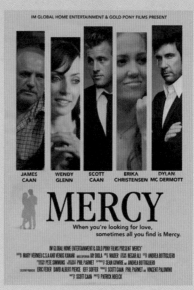

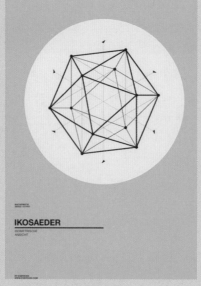

实例182　网页通栏广告——背景和人物效果

文件路径	第 12 章 \ 网页通栏广告
难易指数	★★★★★
技术要点	● Keylight（1.2）效果 ● 关键帧动画

🔍扫码深度学习

💡操作思路

本例应用Keylight（1.2）效果对人物背景进行抠像，并设置关键帧动画制作位置变化动画。

🖱案例效果

案例效果如图12-1所示。

图12-1

🎤操作步骤

01 在时间线窗口右击鼠标，在弹出的快捷菜单中选择【新建】|【纯色】命令，新建一个纯色层，如图12-2所示。

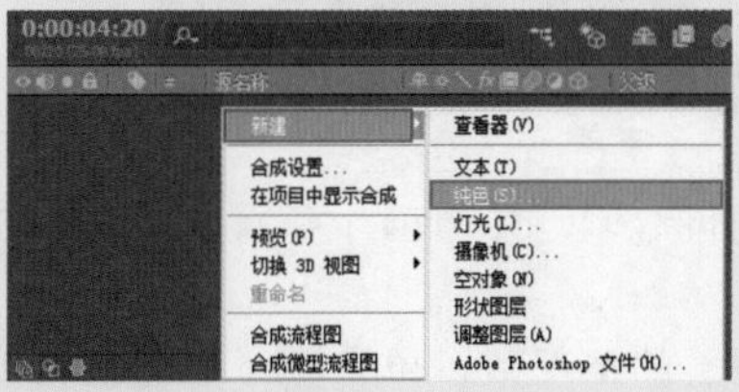

图12-2

02 此时的浅色青色纯色层如图12-3所示。

03 此时的背景效果如图12-4所示。

图12-3

图12-4

04 将素材"背景.png"拖动到时间线窗口中，如图12-5所示。

图12-5

05 拖动时间线查看此时效果，如图12-6所示。

图12-6

06 将素材"人物.jpg"拖动到时间线窗口中，如图12-7所示。

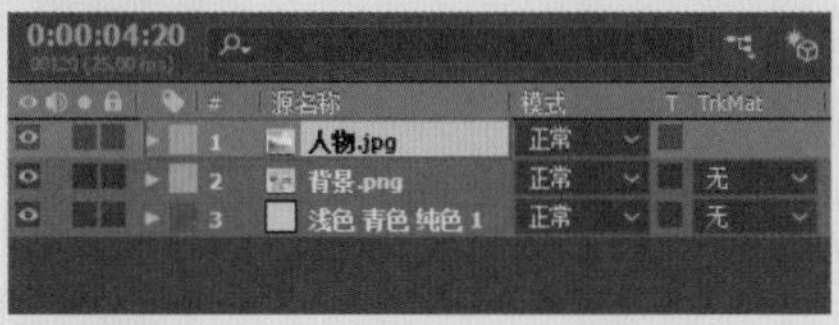

图12-7

07 此时可以看到人物的背景是绿色的，需要将绿色抠除，如图12-8所示。

图12-8

08 为素材"人物.jpg"添加Keylight（1.2）效果，并单击▄按钮，

然后单击吸取背景的绿色，如图12-9所示。

图12-9

09 将时间线拖动到第0秒，打开素材"人物.jpg"中的【位置】前面的◎按钮，并设置【位置】为200.0,450.0，如图12-10所示。

图12-10

10 将时间线拖动到第21帧，设置【位置】为952.5,450.0，如图12-11所示。

图12-11

11 拖动时间线查看此时的效果，如图12-12所示。

图12-12

艺境 中文版After Effects影视后期特效设计与制作全视频 实战228例

实例183 网页通栏广告——圆环效果

文件路径	第12章 \ 网页通栏广告
难易指数	★★★★★
技术要点	● 椭圆工具 ● 【梯度渐变】效果 ● 关键帧动画

扫码深度学习

操作思路

本例应用椭圆工具绘制图形，应用【梯度渐变】效果制作类似球体的质感，设置关键帧动画制作位置和不透明度属性的动画。

案例效果

案例效果如图12-13所示。

图12-13

操作步骤

01 在不选择任何图层的情况下，单击▣（椭圆工具）按钮，按住Shift键绘制一个蓝色的正圆形，命名为"形状图层1"，如图12-14所示。

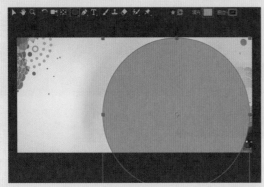

图12-14

02 设置"形状图层1"的起始时间为第1秒，如图12-15所示。

图12-15

03 接着为"形状图层1"图层添加【梯度渐变】效果，设置【渐变起点】为1277.8,474.6，【起始颜色】为浅蓝色，【渐变终点】为1284.3,1131.9，【结束颜色】为深蓝色，【渐变形状】为【径向渐变】，如图12-16所示。

04 拖动时间线查看此时的效果，如图12-17所示。

图12-16   图12-17

05 选择"形状图层1"，设置【锚点】为331.8,155.1，【位置】为1286.3,601.3，【缩放】为97.6,97.6%，如图12-18所示。

图12-18

06 将时间线拖动到第1秒，打开"形状图层1"中的【不透明度】前面的◎按钮，并设置【不透明度】为0%，如图12-19所示。

图12-19

07 将时间线拖动到第1秒13帧，设置【不透明度】为100%，如图12-20所示。

图12-20

08 拖动时间线查看此时的效果，如图12-21所示。

09 在不选择任何图层的情况下，单击▣（椭圆工具）按钮，按住Shift键绘制一个白色的正圆形，命名为"形状图层2"，并将该图层移动到"形状图层1"的下方，如图12-22所示。

10 选择"形状图层2"，设置【锚点】为364.8,216.7，【缩放】为97.5,97.5%。将时间线拖动到第1秒，打开"形状图层2"中的【位置】前面的◎按钮，并设置【位置】为2587.3,601.3，如图12-23所示。

图12-21

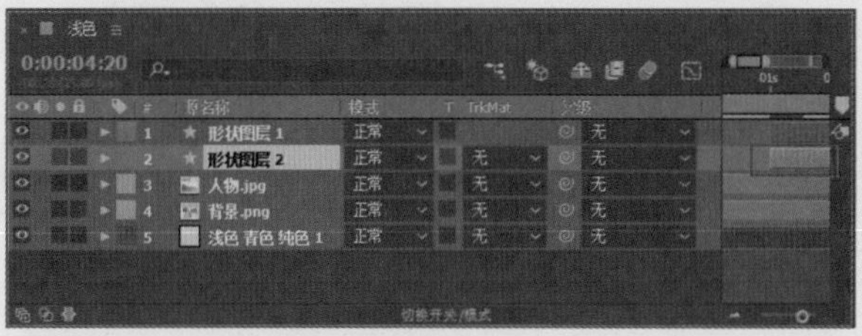

图12-22

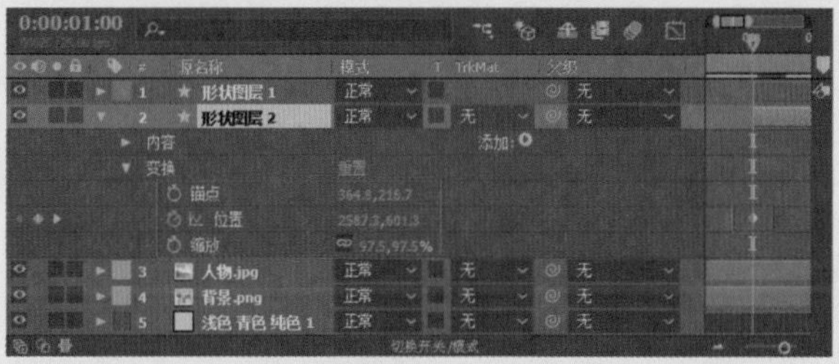

图12-23

11 将时间线拖动到第1秒13帧，设置【位置】为1286.3,601.3，如图12-24所示。

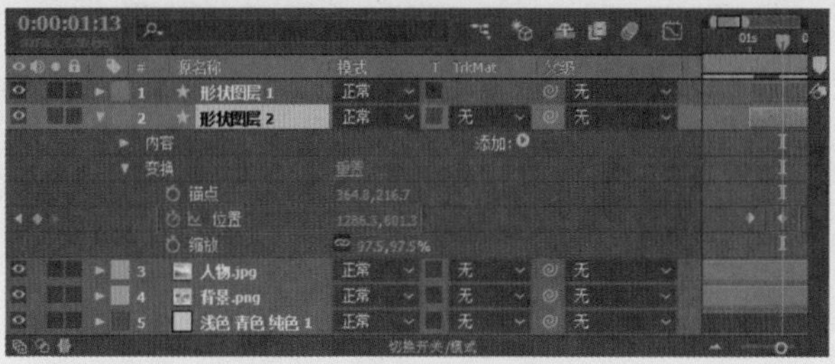

图12-24

12 拖动时间线查看此时的动画效果，如图12-25所示。

图12-25

实例184　网页通栏广告

文件路径	第12章 \ 网页通栏广告
难易指数	★★★★★
技术要点	关键帧动画

扫码深度学习

操作思路

本例通过设置多个图层的【旋转】属性关键帧动画制作小球旋转动画。

案例效果

案例效果如图12-26所示。

图12-26

操作步骤

01 将素材"小球.png"拖动到时间线窗口中，如图12-27所示。

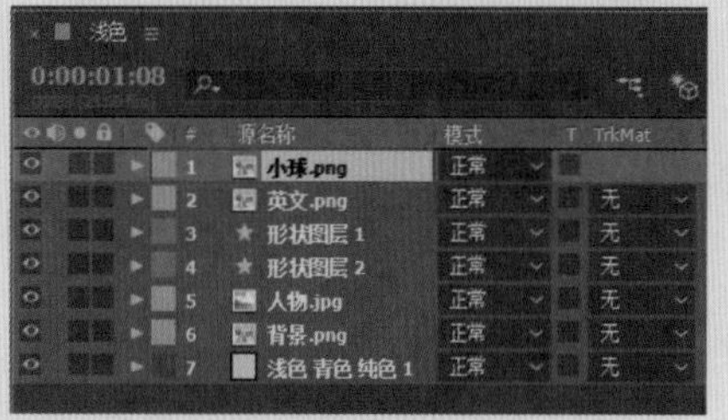

图12-27

02 此时的小球效果如图12-28所示。

图12-28

03 设置"小球.png"的【锚点】为1285.0,598.7，【位置】为1285.0,598.7，如图12-29所示。

04 选择"小球.png"图层，多次按快捷键Ctrl+D，复制11份，如图12-30所示。

After Effects

图12-29

图12-30

05 选择此时的12个"小球.png"图层，按组合键 Ctrl+Shift+C进行预合成，如图12-31所示。

图12-31

06 此时完成预合成的图层"小球"，如图12-32所示。

图12-32

07 双击预合成的图层"小球"，此时的图层效果如图12-33所示。

08 将时间线拖动到第1秒，打开12个图层的【旋转】前面的 按钮，并设置【旋转】为0×+0.0°，如图12-34所示。

09 将时间线拖动到第2秒，从上到下依次设置这12个图层的【旋转】数值为0×+30.0°、0×+60.0°、0×+90.0°、0×+120.0°、0×+150.0°、0×+180.0°、0×+210.0°、0×+240.0°、0×+270.0°、

0×+300.0°、0×+330.0°、0×+0.0°，如图12-35所示。

图12-33

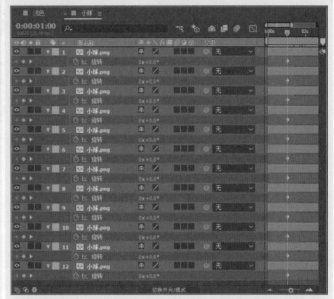

图12-34

图12-35

10 设置预合成【小球】图层的起始时间为第1秒，如图12-36所示。

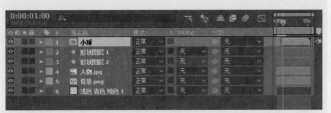

图12-36

11 拖动时间线查看此时动画效果，如图12-37所示。

图12-37

实例185	网页通栏广告——文字动画
文件路径	第12章\网页通栏广告
难易指数	★★★★★
技术要点	● 3D图层 ● 关键帧动画

⊙扫码深度学习

操作思路

本例通过开启素材的3D图层，然后对素材的【位置】、【旋转】、【缩放】属性设置关键帧动画制作文字动画。

案例效果

案例效果如图12-38所示。

图12-38

操作步骤

01 将素材"英文.png"导入到项目窗口中，然后将其拖动到时间线窗口中，并将其放置在"小球.png"图层的下方，并开启◎（3D图层）按钮，如图12-39所示。

图12-39

02 此时的文字效果如图12-40所示。

图12-40

03 将时间线拖动到第1秒，打开"英文.png"中的【位置】前面的◎按钮，并设置【位置】为952.5,450.0,-1400.0，如图12-41所示。

图12-41

04 将时间线拖动到第1秒13帧，设置【位置】为952.5,450,0,0.0，如图12-42所示。

图12-42

05 拖动时间线查看此时的动画效果，如图12-43所示。

图12-43

06 在时间线窗口中导入素材"对话框.png",设置起始时间为第1秒,如图12-44所示。

图12-44

07 设置"对话框.png"的【锚点】为1328.5,744.0,【位置】为1328.5,744.0。将时间线拖动到第2秒,打开该图层中的【旋转】前面的◎按钮,并设置【旋转】为0×+0.0°,如图12-45所示。

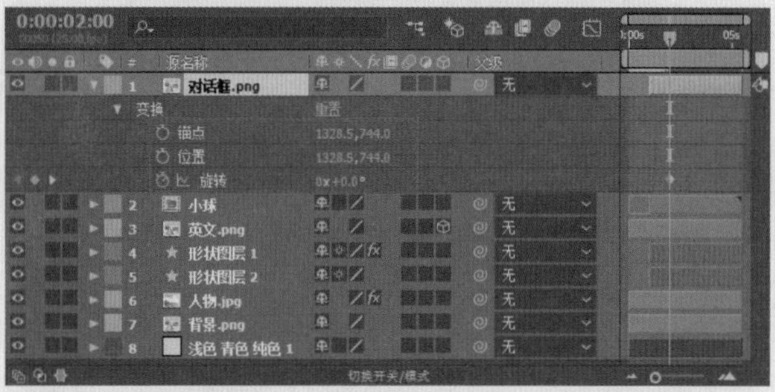

图12-45

08 将时间线拖动到第2秒24帧,设置【旋转】为0×+345.6°,如图12-46所示。

图12-46

09 拖动时间线查看此时的动画效果,如图12-47所示。

图12-47

10 在时间线窗口中导入素材"标题.png",并开启◎(3D图层)按钮,如图12-48所示。

11 拖动时间线查看此时效果,如图12-49所示。

图12-48

图12-49

12 设置"标题.png"的【锚点】为1278.5,450.0,0.0。将时间线拖动到第0秒,打开【位置】前面的◎按钮,并设置【位置】为1278.5,450.0,−3000.0,如图12-50所示。

图12-50

13 将时间线拖动到第1秒,设置【位置】为1278.5,450.0,0.0。打开【缩放】前面的◎按钮,并设置【缩放】为130.0,130.0,100.0%,如图12-51所示。

图12-51

14 将时间线拖动到第2秒,设置【缩放】为100.0,100.0,100.0%,如图12-52所示。

15 将时间线拖动到第3秒,设置【缩放】为130.0,130.0,100%,如图12-53所示。

16 将时间线拖动到第4秒,设置【缩放】为100.0,100.0,100.0%,如图12-54所示。

图12-52

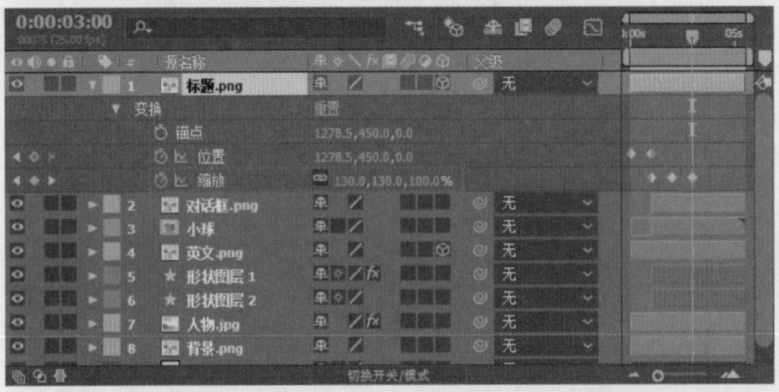

图12-53

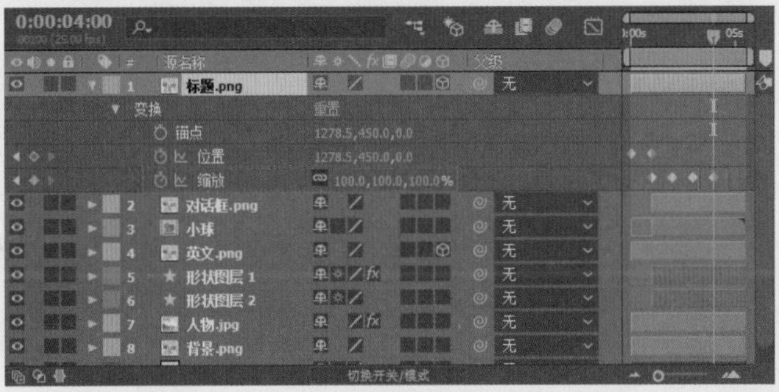

图12-54

17 拖动时间线查看此时的动画效果,如图12-55所示。

图12-55

实例186　运动主题网站页面——星形背景动画

文件路径	第12章\运动主题网站页面
难易指数	★★★★★
技术要点	● 钢笔工具 ● 【梯度渐变】效果

扫码深度学习

操作思路

　　本例通过应用钢笔工具绘制图案,并设置关键帧动画制作图形变换,添加【梯度渐变】效果制作渐变。

案例效果

　　案例效果如图12-56所示。

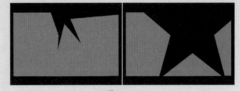

图12-56

操作步骤

01 在时间线窗口右击鼠标,在弹出的快捷菜单中选择【新建】|【纯色】命令,新建一个纯色图层,如图12-57所示。

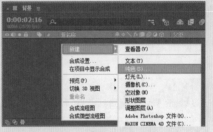

图12-57

02 此时的黑色纯色层如图12-58所示。

03 此时的背景效果如图12-59所示。

图12-58　　　　　　图12-59

04 在不选择任何图层的情况下,使用▲(钢笔工具)绘制3个图形,如图12-60所示。

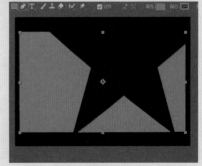

图12-60

05 将时间线拖动到第0秒，打开"形状图层1"中的【形状5】下的【路径】前面的◎按钮；打开【形状4】下的【路径】前面的◎按钮；打开【形状3】下的【路径】前面的◎按钮，如图12-61所示。

图12-61

06 调整此时的路径形状，如图12-62所示。

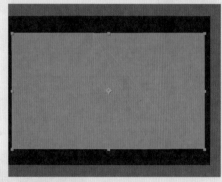

图12-62

07 将时间线拖动到第1秒，如图12-63所示。

08 调整此时3个图形的形状，如图12-64所示。

图12-64

09 拖动时间线查看此时动画效果，如图12-65所示。

图12-65

10 为"形状图层1"图层添加【梯度渐变】效果，设置【渐变起点】为1056.0,680.0，【起始颜色】为深绿色，【渐变终点】为2860.0,1640.0，【结束颜色】为绿色，【渐变形状】为【径向渐变】，如图12-66所示。

图12-66

11 拖动时间线查看此时的动画效果，如图12-67所示。

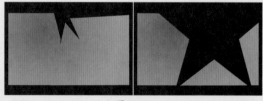

图12-67

实例187　运动主题网站页面——顶栏和底栏动画

文件路径	第12章\运动主题网站页面
难易指数	★★★★★
技术要点	关键帧动画

扫码深度学习

💡操作思路

本例通过对素材的【旋转】属性创建关键帧动画制作顶栏和底栏动画效果。

案例效果

案例效果如图12-68所示。

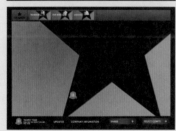

图12-68

操作步骤

01 在时间线窗口中导入素材"底栏.png",如图12-69所示。

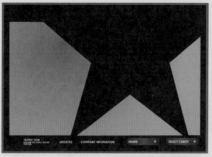

图12-69

02 此时的底栏效果如图12-70所示。

03 在时间线窗口中导入素材"导航背景.png",如图12-71所示。

04 此时的背景效果如图12-72所示。

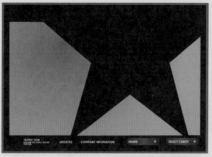

图12-70

图12-71

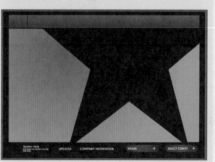

图12-72

05 在时间线窗口中导入素材"导航.png",如图12-73所示。

图12-73

06 此时的导航效果如图12-74所示。

图12-74

07 在时间线窗口中导入素材"10.png",如图12-75所示。

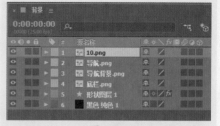

图12-75

08 此时的效果如图12-76所示。

图12-76

09 在时间线窗口中导入素材"09.png",设置起始时间为4秒14帧,如图12-77所示。

图12-77

10 此时的效果如图12-78所示。

图12-78

11 在时间线窗口中导入素材"06.png""07.png""08.png",如图12-79所示。

12 将时间线拖动到第0秒,打开"06.png""07.png""08.png"的【旋转】前面的按钮,并分别设置【旋转】为0×+0.0°,如图12-80所示。

图12-79

图12-84

16 将时间线拖动到第4秒，设置"06.png""07.png""08.png"的【旋转】为0×+0.0°，如图12-84所示。

图12-80

17 将时间线拖动到第5秒，设置"06.png""07.png""08.png"的【旋转】为0×+30.0°，如图12-85所示。

图12-85

13 将时间线拖动到第1秒，设置"06.png""07.png""08.png"的【旋转】为0×+30.0°，如图12-81所示。

图12-81

18 将时间线拖动到第5秒12帧。设置"06.png""07.png""08.png"的【旋转】为0×+0.0°，如图12-86所示。

图12-86

14 将时间线拖动到第2秒。设置"06.png""07.png""08.png"的【旋转】为0×+0.0°，如图12-82所示。

图12-82

19 拖动时间线查看此时的动画效果，如图12-87所示。

15 将时间线拖动到第3秒，设置"06.png""07.png""08.png"的【旋转】为0×-30.0°，如图12-83所示。

图12-83

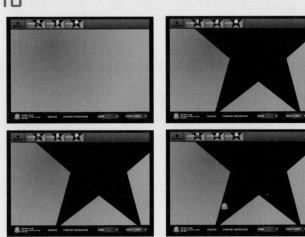

图12-87

中文版After Effects影视后期特效设计与制作全视频　实战228例　After Effects

实例188 运动主题网站页面——左侧

文件路径	第12章\运动主题网站页面
难易指数	★★★★★
技术要点	关键帧动画

扫码深度学习

操作思路

本例通过对素材的【不透明度】、【位置】属性创建关键帧动画，制作运动主题网站页面的左侧部分。

案例效果

案例效果如图12-88所示。

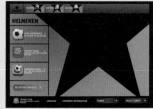

图12-88

操作步骤

01 在时间线窗口中导入素材"01.png""05.png""04.png""03.png""02.png"，如图12-89所示。

图12-89

02 将时间线拖动到第0秒，打开"02.png"的【不透明度】前面的 按钮，并设置【不透明度】为0%；打开"03.png"的【位置】前面的 按钮，并设置【位置】为-400.0,790.8，如图12-90所示。

图12-90

03 将时间线拖动到第3帧，设置"02.png"的【不透明度】为100%；打开"04.png"的【位置】前面的 按钮，设置"04.png"的【位置】-460.0,1240.0，如图12-91所示。

图12-91

04 将时间线拖动到第6帧；设置"03.png"的【位置】为551.7,790.8；打开"05.png"的【位置】前面的 按钮，设置"05.png"的【位置】-400.0,1625.1，如图12-92所示。

图12-92

05 将时间线拖动到第9帧，设置"04.png"的【位置】为525.5,1240.0；打开"01.png"的【位置】前面的⬤按钮，设置"01.png"的【位置】-360.0,2010.1，如图12-93所示。

图12-93

06 将时间线拖动到第12帧，设置"05.png"的【位置】为551.7,1625.1，如图12-94所示。

图12-94

07 将时间线拖动到第15帧，设置"01.png"的【位置】为551.7,2010.1，如图12-95所示。

图12-95

08 拖动时间线查看此时的动画效果，如图12-96所示。

图12-96

09 继续为"01.png""05.png""04.png""03.png""02.png"设置一系列动画，如图12-97所示。

图12-97

10 拖动时间线查看此时的动画效果，如图12-98所示。

图12-98

实例189	运动主题网站页面——人物和文字	
文件路径	第12章＼运动主题网站页面	
难易指数	⭐⭐⭐⭐⭐	
技术要点	● 关键帧动画 ● 3D图层	扫码深度学习

操作思路

本例通过对素材创建关键帧动画制作【位置】和【缩放】变化的动画，为文字图层开启3D图层并创建关键帧动画制作【位置】的动画。

案例效果

案例效果如图12-99所示。

图12-99

操作步骤

01 在时间线窗口中导入素材"人像.png"，如图12-100所示。

图12-100

02 将时间线拖动到第1秒，打开"人像.png"的【位置】前面的 ◯ 按钮，并设置【位置】为4600.0,1240.0，如图12-101所示。

03 将时间线拖动到第1秒12帧，设置"人像.png"的【位置】为1754.0,1240.0，如图12-102所示。

04 将时间线拖动到第1秒22帧，打开"人像.png"的【缩放】前面的按钮，设置"人像.png"的【缩放】100.0,100.0%，如图12-103所示。

05 将时间线拖动到第2秒10帧，设置"人像.png"的【缩放】为120.0,120.0%，如图12-104所示。

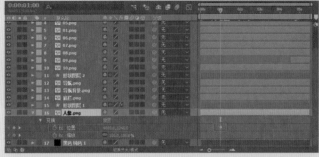

图12-101

图12-102

图12-103

图12-104

06 将时间线拖动到第2秒23帧，设置"人像.png"的【缩放】为100.0,100.0%，如图12-105所示。

07 将时间线拖动到第3秒09帧，设置"人像.png"的【缩放】为120.0,120.0%，如图12-106所示。

08 将时间线拖动到第3秒21帧，设置【人像.png】的【缩放】为100.0,100.0%，如图12-107所示。

图12-105

图12-106

图12-107

09 拖动时间线查看此时的动画效果，如图12-108所示。

图12-108

10 在时间线窗口中导入素材"文字.png"，设置起始时间为第4秒，并开启 (3D图层)按钮，如图12-109所示。

11 拖动时间线查看此时效果，如图12-110所示。

12 将时间线拖动到第4秒，打开"文字.png"的【位置】前面的按钮，设置"文字.png"的【位置】1754.0,1240.0,–5000.0，如图12-111所示。

13 将时间线拖动到第4秒14帧，设置"文字.png"的【位置】为1754.0,1240.0,0.0，如图12-112所示。

图12-109

图12-110

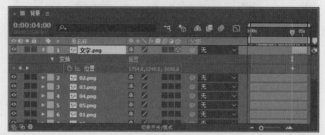

图12-111

图12-112

14 拖动时间线查看此时的动画效果，如图12-113所示。

图12-113

实例190 传统文化栏目包装——背景

文件路径	第12章\传统文化栏目包装
难易指数	⭐⭐⭐⭐⭐
技术要点	【梯度渐变】效果

🔍 扫码深度学习

💡操作思路

本例通过对纯色图层添加【梯度渐变】效果制作渐变效果的背景。

🖱案例效果

案例效果如图12-114所示。

图12-114

🎤操作步骤

01 在时间线窗口右击鼠标，在弹出的快捷菜单中选择【新建】|【纯色】命令，如图12-115所示。

图12-115

02 为纯色图层命名，并单击【确定】按钮，如图12-116所示。

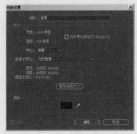

图12-116

03 此时的纯色层如图12-117所示。

图12-117

04 为刚才的纯色层添加【梯度渐变】效果，设置【渐变起点】为512.0,384.0，【起始颜色】为白色，【渐变终点】为512.0,1200.0，【结束颜色】为灰色，【渐变形状】为【径向渐变】，如图12-118所示。

图12-118

05 此时的灰色渐变背景效果如图12-119所示。

图12-119

实例191 传统文化栏目包装——片头动画

文件路径	第12章\传统文化栏目包装
难易指数	⭐⭐⭐⭐⭐
技术要点	● 横排文字工具 ● 关键帧动画

🔍 扫码深度学习

💡操作思路

本例通过应用横排文字工具创建水墨文字，设置关键帧动画制作【不透明度】属性的动画。

🖱案例效果

案例效果如图12-120所示。

图12-120

🎤操作步骤

01 单击T（横排文字工具）按钮，并输入一组文字，如图12-121所示。

图12-121

02 在【字符】面板中设置合适的字体类型和字体大小，如图12-122所示。

After Effects

图12-122

03 设置该文字层的结束时间为1秒16帧，如图12-123所示。

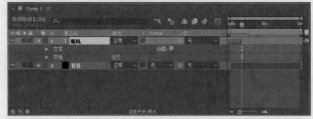

图12-123

04 设置文本的【位置】为321.2,450.1，如图12-124所示。

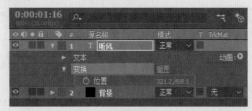

图12-124

05 将素材"水墨.wmv"导入到项目窗口中，然后将其拖动到时间线窗口中，并设置结束时间为第2秒，并设置【混合模式】为【相减】，如图12-125所示。

图12-125

06 设置"水墨.wmv"的【位置】为505.0,318.0，【缩放】为219.0,219.0%，【旋转】为0×+37.0°，如图12-126所示。

图12-126

07 将时间线拖动到第1秒15帧，打开"水墨.wmv"的【不透明度】前面的◎按钮，设置【不透明度】为100%，如图12-127所示。

图12-127

08 将时间线拖动到第2秒，设置【不透明度】为0%，如图12-128所示。

图12-128

09 拖动时间线查看此时的动画效果，如图12-129所示。

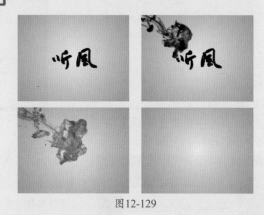

图12-129

实例192　传统文化栏目包装——风景转场动画

文件路径	第12章\传统文化栏目包装	
难易指数	★★★★★	
技术要点	● 3D图层 ● 【亮度和对比度】效果 ● 【高斯模糊】效果 ● 【黑色和白色】效果 ● 【线性擦除】效果 ● 摄像机	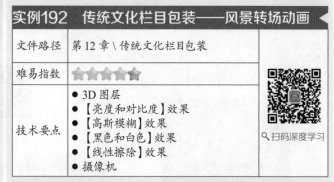 Q扫码深度学习

💡操作思路

本例通过使用3D图层、【亮度和对比度】效果、【高斯模糊】效果、【黑色和白色】效果、【线性擦除】效果、【摄像机】制作风景转场动画。

案例效果

案例效果如图12-130所示。

图12-130

操作步骤

01 将素材"风景01.jpg"导入时间线窗口中，设置素材的起始时间为第1秒16帧，结束时间为第6秒，并单击开启 （3D图层）按钮，如图12-131所示。

图12-131

02 此时的素材"风景01.jpg"效果如图12-132所示。

图12-132

03 为素材"风景01.jpg"添加【亮度和对比度】效果，设置【亮度】为13，【对比度】为12，勾选【使用旧版】，并为其添加【黑色和白色】效果，设置参数，如图12-133所示。

04 继续为素材"风景01.jpg"添加【高斯模糊】效果，设置【模糊度】为1.0，并为其添加【中间值】效

果，设置【半径】为2，如图12-134所示。

图12-133　　　　　　图12-134

05 此时的素材"风景01.jpg"效果如图12-135所示。

06 将素材"印章.png"导入到项目窗口中，然后将其拖动到时间线窗口中，设置起始时间为第1秒16帧，结束时间为第6秒，并单击开启 （3D图层）按钮。然后设置"印章.png"的【位置】为929.0,448.0,0.0，【缩放】为60.0,60.0,60.0，如图12-136所示。

图12-135

图12-136

07 此时的印章效果如图12-137所示。

08 将素材"风景02.jpg"导入到时间线窗口中，并设置起始时间为第4秒，结束时间为第8秒，如图12-138所示。

图12-137

图12-138

09 为素材"风景02.jpg"添加【亮度和对比度】效果，设置【亮度】为-10，【对比度】为30，勾选【使用旧版】，并为其添加【黑色和白色】效果，设置参数，如图12-139所示。

10 继续为素材"风景02.jpg"添加【高斯模糊】效果，设置【模糊度】为3.0，并为其添加【中间值】效果，设置【半径】为3，如图12-140所示。

图12-139

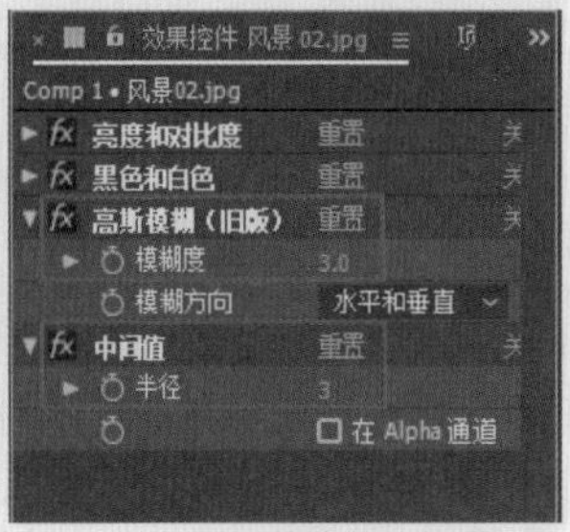

图12-140

11 继续为素材"风景02.jpg"添加【线性擦除】效果，设置【擦除角度】为0×+45.0°，【羽化】为130.0。将时间线拖动到第4秒，打开【过渡完成】前面的 按钮，设置【过渡完成】为99%，如图12-141所示。

图12-141

12 将时间线拖动到第6秒，设置【过渡完成】为0%，如图12-142所示。

图12-142

13 拖动时间线查看此时的效果，如图12-143所示。

14 在时间线窗口中右击鼠标，在弹出的快捷菜单中选择【新建】|【摄像机】命令，如图12-144所示。在弹出的【摄像机设置】对话框中单击【确定】按钮。

15 设置摄像机的【缩放】为796.4像素，【焦距】为796.4像素，【光圈】为14.2像素，如图12-145所示。

16 将时间线拖动到第1秒16帧，打开摄像机的【位置】前面的 按钮，设置【位置】为512.0,384.0,-523.0，如图12-146所示。

17 将时间线拖动到第2秒16帧，打开摄像机的【位置】前面的 按钮，设置【位置】为512.0,384.0,-796.4，如

图12-147所示。

图12-144

图12-145

图12-146

图12-147

18 拖动时间线查看此时的动画效果，如图12-148所示。

图12-148

图12-151

图12-152

实例193	传统文化栏目包装——片尾
文件路径	第12章 \ 传统文化栏目包装
难易指数	★★★★★
技术要点	● 横排文字工具 ● 【波形变形】效果 ● 关键帧动画

扫码深度学习

操作思路

本例通过应用横排文字工具创建文字，添加【波形变形】效果使文字产生水波纹效果，设置关键帧动画制作片尾文字波纹动画。

案例效果

案例效果如图12-149所示。

图12-149

图12-153

操作步骤

01 将素材"水墨.wmv"导入到时间线窗口中，并设置起始时间为第6秒23帧，结束时间为第8秒23帧，并设置【混合模式】为【相减】，如图12-150所示。

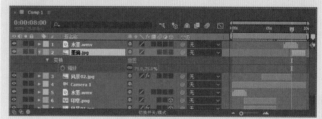

图12-150

02 设置素材"水墨.wmv"的【位置】为505.0,318.0，【缩放】为300.0,300.0%，【旋转】为0×−212.0°。将时间线拖动到第8秒13帧，打开【不透明度】前面的圆按钮，设置【不透明度】为100%，如图12-151所示。

03 将时间线拖动到第8秒23帧，设置【不透明度】为0%，如图12-152所示。

04 拖动时间线查看此时的动画效果，如图12-153所示。

05 将素材"墨滴.jpg"导入到项目窗口中，然后将其拖动到时间线窗口中，设置起始时间为第8秒，结束时间为第9秒24帧，设置【缩放】为75.0,75.0%，并设置【混合模式】为【相乘】，如图12-154所示。

图12-154

06 拖动时间线查看此时的效果，如图12-155所示。

图12-155

艺境／第12章 影视栏目包装设计／

实战228例

After Effects

243

07 单击█（横排文字工具）按钮，并输入一组文字，如图12-156所示。

08 在【字符】面板中设置合适的字体类型和字体大小，如图12-157所示。

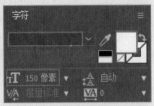

图12-156　　　　　　　　　　　　图12-157

09 为该组文本添加【波形变形】效果。将时间线拖动到第8秒23帧，打开【波形高度】前面的█按钮，设置【波形高度】为5，如图12-158所示。

图12-158

10 将时间线拖动到第9秒12帧，设置【波形高度】为0，如图12-159所示。

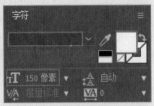

图12-159

11 设置该文本的【位置】为333.3,353.2，如图12-160所示。

图12-160

12 拖动时间线查看此时的动画效果，如图12-161所示。

图12-161

第 **13** 章

经典特效设计

 本章概述   特效是After Effects最强大的功能之一，其海量的滤镜效果深受用户喜爱。本章选取了多个经典特效设计案例，讲解了广告、动画、特效等行业中的特效设计制作方法。

 本章重点
- ◆ 了解多种经典特效
- ◆ 掌握制作经典特效方法

/ 佳 / 作 / 欣 / 赏 /

文件路径	第13章\香水广告合成效果
难易指数	★★★★☆
技术要点	● 【高斯模糊】效果 ● CC Particle World 效果 ● 关键帧动画

扫码深度学习

操作思路

本例通过对素材添加【高斯模糊】效果制作模糊动画，添加CC Particle World效果制作粒子动画。

案例效果

案例效果如图13-1所示。

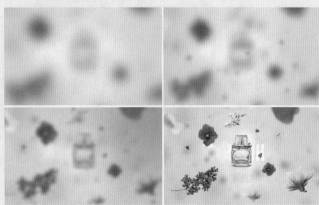

图13-1

操作步骤

01 将素材"01.jpg"导入到时间线窗口中，如图13-2所示。

02 此时的背景效果如图13-3所示。

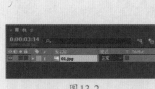

图13-2

图13-3

03 选择素材"01.jpg"，将时间线拖动到第0帧，打开【缩放】前面的◎按钮，并设置【缩放】为130.0,130.0%，如图13-4所示。

图13-4

04 将时间线拖动到第4秒，设置【缩放】为100.0,100.0%，如图13-5所示。

图13-5

05 拖动时间线查看此时的动画效果，如图13-6所示。

图13-6

06 为素材"01.jpg"添加【高斯模糊】效果。将时间线拖动到第0帧，打开【模糊度】前面的◎按钮，并设置【模糊度】为100.0，如图13-7所示。

图13-7

07 将时间线拖动到第4秒，设置【模糊度】为0.0，如图13-8所示。

图13-8

08 拖动时间线查看此时的动画效果，如图13-9所示。

图13-9

09 在时间线窗口右击鼠标，在弹出的快捷菜单中选择【新建】|【纯色】命令，如图13-10所示。

10 时间线上新建出【黑色 纯色1】，如图13-11所示。

图13-10

图13-11

11 为【黑色纯色1】添加CC Particle World效果，设置 Birth Rate为1.7，Longevity（sec）为8.00，Velocity为11.21，Gravity为−1.630，Particle Type为Faded Sphere，Birth Size为2.000，Death Size为25.000，Max Opacity为50.0%，Birth Color为粉色，如图13-12所示。

图13-12

12 拖动时间线查看此时的动画效果，如图13-13所示。

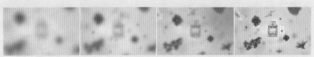

图13-13

实例195	香水广告合成效果——美女和文字动画
文件路径	第13章\香水广告合成效果
难易指数	★★★★★
技术要点	● Keylight（1.2）效果 ● 横排文字工具 ● 动画预设

（扫码深度学习）

操作思路

本例通过为素材添加Keylight（1.2）效果将人物背景抠像，应用横排文字工具创建文字，使用【动画预设】制作文字动画。

案例效果

案例效果如图13-14所示。

图13-14

操作步骤

01 将素材"02.jpg"导入到时间线窗口中，如图13-15所示。

02 此时可以看到人像的背景是蓝色的，因此需要为其抠像，如图13-16所示。

图13-15

图13-16

03 制作人物动画。选择素材"02.jpg"，将时间线拖动到第0帧，打开【位置】前面的按钮，并设置【位置】为1000.0,335.0，如图13-17所示。

图13-17

04 将时间线拖动到第3秒，设置【位置】为554.5,335.0，如图13-18所示。

图13-18

05 拖动时间线查看此时动画效果，如图13-19所示。

图13-19

06 为素材"02.jpg"添加Keylight（1.2）效果，然后单击█按钮，吸取素材上的蓝色，并设置Screen Balance为95.0，如图13-20所示。

07 此时人像的背景被抠除干净了，如图13-21所示。

图13-20　　　　　　图13-21

08 拖动时间线查看此时的动画效果，如图13-22所示。

图13-22

09 使用█（横排文字工具），单击并输入文字，然后将其调整至合适位置，如图13-23所示。

10 在【字符】面板中设置相应的字体类型，设置字体大小为75，设置颜色为白色，按下█（仿粗体）和█（全部大写字母）按钮，如图13-24所示。

图13-23　　　　　　图13-24

11 进入【效果和预设】面板，展开【动画预设】|Text|3D Text|【3D翻转进入旋转X】，然后将其拖到文字上，如

图13-25所示。

图13-25

12 拖动时间线查看香水广告合成效果，如图13-26所示。

图13-26

实例196　天空文字动画效果——背景动画

文件路径	第13章\天空文字动画效果
难易指数	★★★★★
技术要点	关键帧动画

扫码深度学习

操作思路

本例通过对【缩放】、【位置】属性添加关键帧动画制作天空文字动画效果中的背景动画部分。

案例效果

案例效果如图13-27所示。

图13-27

操作步骤

01 在时间线窗口右击鼠标，在弹出的快捷菜单中选择【新建】|【纯色】命令，如图13-28所示。

02 此时新建出的【浅色 洋红 纯色1】图层如图13-29所示。

图13-28　　　　　　　　图13-29

03 此时的浅色洋红纯色效果如图13-30所示。

04 将素材"02.png"导入时间线窗口中，并设置【位置】为256.8,241.8，【旋转】为0x+2.0°，如图13-31所示。

图13-30　　　　　　　　图13-31

05 将时间线拖动到第0帧，打开素材"02.png"中的【缩放】前面的◎按钮，并设置【缩放】为260.0,260.0%，如图13-32所示。

图13-32

06 将时间线拖动到第3秒，并设置【缩放】为140.0,140.0%，如图13-33所示。

图13-33

07 拖动时间线查看此时的动画效果，如图13-34所示。

图13-34

08 将素材"03.png"导入时间线窗口中，如图13-35所示。

图13-35

09 将时间线拖动到第1秒，打开素材"03.png"中的【位置】前面的◎按钮，并设置【位置】为-35.0,293.0，如图13-36所示。

图13-36

10 将时间线拖动到第2秒，并设置【位置】为220.0,293.0，如图13-37所示。

图13-37

11 拖动时间线查看此时的动画效果，如图13-38所示。

12 将素材"09.png"导入时间线窗口中，设置【位置】为280.3,205.5。将时间线拖动到第0秒，打开【缩放】前面的◎按钮，并设置【缩放】为300.0,300.0%，最后设置【模式】为【相乘】，如图13-39所示。

图13-38

图13-39

13 将时间线拖动到第1秒，并设置【缩放】为40.0,40.0%，如图13-40所示。

图13-40

14 拖动时间线查看此时动画效果，如图13-41所示。

图13-41

实例197	天空文字动画效果——文字动画
文件路径	第13章\天空文字动画效果
难易指数	★★★★★
技术要点	● 【波形变形】效果 ● 【高斯模糊】效果 ● 【湍流置换】效果 ● 关键帧动画

〇扫码深度学习

操作思路

　　本例通过对素材添加【波形变形】效果制作水波纹动画，添加【高斯模糊】效果、【湍流置换】效果制作水波纹的湍流变化。

案例效果

　　案例效果如图13-42所示。

图13-42

操作步骤

01 将素材"04.png"导入到时间线窗口中，并设置素材的起始时间为第3秒，如图13-43所示。

图13-43

02 拖动时间线查看此时的动画效果，如图13-44所示。

图13-44

03 将素材"05.png"导入到时间线窗口中，并设置素材的起始时间为第3秒7帧，如图13-45所示。

图13-45

04 拖动时间线查看此时的动画效果，如图13-46所示。

图13-46

05 将素材"06.png"导入到时间线窗口中，并设置素材的起始时间为第3秒，如图13-47所示。

图13-47

06 拖动时间线查看此时的动画效果，如图13-48所示。

图13-48

07 将素材"07.png"导入到时间线窗口中。将时间线拖动到第0秒，打开【缩放】和【不透明度】前面的〇

按钮，并设置【缩放】为0.0,0.0%，【不透明度】为0%，如图13-49所示。

图13-49

08 将时间线拖动到第1秒，设置【缩放】为100.0,100.0%，【不透明度】为100%，如图13-50所示。

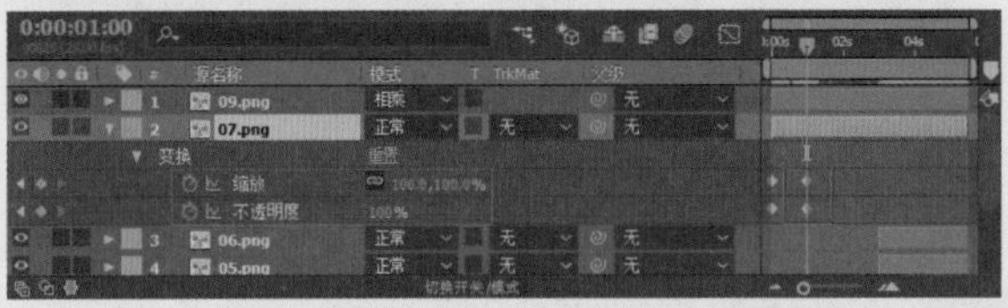

图13-50

09 继续为素材"07.png"添加【波形变形】效果，设置【波形速度】为1.2。将时间线拖动到第0秒，打开【波形高度】和【波形宽度】前面的 按钮，并设置【波形高度】为60，【波形宽度】为40，如图13-51所示。

图13-51

10 将时间线拖动到第4秒01帧，设置【波形高度】为0，【波形宽度】为1，如图13-52所示。

图13-52

11 拖动时间线查看此时的动画效果，如图13-53所示。

图13-53

12 继续为素材"07.png"添加【高斯模糊】效果。将时间线拖动到第0秒，打开【模糊度】前面的 按钮，并设置【模糊度】为20.0，如图13-54所示。

图13-54

13 将时间线拖动到第3秒，设置【模糊度】为0.0，如图13-55所示。

图13-55

14 继续为素材"07.png"添加【湍流置换】效果。将时间线拖动到第0秒，打开【数量】前面的 按钮，并设置【数量】为400.0，如图13-56所示。

图13-56

15 将时间线拖动到第3秒，设置【数量】为0.0，如图13-57所示。

图13-57

16 拖动时间线查看此时的动画效果，如图13-58所示。

17 将素材"08.png"导入到项目窗口中，然后将其拖动到时间线窗口中，并设置素材的起始时间为第3秒，如图13-59所示。

18 拖动时间线查看此时的动画效果，如图13-60所示。

图13-58

图13-59

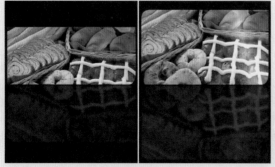

图13-60

实例198 时尚美食特效——图片合成01

文件路径	第13章\时尚美食特效
难易指数	★★★★★
技术要点	● CC Light Sweep 效果 ● 钢笔工具 ● 【斜面 Alpha】效果 ● 【快速模糊】效果

扫码深度学习

操作思路

本例通过对素材添加CC Light Sweep效果制作扫光动画，应用钢笔工具绘制图形，添加【斜面Alpha】效果、【快速模糊】效果制作三维质感和倒影效果。

案例效果

案例效果如图13-61所示。

图13-61

操作步骤

01 将素材"1.jpg"导入时间线窗口中，并设置【缩放】为100.0,100.0%。将时间线拖动到第0秒，打开【位置】前面的 ⏱ 按钮，并设置【位置】为960.0,1703.0，最后激活 ⏱ 按钮，如图13-62所示。

图13-62

02 将时间线拖动到第15帧，并设置【位置】为960.0,540.0，如图13-63所示。

图13-63

03 拖动时间线查看此时的动画效果，如图13-64所示。

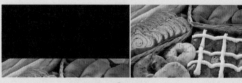

图13-64

04 为素材"1.jpg"添加CC Light Sweep效果，设置Direction为0x–15.0°，Width为228.0，Sweep Intensity为43.0，Edge Thickness为3.70。将时间线拖动到第22帧，打开Center前面的 ⏱ 按钮，并设置Center为–736.0,470.0，如图13-65所示。

图13-65

05 将时间线拖动到第2秒12帧，设置Center为2814.0,470.0，如图13-66所示。

图13-66

06 拖动时间线查看此时的动画效果，如图13-67所示。

图13-67

07 在时间线窗口中新建一个粉色的纯色图层，命名为"图片形状"，如图13-68所示。

08 选择"图片形状"图层，并使用 ✐ （钢笔工具）绘制一个遮罩，如图13-69所示。

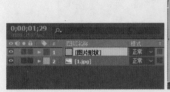

图13-68　　　　　　　　图13-69

09 设置"1.jpg"图层的TrkMat为【Alpha遮罩"[图片形状]"】，如图13-70所示。

图13-70

10 单击激活"图片形状"图层的 ◉ （运动模糊）按钮，如图13-71所示。

图13-71

11 选中当前的"图片形状"图层和"1.jpg"图层，按组合键Ctrl+Shift+C进行预合成，如图13-72所示。

图13-72

12 将此时预合成命名为"图片01"，开启 ◉（3D图层）按钮，如图13-73所示。

图13-73

13 为预合成"图片01"添加【斜面Alpha】效果，设置【边缘厚度】为3.00，【灯光角度】为0×+40.0°，设置【位置】为994.0,672.0,0.0，如图13-74所示。

14 此时的画面效果如图13-75所示。

图13-74　　　　　　　　图13-75

15 选择"图片01"图层，按快捷键Ctrl+D将其复制一份，并命名为"图片倒影01"，然后将其移动到图层底层，如图13-76所示。

图13-76

16 为"图片倒影01"图层添加【快速模糊】效果，设置【模糊度】为30.0。添加【色调】效果，设置【将白色映射到】为黑色，【着色数量】为71.0%。设置【位置】为994.0,1760.0,0.0，【方向】为180.0°,0.0°,0.0°，如图13-77所示。

图13-77

17 选中当前的两个图层"图片01"和"图片倒影01"，按组合键Ctrl+Shift+C进行预合成，并命名为"图片合成01"，最后设置结束时间为第2秒21帧，如图13-78所示。

图13-78

18 拖动时间线查看此时的效果，如图13-79所示。

图13-79

实例199 时尚美食特效——图片合成02

文件路径	第13章\时尚美食特效
难易指数	⭐⭐⭐⭐⭐
技术要点	● CC Light Sweep 效果 ● 钢笔工具 ● 【斜面 Alpha】效果 ● 【快速模糊】效果

🔍扫码深度学习

💡操作思路

本例通过对素材添加CC Light Sweep效果制作扫光动画，应用钢笔工具绘制图形，添加【斜面Alpha】效果、【快速模糊】效果制作三维质感和倒影效果。

🖱案例效果

案例效果如图13-80所示。

图13-80

🎤操作步骤

01 将素材"2.jpg"导入时间线窗口中，并为其添加CC Light Sweep效果，设置Width为262.0，Sweep Intensity为37.0，Edge Thickness为2.20。将时间线拖动到第22帧，打开Center前面的◎按钮，并设置Center为-665.0,470.0，最后激活◎按钮，如图13-81所示。

图13-81

02 将时间线拖动到第2秒11帧，并设置Center为2814.0,470.0，如图13-82所示。

图13-82

03 拖动时间线查看此时的动画效果，如图13-83所示。

图13-83

04 在时间线窗口中新建一个粉色的纯色层，命名为"图片形状"，如图13-84所示。

05 选择"图片形状"图层，并使用▶（钢笔工具）绘制一个遮罩，如图13-85所示。

图13-84 　　　　　　　　图13-85

06 设置"2.jpg"图层的TrkMat为【Alpha遮罩"[图片形状]"】，如图13-86所示。

图13-86

07 单击激活"图片形状"图层的◎（运动模糊）按钮，如图13-87所示。

08 选中当前的"图片形状"图层和"2.jpg"图层，按组合键Ctrl+Shift+C进行预合成，如图13-88所示。

图 13-87   图 13-88

09 将此时预合成命名为"图片02",开启■(3D图层)按钮,如图13-89所示。

图 13-93

14 将时间线拖动到第3秒14帧,设置【X轴旋转】为0×+180.0°,如图13-94所示。

09 将此时预合成命名为"图片02",开启■(3D图层)按钮,如图13-89所示。

图 13-89

10 为预合成"图片02"添加【斜面Alpha】效果,设置【边缘厚度】为3.00,【灯光角度】为0×+40.0°。设置【位置】为994.0,672.0,0.0。将时间线拖动到第2秒24帧,打开【X轴旋转】前面的■按钮,并设置【X轴旋转】为0×+0.0°,最后激活■按钮,如图13-90所示。

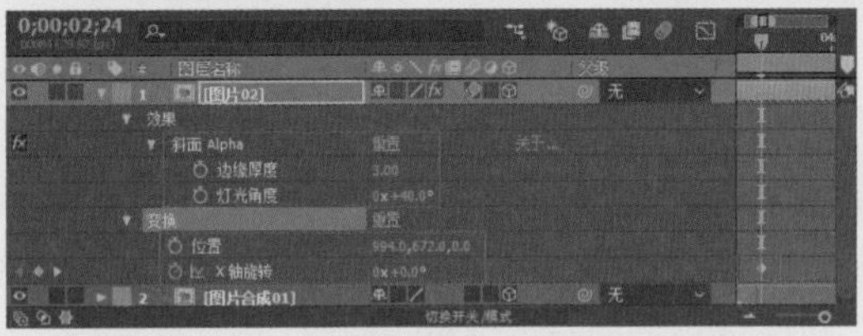

图 13-94

15 选中当前的两个图层"图片02"和"图片倒影02",按组合键Ctrl+Shift+C进行预合成,并命名为"图片合成02",如图13-95所示。

图 13-90

11 将时间线拖动到第3秒14帧,设置【X轴旋转】为0×-180.0°,如图13-91所示。

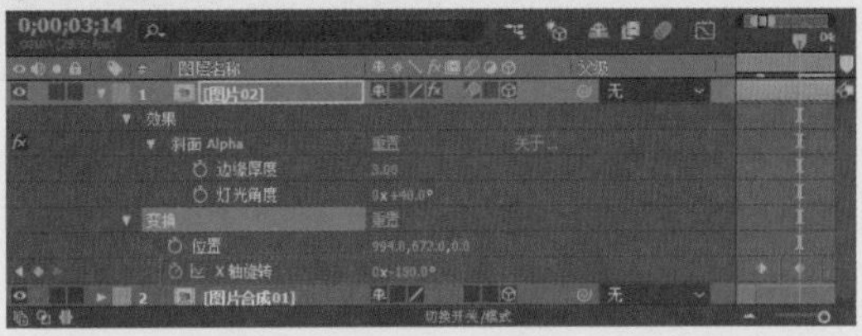

图 13-95

16 选中当前的"图片合成02",开启■(3D图层)按钮,设置【位置】为960.0,540.0,2407.0,【方向】为0.0°,0.0°,0.0°。最后设置开始时间为第2秒24帧,结束时间为第5秒26帧,如图13-96所示。

图 13-91

12 选择"图片02"图层,按快捷键Ctrl+D将其复制一份,并命名为"图片倒影02",然后将其移动到"图片02"图层的下方,如图13-92所示。

图 13-96

17 拖动时间线查看此时的效果,如图13-97所示。

图 13-92

13 为"图片倒影02"图层添加【快速模糊】效果,设置【模糊度】为48.0。添加【色调】效果,设置【将白色映射到】为黑色,【着色数量】为71.0%。设置【位置】为994.0,1760.0,0.0,【方向】为180.0°,0.0°,0.0°。将时间线拖动到第2秒24帧,打开【X轴旋转】前面的■按钮,并设置【X轴旋转】为0×+0.0°,如图13-93所示。

图 13-97

实例200 时尚美食特效——图片合成03

文件路径	第13章\时尚美食特效
难易指数	★★★★★
技术要点	● CC Light Sweep 效果 ● 钢笔工具 ● 斜面 Alpha 效果 ● 【快速模糊】效果

扫码深度学习

操作思路

本例通过对素材添加CC Light Sweep效果制作扫光动画，应用钢笔工具绘制图形，添加【斜面Alpha】效果、【快速模糊】效果制作三维质感和倒影效果。

案例效果

案例效果如图13-98所示。

图13-98

操作步骤

01 将素材"3.jpg"导入时间线窗口中，并为其添加CC Light Sweep效果，设置Direction为0×−15.0°，Width为262.0，Sweep Intensity为37.0，Edge Thickness为2.20。将时间线拖动到第20帧，打开Center前面的 按钮，并设置Center为−736.0,470.0，最后激活 按钮，如图13-99所示。

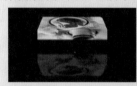

图13-99

02 将时间线拖动到第2秒10帧，并设置Center为2814.0,470.0，如图13-100所示。

图13-100

03 在时间线窗口中新建一个粉色的纯色图层，命名为"图片形状"，如图13-101所示。

04 选择"图片形状"图层，并使用 （钢笔工具）绘制一个遮罩，如图13-102所示。

图13-101　　　　　　图13-102

05 设置"3.jpg"图层的TrkMat为【Alpha遮罩"[图片形状]"】，如图13-103所示。

图13-103

06 选中"图片形状"图层和"3.jpg"图层，如图13-104所示。

07 按组合键Ctrl+Shift+C进行预合成，命名为"图片03"。单击激活【图片形状】图层的 （运动模糊）按钮，开启 （3D图层）按钮，如图13-105所示。

图13-104　　　　　　图13-105

08 为预合成"图片03"添加【斜面Alpha】效果，设置【边缘厚度】为3.00，【灯光角度】为0×+40.0°。设置【位置】为994.0,672.0,0.0，【方向】为180.0°,0.0°,0.0°。将时间线拖动到第0秒，打开【X轴旋转】前面的 按钮，并设置【X轴旋转】为0×+0.0°，如图13-106所示。

图13-106

09 将时间线拖动到第20帧，设置【X轴旋转】为0×−180°，如图13-107所示。

10 选择"图片03"图层，按快捷键Ctrl+D将其复制一份，并命名为"图片倒影03"，然后将其移动到"图片03"图层的下方，如图13-108所示。

图13-107

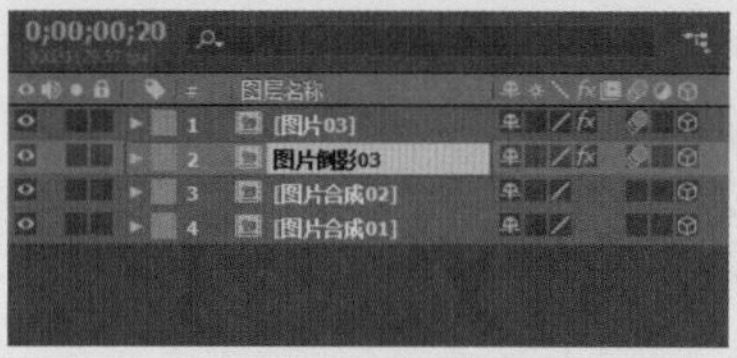

图13-111

图13-108

图13-112

11 为"图片倒影03"图层添加【快速模糊】效果,设置【模糊度】为48.0。添加【色调】效果,设置【将白色映射到】为黑色,【着色数量】为71.0%。设置【位置】为994.0,1760.0,0.0,【方向】为180.0°,0.0°,0.0°。将时间线拖动到第0秒,打开【X轴旋转】前面的◎按钮,并设置【X轴旋转】为0×−180°,如图13-109所示。

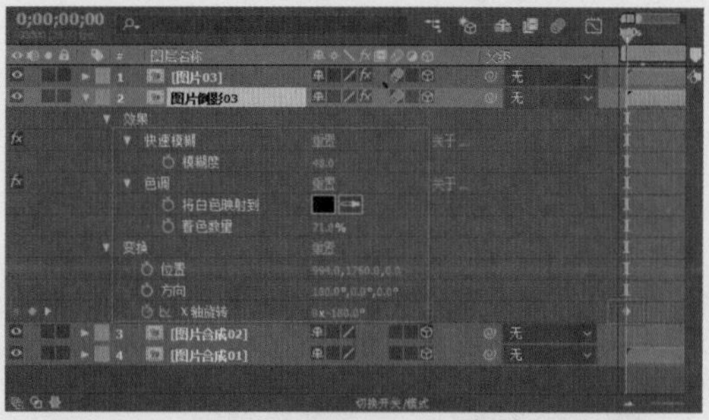

15 拖动时间线查看此时的效果,如图13-113所示。

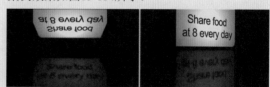

图13-113

实例201 时尚美食特效——结尾合成

文件路径	第13章\时尚美食特效	
难易指数	⭐⭐⭐⭐⭐	
技术要点	● CC Light Sweep 效果 ● 【快速模糊】效果 ● 钢笔工具 ● 运动模糊 ● 3D 图层	🔍扫码深度学习

💡操作思路

本例通过应用CC Light Sweep效果、【快速模糊】效果、钢笔工具、运动模糊、3D图层制作时尚美食特效中的结尾合成。

图13-109

12 将时间线拖动到第20帧,设置【X轴旋转】为0×+0.0°,如图13-110所示。

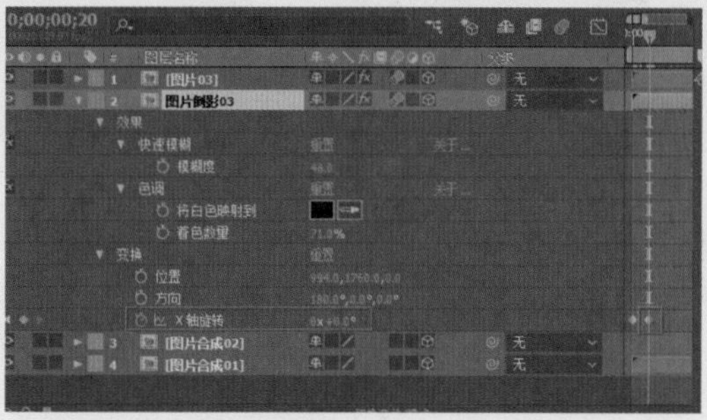

图13-110

13 选中当前的两个图层"图片03"和"图片倒影03",按组合键Ctrl+Shift+C进行预合成,并命名为"图片合成03",如图13-111所示。

14 选中当前的【图片合成03】,开启◎(3D图层)按钮,设置【位置】为960.0,540.0,2407.0,【方向】为0.0°,0.0°,0.0°。最后设置开始时间为第5秒27帧,结束时间为第9秒09帧,如图13-112所示。

👆案例效果

案例效果如图13-114所示。

图13-114

🎤操作步骤

01 在时间线窗口新建一个黄色的纯色层,然后单击激活◎(运动模糊)按钮和◎(3D图层)按钮,如图13-115所示。

○2 选择当前的纯色层，并单击使用 ✍ （钢笔工具）绘制一个遮罩，如图13-116所示。

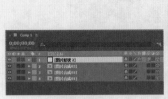
图13-115

图13-116

○3 为刚才的纯色添加CC Light Sweep效果，设置Direction为0×–15.0°，Width为262.0，Sweep Intensity为37.0，Edge Thickness为2.20。将时间线拖动到第1秒16帧，打开Center前面的 ◎ 按钮，并设置Center为–736.0，470.0，如图13-117所示。

图13-117

○4 将时间线拖动到第3秒06帧，设置Center为2814.0，470.0，如图13-118所示。

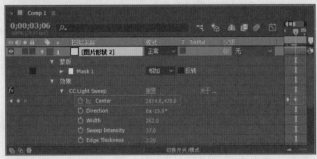
图13-118

○5 拖动时间线查看此时的动画效果，如图13-119所示。

图13-119

○6 使用 Ⅲ （横排文字工具），单击并输入文字，如图13-120所示。

○7 在【字符】面板中设置相应的字体类型，设置字体大小为390像素，如图13-121所示。

图13-120

图13-121

○8 设置刚才纯色的【轨道遮罩】为【Alpha 反转遮罩"Share food"】，如图13-122所示。

图13-122

○9 此时的文字效果如图13-123所示。

图13-123

1○ 在时间线窗口右击鼠标，新建一个灯光图层，如图13-124所示。

图13-124

11 设置灯光的【位置】为992.0，460.0，–666.7；设置【灯光选项】为【点】，【强度】为103%，【投影】为【开】，【阴影深度】为50%，【阴影扩散】为72.0像素，如图13-125所示。

图13-125

12 选择刚才的3个图层，按组合键Ctrl+Shift+C进行预合成，并命名为"结尾"，如图13-126所示。

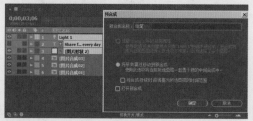

图13-126

13 选择"结尾"图层，然后单击激活 （运动模糊）按钮和 （3D图层）按钮。为其添加【斜面Alpha】效果，设置【边缘厚度】为3.00，【灯光角度】为0×+40°。将时间线拖动到第3帧，打开【位置】和【X轴旋转】前面的 按钮，并设置【位置】为994.0,-669.5,0.0，【X轴旋转】为0×+0.0°，如图13-127所示。

图13-127

14 将时间线拖动到第13帧，设置【位置】为994.0,128.0,0.0，如图13-128所示。

图13-128

15 将时间线拖动到第21帧，设置【X轴旋转】为0×-180.0°，如图13-129所示。

图13-129

16 将时间线拖动到第23帧，设置【X轴旋转】为1×+0.0°，如图13-130所示。

图13-130

17 拖动时间线查看此时的动画效果，如图13-131所示。

图13-131

18 选择刚才的"结尾"图层，并按快捷键Ctrl+D复制一份，将其命名为"结尾倒影"，然后将其移动到"结尾"图层的下方，最后将其效果和关键帧删除，如图13-132所示。

图13-132

19 选择"结尾倒影"图层，为其添加【快速模糊】效果，设置【模糊度】为48.0；并为其添加【色调】效果，设置【将白色映射到】为黑色，【着色数量】为71.0，设置【方向】为180.0°,0.0°,0.0°。将时间线拖动到第3帧，打开【位置】和【X轴旋转】前面的 按钮，并设置【位置】为994.0,4222.5,0.0，【X轴旋转】为0×+0.0°，如图13-133所示。

图13-133

20 将时间线拖动到第13帧，设置【位置】为 994.0,2352.5,0.0，如图13-134所示。

图13-134

21 将时间线拖动到第21帧，设置【X轴旋转】为 0×+180°，如图13-135所示。

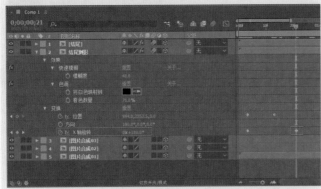

图13-135

22 将时间线拖动到第23帧，设置【X轴旋转】为 1×+0.0°，如图13-136所示。

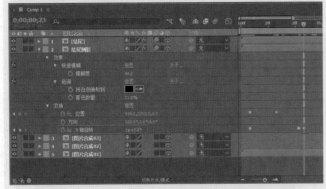

图13-136

23 选择刚才的两个图层，按组合键Ctrl+Shift+C进行预合成，并命名为"结尾合成"，如图13-137所示。

24 设置"结尾合成"的起始时间为第9秒10帧，然后单击激活 ■（3D图层）按钮，设置【位置】为 960.0,540.0,2407.0。将时间线拖动到第10秒06帧，打开【Y轴旋转】前面的 ■按钮，设置【Y轴旋转】为0×+0.0°，如图13-138所示。

图13-137

图13-138

25 将时间线拖动到第10秒26帧，设置【Y轴旋转】为 1×+0.0°，如图13-139所示。

图13-139

26 拖动时间线查看最终动画效果，如图13-140所示。

图13-140

实例202 时尚美食特效——文字合成

文件路径	第13章\时尚美食特效
难易指数	⭐⭐⭐⭐⭐
技术要点	● 圆角矩形 ● CC Spotlight 效果 ● 横排文字工具 ● 【斜面 Alpha】效果 ● 【快速模糊】效果

（扫码深度学习）

💡 **操作思路**

本例通过应用圆角矩形绘制矩形图形，添加CC Spotlight效果制作灯光效果，使用横排文字工具创建文字，添加【斜面Alpha】效果、【快速模糊】效果制作完成文字部分。

案例效果

案例效果如图13-141所示。

图13-141

操作步骤

01 在时间线窗口新建一个青色的纯色图层，命名为"文字背景2"，然后设置【位置】为960.0,986.5，并设置图层的结束时间为第2秒22帧，如图13-142所示。

图13-142

02 选择当前的纯色层，并单击使用█（圆角矩形）工具绘制一个遮罩，如图13-143所示。

图13-143

03 为刚才的纯色添加CC Spotlight效果，设置From为992.0,536.0，Cone Angle为75.0，Edge Softness为100.0%，如图13-144所示。

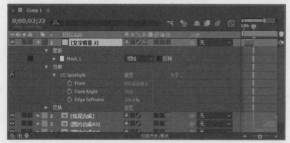

图13-144

04 此时的青色彩条效果如图13-145所示。

图13-145

05 使用T横排文字工具，单击并输入文字，如图13-146所示。

06 在【字符】面板中设置相应的字体类型，设置字体大小为550，如图13-147所示。

图13-146   图13-147

07 设置刚才纯色的【轨道遮罩】为【Alpha 反转遮罩"Gourmet Time"】，如图13-148所示。

图13-148

08 此时的文字效果如图13-149所示。

图13-149

09 继续使用同样的方法制作出另外两组文字，并分别依次设置它们的起始时间和结束时间，如图13-150所示。

10 拖动时间线查看此时的动画效果，如图13-151所示。

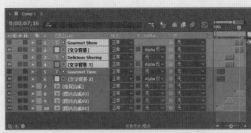

图13-150

Delicious Sharing　　　Gourmet Show

图13-151

11 选择刚才的6个图层，按组合键Ctrl+Shift+C进行预合成，并命名为"文字层"，如图13-152所示。

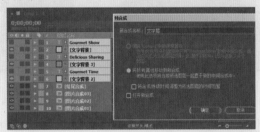

图13-152

12 选择"文字层"图层，然后单击激活 ☑（3D图层）按钮。为其添加【斜面Alpha】效果，设置【边缘厚度】为3.00，【灯光角度】为0x+40.0°，设置【位置】为975.0,543.0,0.0，如图13-153所示。

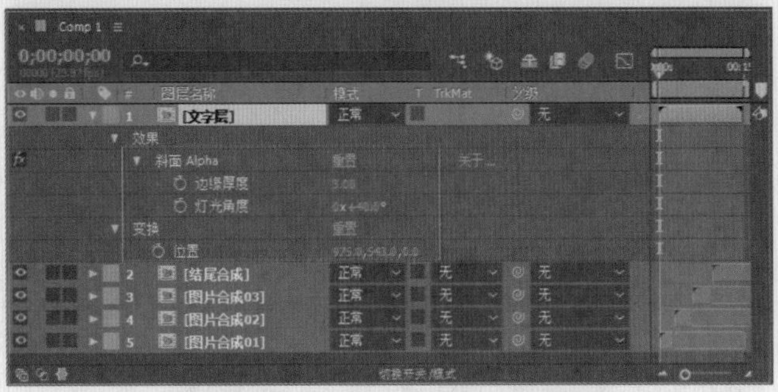

图13-154

图13-155

15 选择"文字合成"图层，然后单击激活 ☑（3D图层）按钮。设置【缩放】为76.0,76.0,76.0%，【方向】为0.0°,0.0°,0.0°。将时间线拖动到第2秒，打开【位置】前面的 ☑ 按钮，设置【位置】为1222.0,470.0,1495.0，如图13-156所示。

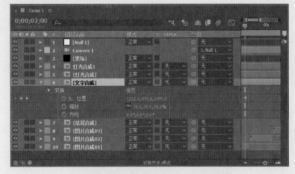

图13-156

16 将时间线拖动到第2秒20帧，设置【位置】为802.0,470.0,1495.0，如图13-157所示。

13 选择"文字层"图层，按快捷键Ctrl+D复制一份，并命名为"文字倒影"。然后将其移动到"图片文字层"图层的下方，为其添加【斜面Alpha】效果，设置【边缘厚度】为3.00，【灯光角度】为0x+40.0°。添加【快速模糊】效果，设置【模糊度】为33.0，【重复边缘像素】为【开】。添加【色调】效果，设置【将白色映射到】为黑色，【着色数量】为42.0%。并设置【位置】为975.0,1596.0,0.0，【方向】为180.0°,0.0°，0.0°，如图13-154所示。

14 选择刚才的两个图层，按组合键Ctrl+Shift+C进行预合成，并命名为"文字合成"，如图13-155所示。

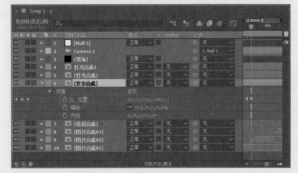

图13-157

图13-153

艺境 中文版After Effects影视后期特效设计与制作全视频 实战228例

17 将时间线拖动到第5秒27帧，设置【位置】为802.0,470.0,1495.0，如图13-158所示。

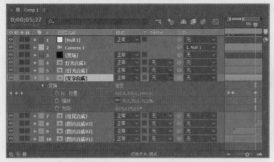

图13-158

18 将时间线拖动到第6秒17帧，设置【位置】为1052.0,470.0,1495.0，如图13-159所示。

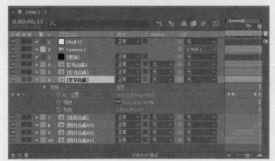

图13-159

19 拖动时间线查看此时的文字动画效果，如图13-160所示。

图13-160

实例203　时尚美食特效——灯光合成

文件路径	第13章\时尚美食特效
难易指数	★★★★★
技术要点	● 【镜头光晕】效果 ● CC Light Rays 效果 ● 3D图层

（扫码深度学习）

操作思路

本例通过对素材添加【镜头光晕】效果制作光晕，添加CC Light Rays效果制作时尚的光点效果，应用3D图层调整图层属性。

案例效果

案例效果如图13-161所示。

图13-161

操作步骤

01 在时间线窗口新建一个黑色的纯色图层，命名为"灯光"，如图13-162所示。

02 为"灯光"图层添加【镜头光晕】效果，设置【光晕中心】为872.0,407.0，【光晕亮度】为70%，【镜头类型】为【105毫米定焦】。添加CC Light Rays效果，设置Radius为40.0，如图13-163所示。

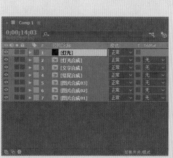

图13-162　　　　　　　　图13-163

03 此时的灯光效果如图13-164所示。

04 选择"灯光"图层，按组合键Ctrl+Shift+C进行预合成，命名为"灯光合成"，如图13-165所示。

图13-164　　　　　　　　图13-165

05 选择【灯光合成】，然后单击激活▣（3D图层）按钮，并设置【位置】为4518.0,492.0,6467.0，【缩放】为277.0,277.0,277.0%，【Y轴旋转】为0x+34.0°，如图13-166所示。

06 此时灯光效果如图13-167所示。

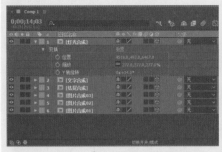

图13-166

图13-167

07 继续新建一个黑色纯色图层，命名为"灯光"，如图13-168所示。

08 为"灯光"图层添加【镜头光晕】效果，设置【光晕中心】为872.0,407.0，【光晕亮度】为70%，【镜头类型】为【105毫米定焦】。为其添加CC Light Rays效果，设置Center为872.0,407.0。设置【位置】为960.0,1031.5，如图13-169所示。

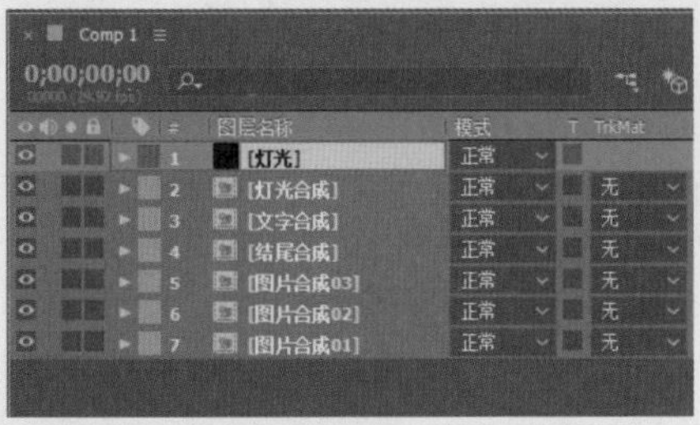

图13-168

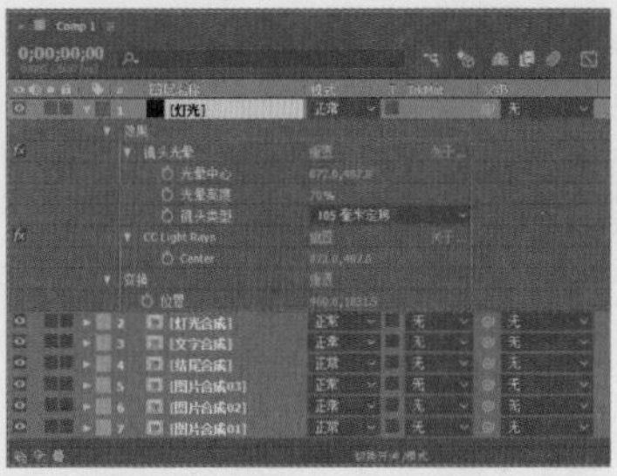

图13-169

09 选择"灯光"图层，按组合键Ctrl+Shift+C进行预合成，命名为"灯光合成1"，如图13-170所示。

10 选择【灯光合成1】，然后单击激活⬚（3D图层）按钮，并设置【位置】为-2480.0,532.0,6467.0，【缩放】为278.0,278.0,278.0%，【Y轴旋转】为0x-34.0°，如图13-171所示。

图13-170

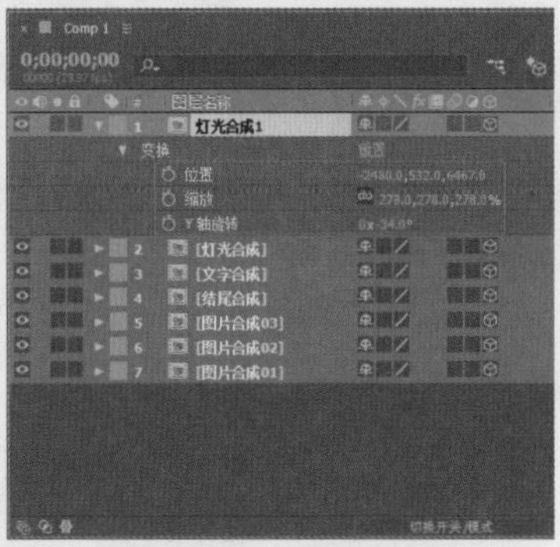

图13-171

11 拖动时间线查看最终动画效果，如图13-172所示。

图13-172

实例204　时尚美食特效——摄影机动画

文件路径	第13章\时尚美食特效
难易指数	★★★★★
技术要点	● "摄影机"图层 ● "空对象"图层 ● 关键帧动画

🔍 扫码深度学习

💡 操作思路

　　本例通过创建"摄影机"图层、"空对象"图层，应用关键帧动画制作作品的摄影机动画。

🖱 案例效果

　　案例效果如图13-173所示。

图13-173

01 在时间线窗口新建一个黑色的纯色图层，命名为"黑场"。将时间线拖动到第0帧，打开【不透明度】前面的 按钮，设置【不透明度】为100%，如图13-174所示。

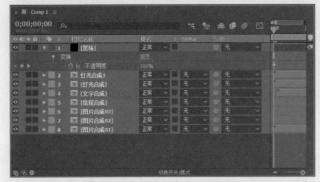

图13-174

02 将时间线拖动到第6帧，设置【不透明度】为0%，如图13-175所示。

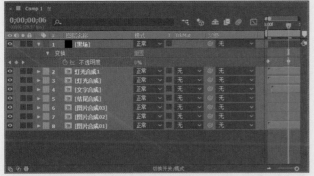

图13-175

03 将时间线拖动到第14秒20帧，设置【不透明度】为0%，如图13-176所示。

图13-176

04 将时间线拖动到第14秒29帧，设置【不透明度】为100%，如图13-177所示。

05 在时间线窗口中右击鼠标，新建一个摄影机图层，如图13-178所示。

06 设置【目标点】为960.0,120.0,-3626.0，【位置】为960.0,120.0,-5492.7，【缩放】为1866.7像素，【焦距】为1866.7像素，【光圈】为17.7，如图13-179所示。

图13-177

图13-178

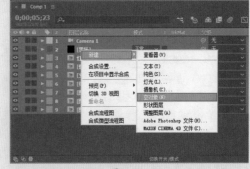

图13-179

07 此时的画面效果如图13-180所示。

08 在时间线窗口右击鼠标，在弹出的快捷菜单中选择【新建】|【空对象】命令，如图13-181所示。然后将其调整至图层顶层。

图13-180

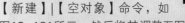

图13-181

09 设置刚才的摄影机的【父级】为 "Null 1"，然后单击激活 （3D图层）按钮，如图13-182所示。

图13-182

10 将时间线拖动到第0帧，打开【Null 1】的【位置】前面的 按钮，设置【位置】为960.0,120.0,-3626.0，如图13-183所示。

图13-183

11 将时间线拖动到第10帧，设置【位置】为955.0,120.0,1504.0，如图13-184所示。

图13-184

12 将时间线拖动到第2秒13帧，设置【位置】为955.0,120.0,1085.0，如图13-185所示。

13 将时间线拖动到第2秒24帧，设置【位置】为955.0,120.0,2014.0，如图13-186所示。

14 将时间线拖动到第3秒02帧，设置【位置】为955.0,120.0,1415.0，并打开 "Null 1" 的【方向】前面的 按钮，设置【方向】为0.0°,0.0°,0.0°，如图13-187所示。

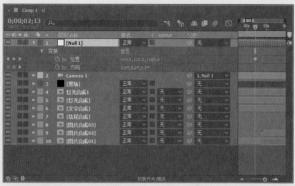

图13-185

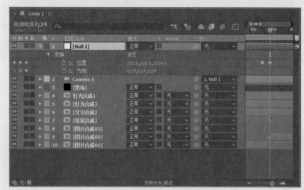

图13-186

图13-187

15 将时间线拖动到第5秒16帧，设置【位置】为755.0,120.0,1205.0，设置【方向】为0.0°,16.0°,0.0°，如图13-188所示。

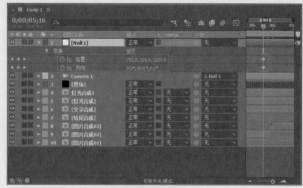

图13-188

16 将时间线拖动到第5秒27帧，设置【位置】为1116.0,120,2154.0，如图13-189所示。

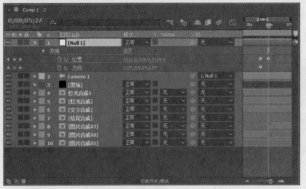

图13-189

17 将时间线拖动到第6秒06帧，设置【位置】为1315.0,120.0,1204.0，设置【方向】为0.0°,346.0°,0.0°，如图13-190所示。

图13-190

18 将时间线拖动到第8秒22帧，设置【位置】为1067.0,120.0,1215.0，设置【方向】为0.0°,346.0°,0.0°，如图13-191所示。

图13-191

19 将时间线拖动到第9秒05帧，设置【方向】为0.0°,0.0°,0.0°，如图13-192所示。

20 将时间线拖动到第9秒06帧，设置【位置】为1067.0,120.0,-395.0，如图13-193所示。

21 将时间线拖动到第9秒21帧，设置【位置】为987.0,120.0,1305.0，如图13-194所示。

图13-192

图13-193

图13-194

22 拖动时间线查看最终动画效果，如图13-195所示。

图13-195

实例205 汽车特效——更改色调

文件路径	第13章\汽车特效
难易指数	★★★★★
技术要点	● 【曲线】效果 ● 钢笔工具 ● 【色调】效果 ● 【投影】效果 ● 【黑色和白色】效果 ● 【亮度和对比度】效果

扫码深度学习

操作思路

本例通过应用【曲线】效果、钢笔工具、【色调】效果、【投影】效果、【黑色和白色】效果、【亮度和对比度】效果更改画面色调。

案例效果

案例效果如图13-196所示。

图13-196

操作步骤

01 将素材"背景.jpg"导入时间线窗口中，设置【位置】为563.4,270.0，【缩放】为65.0,65.0%，如图13-197所示。

图13-197

02 此时的素材"背景.jpg"效果如图13-198所示。

图13-198

03 为素材"背景.jpg"添加【曲线】效果，并设置RGB、红、绿、蓝四个通道的曲线，如图13-199所示。

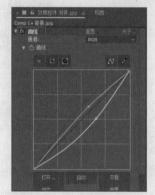

图13-199

04 此时的素材"背景.jpg"效果如图13-200所示。

图13-200

05 再次将素材"背景.jpg"导入时间线窗口中，并重命名为"绿色"，如图13-201所示。

图13-201

06 选择"绿色"图层，并单击 （钢笔工具）按钮，绘制一个闭合的三角形遮罩，如图13-202所示。

图13-202

07 设置"绿色"图层的【缩放】为65.0,65.0%。将时间线拖动到第0秒，打开【位置】前面的 按钮，并设置【位置】为779.4,270.0，如图13-203所示。

图13-203

08 将时间线拖动到第10帧，设置【位置】为563.4,270.0，如图13-204所示。

图13-204

09 为"绿色"图层添加【色调】效果，设置【将黑色映射到】为深灰色，【将白色映射到】为蓝色。并为其添加【投影】效果，设置【阴影颜色】为绿色，【不透明度】为100%，【方向】为0x-35.0°，【距离】为20.0，【柔和度】为50.0，如图13-205所示。

10 此时的画面效果如图13-206所示。

11 再次将素材"背景.jpg"导入时间线窗口中，并重命名为"黑白"，如图13-207所示。

艺境 中文版After Effects影视后期特效设计与制作全视频 实战228例 After Effects

图13-205

图13-206

图13-212

12 选择"绿色"图层,并单击 ✍(钢笔工具)按钮,绘制一个闭合的三角形遮罩,如图13-208所示。

图13-207

图13-208

实例206 汽车特效——装饰元素	
文件路径	第13章\汽车特效
难易指数	★★★★★
技术要点	● 【网格】效果 ● 【线性擦除】效果 ● 钢笔工具 ● 【曲线】效果 ● 【描边】效果 ● 【快速模糊】效果 ● 矩形工具 ● 【色调】效果 ● 【亮度和对比度】效果

🔍扫码深度学习

13 设置"黑白"图层的【缩放】为65.0,65.0%。将时间线拖动到第0秒,打开【位置】前面的 ⏱ 按钮,并设置【位置】为440.4,270.0,如图13-209所示。

图13-209

操作思路

本例应用【网格】效果、【线性擦除】效果、钢笔工具、【曲线】效果、【描边】效果、【快速模糊】效果、矩形工具、【色调】效果、【亮度和对比度】效果制作汽车特效中的装饰元素。

14 将时间线拖动到第10帧,设置【位置】为563.4,270.0,如图13-210所示。

图13-210

15 为"黑白"图层添加【黑色和白色】效果。然后添加【亮度和对比度】效果,并设置【亮度】为−61,【对比度】为43,勾选【使用旧版】,如图13-211所示。

16 拖动时间线查看此时的动画效果,如图13-212所示。

图13-211

案例效果

案例效果如图13-213所示。

图13-213

操作步骤

01 在时间线窗口新建一个黑色纯色层,命名为"小网格",并设置【模式】为叠加,如图13-214所示。

02 设置"小网格"图层的【缩放】为110.0,110.0%,【旋转】为0×+45.0°,【不透明度】为50%。将时间线拖动到第10帧，打开【位置】前面的 ⏱ 按钮，并设置【位置】为-367.0,110.5，如图13-215所示。

图13-214

图13-215

03 将时间线拖动到第1秒，设置【位置】为306.7,110.5，如图13-216所示。

图13-216

04 为"小网格"图层添加【网格】效果，设置【大小依据】为【宽度滑块】，【宽度】为19.0，【边界】为3.0，勾选【反转网格】。继续为其添加【线性擦除】效果，设置【过渡完成】为70%，【擦除角度】为0x+180.0°，如图13-217所示。

05 拖动时间线查看此时的动画效果，如图13-218所示。

图13-217

图13-218

06 再次将素材"背景.jpg"导入时间线窗口中，并重命名为"背景1"。选择【背景1】图层，并单击 🖋 （钢笔工具）按钮，绘制一个闭合的矩形遮罩，如图13-219所示。

图13-219

07 设置"背景1"图层的【缩放】为78.0,78.0%。将时间线拖动到第0帧，打开【位置】前面的 ⏱ 按钮，并设置【位置】为270.0,270.0，如图13-220所示。

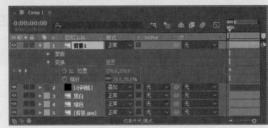

图13-220

08 将时间线拖动到第15帧，设置【位置】为639.9,270.0，如图13-221所示。

图13-221

09 为素材"背景.jpg"添加【曲线】效果，并设置红、绿两个通道的曲线，如图13-222所示。

10 为"背景1"图层添加【快速模糊】效果，设置【模糊度】为27.0。然后为"背景1"图层添加【描边】效果，设置【画笔大小】为5.0，【画笔硬度】为100%，如图13-223所示。

图13-222

图13-223

11 然后再次添加【投影】效果，设置【距离】为15.0，【柔和度】为25.0，如图13-224所示。

12 拖动时间线查看此时的动画效果，如图13-225所示。

13 再次将素材"背景.jpg"导入时间线窗口中，并重命名为"蓝色"。选择"蓝色"图层，并单击■（矩形工具）按钮，绘制一个闭合的矩形遮罩，如图13-226所示。

图13-224

图13-225

图13-226

14 设置"蓝色"图层的【缩放】为65.0,65.0%。将时间线拖动到第0帧，打开【位置】前面的◎按钮，并设置【位置】为563.4,362.0，如图13-227所示。

图13-227

15 将时间线拖动到第10帧，设置【位置】为563.4,270.0，如图13-228所示。

图13-228

16 为"蓝色"图层添加【色调】效果，设置【将黑色映射到】为黑色，【将白色映射到】为蓝色。然后添加【亮度和对比度】效果，设置【亮度】为7，【对比度】为22。然后添加【快速模糊】效果，设置【模糊度】为25.0°，如图13-229所示。

17 此时下方的蓝色效果如图13-230所示。

图13-229

图13-230

18 拖动时间线查看此时的动画效果，如图13-231所示。

图13-231

实例207 汽车特效——文字动画

文件路径	第13章\汽车特效
难易指数	★★★★★
技术要点	● 【描边】效果 ● 【梯度渐变】效果 ● CC Light Sweep 效果 ● 横排文字工具

扫码深度学习

操作思路

本例应用【描边】效果、【梯度渐变】效果、CC Light Sweep效果继续制作装饰元素，使用【横排文字】工具创建文字部分。

案例效果

案例效果如图13-232所示。

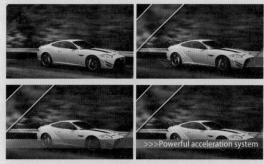

图13-232

01 在时间线窗口中新建一个深灰色纯色层，命名为"黑色条"，如图13-233所示。

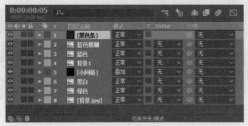

图13-233

02 将时间线拖动到第1秒15帧，打开【不透明度】前面的圆按钮，并设置【不透明度】为0%，如图13-234所示。

图13-234

03 将时间线拖动到第2秒，设置【不透明度】为100%，如图13-235所示。

图13-235

04 拖动时间线查看此时的动画效果，如图13-236所示。

图13-236

05 选择"黑色条"图层，并单击█（矩形工具）按钮，绘制一个闭合的矩形遮罩，如图13-237所示。

06 为"黑色条"图层添加【描边】效果，设置【画笔大小】为7.0，【画笔硬度】为100%，【间距】为100.00%。然后为其添加【梯度渐变】效果，设置【渐变起点】为0.0,74.6，【起始颜色】为灰色，【渐变终点】为597.3,541.2，【结束颜色】为深灰色，如图13-238所示。

图13-237

图13-238

07 拖动时间线查看此时的动画效果，如图13-239所示。

图13-239

08 为"黑色条"图层添加CC Light Sweep效果，设置Direction为0x+70.0°。将时间线拖动到第3秒，打开Center前面的圆按钮，并设置Center为752.0,144.0，如图13-240所示。

图13-240

09 将时间线拖动到第4秒，设置Center为1988.0,144.0，如图13-241所示。

图13-241

10 拖动时间线查看此时的动画效果，如图13-242所示。

图13-242

11 使用 T（横排文字工具），单击并输入文字，如图13-243 所示。

图13-243

12 将时间线拖动到第2秒，打开文字层的【位置】前面 的 ○ 按钮，并设置【位置】为−1000.0,475.9，如 图13-244所示。

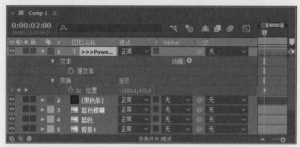

图13-244

13 将时间线拖动到第3秒，设置【位置】为65.9,475.9， 如图13-245所示。

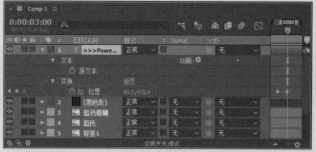

图13-245

14 拖动时间线查看此时的动画效果，如图13-246所示。

图13-246

第14章

广告设计

本章
概述

广告由主题、创意、语言文字、形象、衬托五个要素构成，其直观的感受包括图像、文字、色彩、版面、图形等部分。在After Effects中可以将广告设计者的创意、想法完整地表现出来。

本章
重点

◆ 了解什么是广告设计
◆ 掌握广告设计技巧
◆ 掌握设计风格的把控

/ 佳 / 作 / 欣 / 赏 /

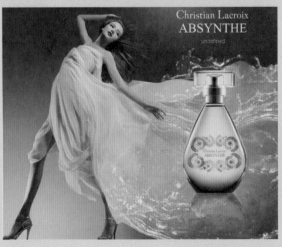

实例208 睡衣海报效果——背景效果

文件路径	第14章 \ 睡衣海报效果
难易指数	★★★★★
技术要点	● 关键帧动画 ● 【线性颜色键】效果

扫码深度学习

操作思路

本例应用关键帧动画制作素材的位置动画，添加【线性颜色键】效果将人物背景抠像。

案例效果

案例效果如图14-1所示。

图14-1

操作步骤

01 在时间线窗口右击鼠标，新建一个紫色纯色图层，如图14-2所示。

02 紫色纯色层的效果如图14-3所示。

图14-2   图14-3

03 在时间线窗口中导入素材"02.png"。将时间线拖动到第0秒，打开【位置】前面的按钮，并设置【位置】为623.0,371.0，如图14-4所示。

图14-4

04 将时间线拖动到第1秒，并设置【位置】为254.0,371.0，如图14-5所示。

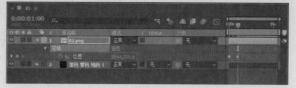

图14-5

05 拖动时间线查看此时的动画效果，如图14-6所示。

06 为"02.png"素材添加【线性颜色键】效果，并单击按钮，在画面中吸取绿色部分，如图14-7所示。

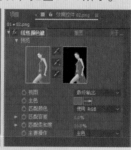

图14-6   图14-7

07 此时背景被抠除了，拖动时间线查看动画效果，如图14-8所示。

图14-8

08 将素材"04.png"导入时间线窗口中，设置其起始时间为第2秒，如图14-9所示。

图14-9

09 拖动时间线查看此时的动画效果，如图14-10所示。

图14-10

实例209 睡衣海报效果——图形效果

文件路径	第14章\睡衣海报效果
难易指数	★★★★★
技术要点	● 钢笔工具 ● 关键帧动画

扫码深度学习

操作思路

本例应用钢笔工具绘制图形，并设置关键帧动画制作图形的形状变化动画。

案例效果

案例效果如图14-11所示。

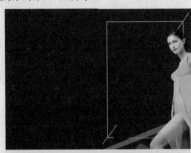

图14-11

操作步骤

01 在不选择任何图层的情况下，单击 ✏（钢笔工具）按钮，绘制4组图形，并命名为"形状图层1"，如图14-12所示。

02 单击【填充】按钮，然后单击 ✏（无）按钮，如图14-13所示。

图14-12　　　　　　　　图14-13

03 接着设置【描边】为白色，线宽为3像素，如图14-14所示。

04 然后将该形状图层调整至"背景"图层的上方，拖动时间线查看此时的动画效果，如图14-15所示。

图14-14　　　　　　　　图14-15

05 选择"形状图层1"图层，将时间线拖动到第0秒，打开【不透明度】前面的 ⏱ 按钮，并设置【不透明度】为0%，如图14-16所示。

图14-16

06 将时间线拖动到第1秒，设置【不透明度】为100%，如图14-17所示。

图14-17

07 拖动时间线查看此时的动画效果，如图14-18所示。

图14-18

08 在不选择任何图层的情况下，单击 ✏（钢笔工具）按钮，绘制一组图形，并命名为"形状图层3"，如图14-19所示。

09 设置【填充】为红色，然后单击【描边】按钮，并设置为 ✏（无），如图14-20所示。

艺境 中文版After Effects影视后期特效设计与制作全视频 实战228例 After Effects

图14-19 　　　　　　　　　　图14-20

10 选择"形状图层3"图层，将时间线拖动到第0秒，打开【位置】前面的 ◎ 按钮，并设置【位置】为378.5,525.5，如图14-21所示。

图14-21

11 将时间线拖动到第2秒，设置【位置】为198.0,423.0，如图14-22所示。

图14-22

12 拖动时间线查看此时的动画效果，如图14-23所示。

13 在不选择任何图层的情况下，单击 ◢ （钢笔工具）按钮，绘制一组图形，并命名为"形状图层2"，如图14-24所示。

图14-23 　　　　　　　　图14-24

14 设置"形状图层2"的【模式】为【屏幕】，如图14-25所示。

15 设置【填充】为红色，然后单击【描边】按钮，并设置为 ◢ （无），如图14-26所示。

16 拖动时间线查看此时的动画效果，如图14-27所示。

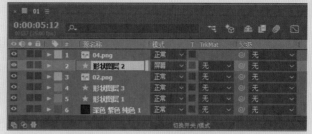

图14-25

图14-26 　　　　　　　　图14-27

17 选择"形状图层2"图层，将时间线拖动到第0秒，打开【路径】前面的 ◎ 按钮，如图14-28所示。

图14-28

18 设置此时的形状，如图14-29所示。

图14-29

19 将时间线拖动到第2秒，如图14-30所示。

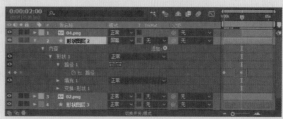

图14-30

20 设置此时的形状，如图14-31所示。

图14-31

21 拖动时间线查看此时的动画效果，如图14-32所示。

图14-32

实例210 婴用品广告——背景动画

文件路径	第14章\婴用品广告
难易指数	★★★★★
技术要点	关键帧动画

扫码深度学习

操作思路

　　本例通过对素材的【位置】、【不透明度】属性设置关键帧动画制作婴用品广告的背景动画。

案例效果

　　案例效果如图14-33所示。

图14-33

操作步骤

01 在时间线窗口导入素材"背景.jpg"，如图14-34所示。

02 拖动时间线查看此时动画效果，如图14-35所示。

图14-34　　　　　　　　　　图14-35

03 在时间线窗口导入素材"01.png"。选择"01.png"图层，将时间线拖动到第0秒，打开【位置】前面的◙按钮，并设置【位置】为975.0,1345.0，如图14-36所示。

图14-36

04 将时间线拖动到第23帧，设置【位置】为975.0,448.0，如图14-37所示。

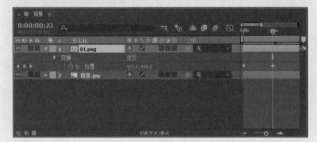

图14-37

05 将时间线拖动到第1秒06帧，设置【位置】为975.0,399.0，如图14-38所示。

06 将时间线拖动到第1秒12帧，设置【位置】为975.0,449.0，如图14-39所示。

图14-38

图14-39

07 在时间线窗口导入素材"02.png"。选择"02.png"图层，单击取消■按钮，并设置【缩放】为110.0,100.0%，如图14-40所示。

图14-40

08 拖动时间线查看此时的动画效果，如图14-41所示。

图14-41

09 选择"02.png"图层，将时间线拖动到第0秒，打开【不透明度】前面的■按钮，并设置【不透明度】为0%，如图14-42所示。

图14-42

10 将时间线拖动到第10帧，打开【位置】前面的■按钮，并设置【位置】为1072.0,448.0，如图14-43所示。

图14-43

11 将时间线拖动到第1秒，设置【不透明度】为100%，如图14-44所示。

图14-44

12 将时间线拖动到第1秒04帧，设置【位置】为878.0,448.0，如图14-45所示。

图14-45

13 将时间线拖动到第1秒14帧，设置【位置】为954.0,448.0，如图14-46所示。

图14-46

14 拖动时间线查看此时的动画效果，如图14-47所示。

图14-47

🔍扫码深度学习

💡操作思路

本例通过对素材开启3D图层，并设置关键帧动画制作婴用品广告中的汽车和广告牌动画。

🖱️案例效果

案例效果如图14-48所示。

图14-48

🎙️操作步骤

01 在时间线窗口导入素材"03.png"。将时间线拖动到第2秒，打开【位置】前面的◎按钮，并设置【位置】为350.0,448.0，如图14-49所示。

图14-49

02 将时间线拖动到第3秒，设置【位置】为975.0,448.0，如图14-50所示。

图14-50

03 拖动时间线查看此时的动画效果，如图14-51所示。

图14-51

04 在时间线窗口导入素材"04.png"，单击打开◎（3D图层）按钮，如图14-52所示。

05 拖动时间线查看此时的动画效果，如图14-53所示。

图14-52　　　　　　　图14-53

06 将时间线拖动到第1秒，打开【位置】前面的◎按钮，并设置【位置】为975.0,-300.0,0.0，如图14-54所示。

图14-54

07 将时间线拖动到第1秒13帧，打开【方向】前面的◎按钮，并设置【方向】为0.0°,0.0°,0.0°，如图14-55所示。

图14-55

08 将时间线拖动到第2秒，设置【位置】为975.0,448.0,0.0，如图14-56所示。

图14-56

09 将时间线拖动到第2秒13帧，设置【方向】为0.0°,180.0°,0.0°，如图14-57所示。

图14-57

10 拖动时间线查看此时的动画效果，如图14-58所示。

图14-58

实例212　婴用品广告——文字动画

文件路径	第14章\婴用品广告
难易指数	★★★★★
技术要点	● 3D图层、关键帧动画 ● Keylight（1.2）效果

扫码深度学习

操作思路

本例通过对素材开启3D图层，并设置【位置】、【缩放】、【方向】属性的关键帧动画制作素材的变化动画，添加Keylight（1.2）效果进行抠像。

案例效果

案例效果如图14-59所示。

图14-59

操作步骤

01 在时间线窗口导入素材"05.png"，单击打开▣（3D图层）按钮，如图14-60所示。

02 拖动时间线查看此时的效果，如图14-61所示。

图14-60　　　　　　　　图14-61

03 将时间线拖动到第3秒，打开【位置】、【缩放】、【方向】前面的◉按钮，并设置【位置】为1021.0,467.0,0.0，【缩放】为100.0,100.0,100.0%，【方向】为0.0°,0.0°,0.0°，如图14-62所示。

图14-62

04 将时间线拖动到第3秒06帧，设置【缩放】为130.0,130.0,130.0%，如图14-63所示。

图14-63

05 将时间线拖动到第3秒11帧，设置【缩放】为100.0,100.0,100.0%，如图14-64所示。

图14-64

06 将时间线拖动到第3秒16帧，设置【缩放】为120.0,120.0,120.0%，如图14-65所示。

07 将时间线拖动到第3秒20帧，设置【缩放】为100.0,100.0,100.0%，如图14-66所示。

08 拖动时间线查看此时的动画效果，如图14-67所示。

09 在时间线窗口导入素材"06.jpg"，如图14-68所示。

图14-65

图14-66

图14-67

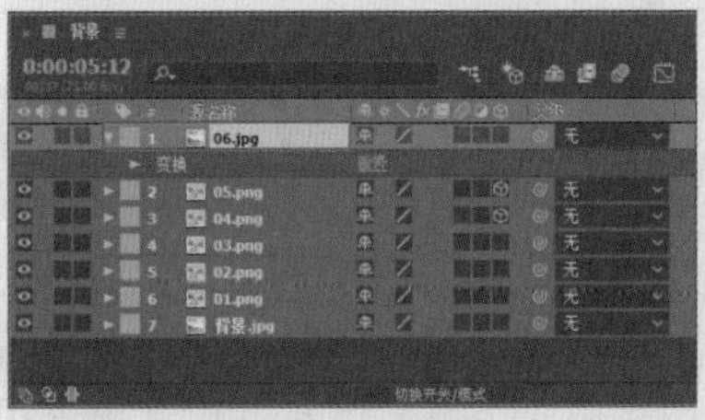

12 拖动时间线查看此时的动画效果,如图14-71所示。

图14-71

13 为素材"06.jpg"添加Keylight(1.2)效果,并单击按钮,吸取画面中的绿色,如图14-72所示。

图14-72

14 拖动时间线查看此时的动画效果,如图14-73所示。

图14-68

10 将时间线拖动到第3秒,打开【位置】前面的 按钮,并设置【位置】为2100.0,448.0,如图14-69所示。

图14-69

11 将时间线拖动到第4秒,设置【位置】为975.0,448.0,如图14-70所示。

图14-70

图14-73

实例213　服装宣传广告——蓝色变形背景动画

文件路径	第14章 \ 服装宣传广告
难易指数	★★★★★
技术要点	● 【百叶窗】效果 ● 钢笔工具 ● 【投影】效果

扫码深度学习

💡 操作思路

　　本例通过对纯色图层添加【百叶窗】效果制作百叶窗,应用钢笔工具绘制图案,添加【投影】效果制作阴影。

案例效果

案例效果如图14-74所示。

图14-74

操作步骤

01 在时间线窗口中右击鼠标，在弹出的快捷菜单中选择【新建】|【纯色】命令，如图14-75所示。

02 此时时间线窗口中的纯色层如图14-76所示。

图14-75　　　　　　　　图14-76

03 此时的蓝色背景效果如图14-77所示。

04 为纯色图层添加【百叶窗】效果，设置【方向】为0x+65.0°。将时间线拖动到第0秒，打开【过渡完成】前面的◎按钮，并设置【过渡完成】为0%，如图14-78所示。

图14-77

图14-78

05 将时间线拖动到第1秒，设置【过渡完成】为100%，如图14-79所示。

06 拖动时间线查看此时的动画效果，如图14-80所示。

07 在不选择任何图层的情况下，使用 ✎（钢笔工具），在右上角绘制一个闭合的三角形，命名为"形状图层1"，如图14-81所示。

图14-79

图14-80　　　　　　　　图14-81

08 将时间线拖动到第0秒，打开【位置】前面的◎按钮，并设置【位置】为555.5,105.5，如图14-82所示。

图14-82

09 将时间线拖动到第1秒，设置【位置】为433.5,218.5，如图14-83所示。

图14-83

10 为"形状图层1"图层添加【投影】效果，设置【方向】为0x+135.0°，【距离】为10.0，【柔和度】为10.0，如图14-84所示。

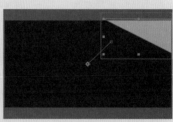

图14-84

11 拖动时间线查看此时的动画效果，如图14-85所示。

12 在不选择任何图层的情况下，使用 ✎（钢笔工具），在左下角绘制一个闭合的三角形，命名为"形状图层2"，如图14-86所示。

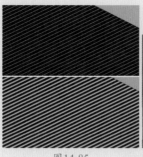
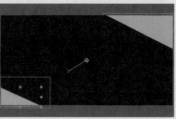

图14-85   图14-86

13 将时间线拖动到第0秒,打开【位置】前面的◎按钮,并设置【位置】为338.5,271.5,如图14-87所示。

图14-87

14 将时间线拖动到第1秒,设置【位置】为433.5,218.5,如图14-88所示。

图14-88

15 为"形状图层2"图层添加【投影】效果,设置【方向】为0x+90.0°,【距离】为10.0,【柔和度】为10.0,如图14-89所示。

图14-89

16 拖动时间线查看此时的动画效果,如图14-90所示。

图14-90

实例214   服装宣传广告——素材动画

文件路径	第14章\服装宣传广告
难易指数	★★★★★
技术要点	● 关键帧动画 ● 【定向模糊】效果

扫码深度学习

💡**操作思路**

本例通过为素材添加关键帧动画制作【缩放】和【位置】属性的动画,添加【定向模糊】效果制作模糊动画。

🖱**案例效果**

案例效果如图14-91所示。

图14-91

🎙**操作步骤**

01 在时间线窗口导入素材"背景.jpg",如图14-92所示。

图14-92

02 此时的背景效果如图14-93所示。

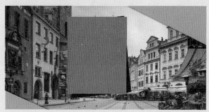

图14-93

03 将时间线拖动到第0秒,打开【缩放】前面的◎按钮,并设置【缩放】为500.0,500.0%,如图14-94所示。

04 将时间线拖动到第1秒24帧,设置【缩放】为108.0,108.0%,如图14-95所示。

图14-94

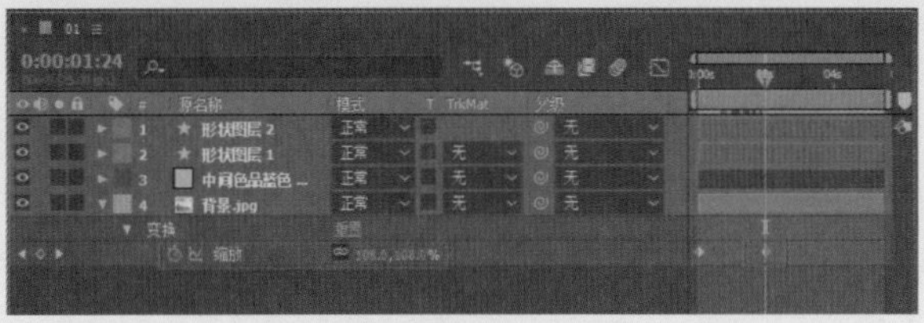

图14-100

10 拖动时间线查看此时的动画效果，如图14-101所示。

图14-95

05 拖动时间线查看此时的动画效果，如图14-96所示。

06 在时间线窗口导入素材"01.png"，如图14-97所示。

图14-96

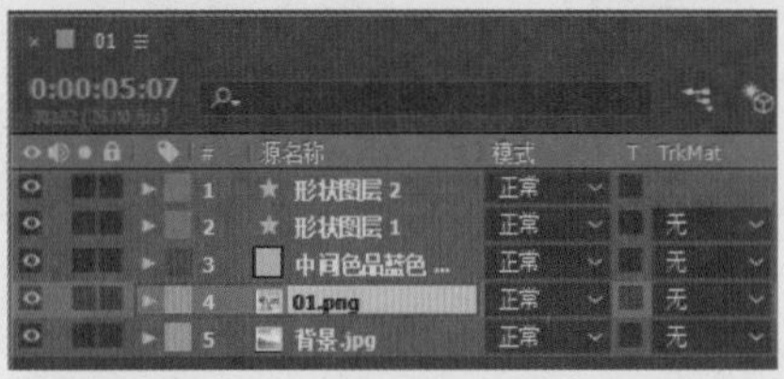

图14-101

11 将时间线拖动到第1秒，打开【缩放】前面的 按钮，并设置【缩放】为200.0,200.0%，如图14-102所示。

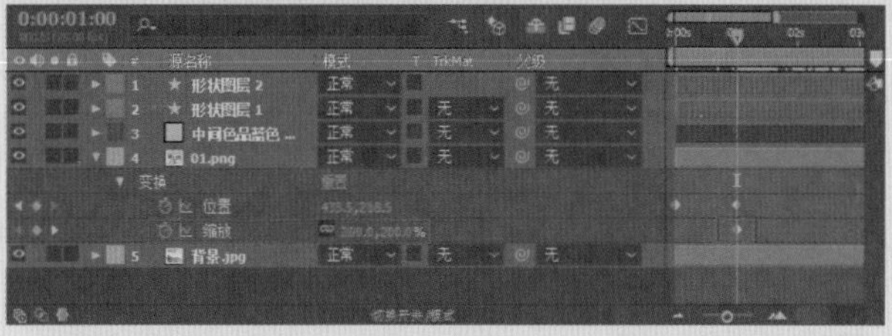

图14-97

07 拖动时间线查看此时的效果，如图14-98所示。

图14-102

12 将时间线拖动到第2秒，设置【缩放】为100.0,100.0%，如图14-103所示。

图14-98

08 将时间线拖动到第0秒，打开【位置】前面的 按钮，并设置【位置】为1300.0,218.5，如图14-99所示。

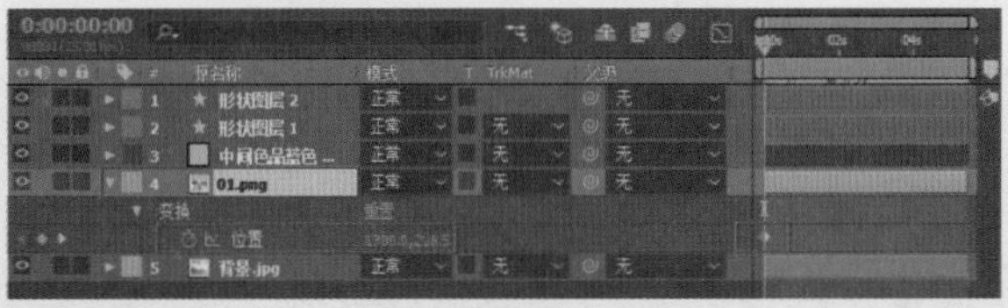

图14-103

13 将时间线拖动到第2秒08帧，设置【缩放】为120.0,120.0%，如图14-104所示。

图14-99

09 将时间线拖动到第1秒，设置【位置】为433.5,218.5，如图14-100所示。

图14-104

14 将时间线拖动到第2秒14帧，设置【缩放】为100.0,100.0%，如图14-105所示。

15 将时间线拖动到第2秒19帧，设置【缩放】为120.0,120.0%，如图14-106所示。

16 将时间线拖动到第2秒24帧，设置【缩放】为100.0,100.0%，如图14-107所示。

图14-105

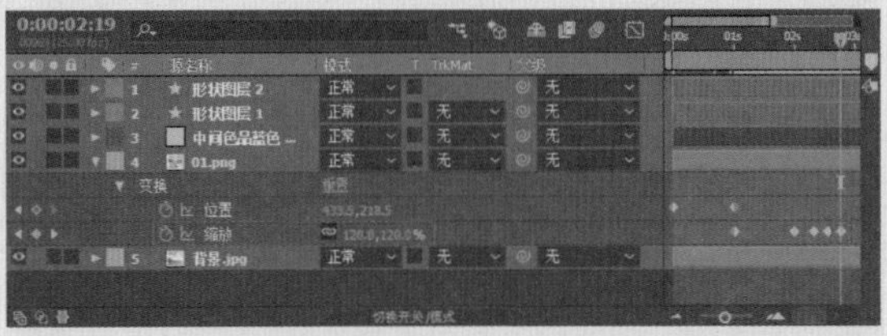

图14-106

图14-107

17 为素材"01.png"添加【定向模糊】效果,设置【方向】为0x+90.0°。将时间线拖动到第0秒,打开【模糊长度】前面的◎按钮,并设置【模糊长度】为40.0,如图14-108所示。

图14-108

18 将时间线拖动到第1秒,设置【模糊长度】为0.0,如图14-109所示。

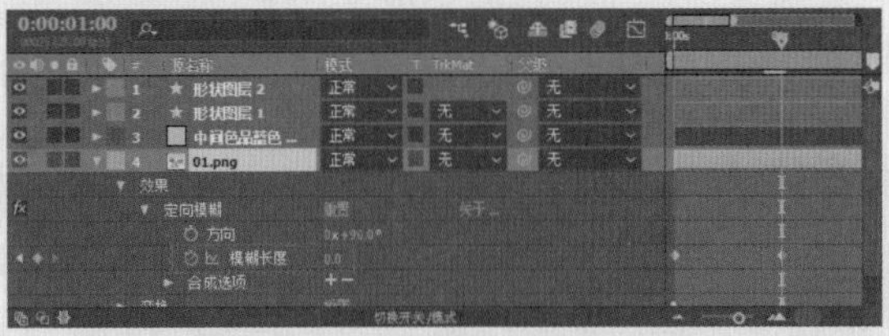

图14-109

19 拖动时间线查看此时的动画效果,如图14-110所示。

图14-110

实例215 服装宣传广告——人物动画

文件路径	第14章\服装宣传广告
难易指数	★★★★★
技术要点	● 关键帧动画 ● Keylight(1.2)效果

扫码深度学习

操作思路

本例通过对素材设置关键帧动画制作【位置】变化动画,添加Keylight(1.2)效果抠除人像背景制作人物动画部分。

案例效果

案例效果如图14-111所示。

图14-111

操作步骤

01 在时间线窗口导入素材"02.jpg",如图14-112所示。

图14-112

02 将时间线拖动到第0秒,打开【位置】前面的◎按钮,并设置【位置】为1281.5,218.5,如图14-113所示。

图14-113

03 将时间线拖动到第2秒24帧，设置【位置】为433.5,218.5，如图14-114所示。

图14-114

04 拖动时间线查看此时的动画效果，如图14-115所示。

图14-115

05 为素材"02.jpg"添加Keylight（1.2）效果，并单击 ▣ 按钮，吸取画面中的绿色，如图14-116所示。

06 此时画面绿色背景已经被抠除，如图14-117所示。

图14-116　　　　　图14-117

07 拖动时间线查看此时的动画效果，如图14-118所示。

图14-118

实例216　横幅广告——背景动画

文件路径	第14章\横幅广告
难易指数	★★★★★
技术要点	● 关键帧动画 ● 【径向擦除】效果

扫码深度学习

🖋操作思路

　　本例通过为素材设置关键帧动画制作【位置】和【缩放】属性变化的动画，为素材添加【径向擦除】效果制作擦除动画。

🖱案例效果

　　案例效果如图14-119所示。

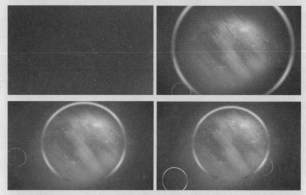

图14-119

🎤操作步骤

01 在时间线窗口导入素材"背景.jpg"，如图14-120所示。

02 此时的背景效果如图14-121所示。

图14-120　　　　　图14-121

03 将时间线拖动到第0秒，打开【位置】和【缩放】前面的 ⏱ 按钮，并设置【位置】为2006.5,1194.0，【缩放】为400.0,400.0%，如图14-122所示。

图14-122

04 将时间线拖动到第1秒，设置【位置】为503.5,300.0，【缩放】为100.0,100.0%，如图14-123所示。

图14-123

05 在时间线窗口导入素材"01.png"。将时间线拖动到第0秒，打开【缩放】前面的◎按钮，并设置【缩放】为260.0,260.0%，如图14-124所示。

图14-124

06 将时间线拖动到第2秒，设置【缩放】为100.0,100.0%，如图14-125所示。

图14-125

07 拖动时间线查看此时的动画效果，如图14-126所示。

图14-126

08 在时间线窗口导入素材"02.png"。将时间线拖动到第1秒，打开【位置】前面的◎按钮，并设置【位置】为6.5,532.0，如图14-127所示。

图14-127

09 将时间线拖动到第2秒，设置【位置】为-172.5,199.0，如图14-128所示。

图14-128

10 将时间线拖动到第3秒，设置【位置】为382.5,-69.0，如图14-129所示。

图14-129

11 将时间线拖动到第4秒，设置【位置】为503.5,300.0，如图14-130所示。

图14-130

12 拖动时间线查看此时的动画效果，如图14-131所示。

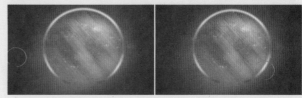

图14-131

13 在时间线窗口导入素材"03.png"，并为其添加【径向擦除】效果，设置【羽化】为20.0。将时间线拖动到第3秒，打开【过渡完成】前面的◎按钮，并设置【过渡完成】为100%，如图14-132所示。

图14-132

14 将时间线拖动到第4秒，设置【过渡完成】为0%，如图14-133所示。

图14-133

15 拖动时间线查看此时的动画效果，如图14-134所示。

图14-134

实例217　横幅广告——文字动画	
文件路径	第14章\横幅广告
难易指数	★★★★★
技术要点	● 关键帧动画 ● 3D图层 ● CC Light Sweep效果

扫码深度学习

操作思路

本例通过为素材添加关键帧动画制作【位置】、【缩放】、【不透明度】属性变化的动画，应用3D图层、CC Light Sweep效果制作文字扫光动画。

案例效果

案例效果如图14-135所示。

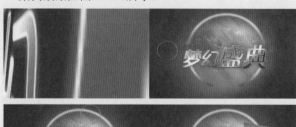

图14-135

操作步骤

01 在时间线窗口导入素材"09.png"，如图14-136所示。

02 此时素材"09.png"的效果，如图14-137所示。

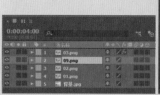

图14-136　　　　　图14-137

03 设置【锚点】为694.5,225.0，【位置】为708.5,234.0。将时间线拖动到第3秒，打开【缩放】前面的◎按钮，并设置【缩放】为0.0,0.0%，如图14-138所示。

图14-138

04 将时间线拖动到第3秒11帧，设置【缩放】为130.0,130.0%，如图14-139所示。

图14-139

05 将时间线拖动到第3秒18帧，设置【缩放】为90.0,90.0%，如图14-140所示。

图14-140

06 将时间线拖动到第4秒，设置【缩放】为100.0,100.0%，如图14-141所示。

07 在时间线窗口导入素材"04.png"。将时间线拖动到第2秒，打开【不透明度】前面的◎按钮，并设置【不透明度】为0%，如图14-142所示。

08 将时间线拖动到第3秒，设置【不透明度】为100%，如图14-143所示。

After Effects

图14-141

图14-142

图14-143

09 拖动时间线查看此时的动画效果，如图14-144所示。

10 在时间线窗口导入素材"05.png"，单击开启▣（3D图层）按钮，如图14-145所示。

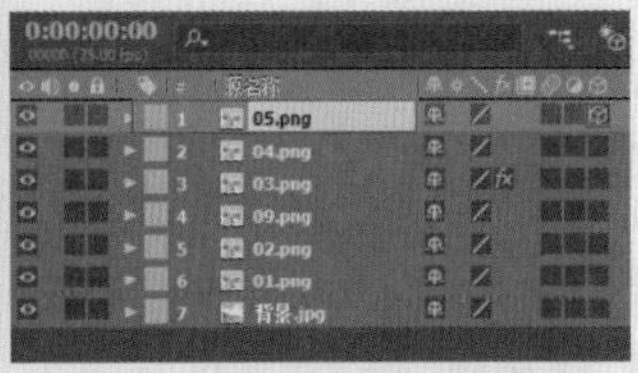

图14-144　　　　　　图14-145

11 将时间线拖动到第0秒，打开【位置】和【方向】前面的◉按钮，并设置【位置】为503.5,300.0,-1625.0，【方向】为0.0°,78.0.0°,0.0°，如图14-146所示。

图14-146

12 将时间线拖动到第2秒，设置【位置】为503.5,300.0,0.0，【方向】为0.0°,0.0°,0.0°，如图14-147所示。

图14-147

13 拖动时间线查看此时的动画效果，如图14-148所示。

图14-148

14 为素材"05.png"添加"CC Light Sweep"效果，设置Sweep Intensity为50.0。将时间线拖动到第1秒，打开Center前面的◉按钮，并设置Center为704.5,150.0，如图14-149所示。

图14-149

15 将时间线拖动到第2秒，设置Center为160.0,150.0，如图14-150所示。

图14-150

16 拖动时间线查看此时的动画效果，如图14-151所示。

17 在时间线窗口导入素材"06.png"，单击开启▣（3D图层）按钮，如图14-152所示。

图 14-151

图 14-156

22 将时间线拖动到第4秒，打开【位置】前面的◎按钮，并设置【位置】为503.5,364.0，如图14-157所示。

图 14-157

23 将时间线拖动到第5秒，设置【位置】为503.5,300.0，如图14-158所示。

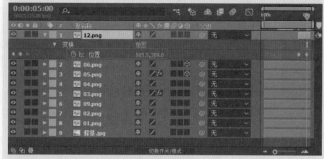

图 14-158

24 拖动时间线查看此时的动画效果，如图14-159所示。

图 14-152

18 将时间线拖动到第2秒，打开【方向】前面的◎按钮，并设置【方向】为0.0°,270.0°,0.0°，如图14-153所示。

图 14-153

19 将时间线拖动到第3秒，设置【方向】为0.0°,0.0°,0.0°，如图14-154所示。

图 14-154

20 拖动时间线查看此时的动画效果，如图14-155所示。

图 14-155

21 在时间线窗口导入素材"12.png"，并设置起始时间为4秒，如图14-156所示。

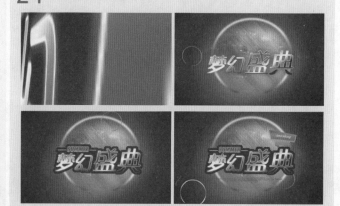

图 14-159

实例218　横幅广告——底部动画

文件路径	第14章＼横幅广告
难易指数	★★★★★
技术要点	关键帧动画

Q 扫码深度学习

📑操作思路

　　本例通过对素材的【位置】、【缩放】属性设置关键帧动画，制作横幅广告的底部动画。

🖱案例效果

　　案例效果如图14-160所示。

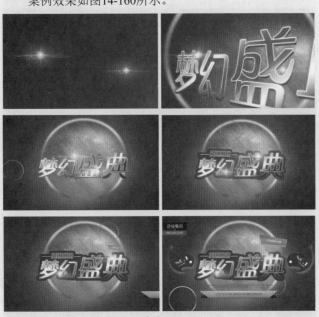

图14-160

🎙操作步骤

01 在时间线窗口导入素材"07.png"和"08.png"。将时间线拖动到第1秒，打开【位置】前面的🔵按钮，并分别设置【位置】为49.5,300.0和945.5,300.0，如图14-161所示。

图14-161

02 将时间线拖动到第3秒，设置"07.png"的【位置】为503.5,300.0，设置"08.png"的【位置】为

503.5,300.0，如图14-162所示。

图14-162

03 然后设置"07.png"和"08.png"的【混合模式】为【屏幕】，拖动时间线查看此时的动画效果，如图14-163所示。

图14-163

04 在时间线窗口导入素材"09.png"，设置【锚点】为694.5,225.0，【位置】为708.5,234.0。将时间线拖动到第3秒，打开【缩放】前面的🔵按钮，并设置【缩放】为0.0,0.0%，如图14-164所示。

图14-164

05 将时间线拖动到第3秒11帧，设置【缩放】为130.0,130.0%，如图14-165所示。

图14-165

06 将时间线拖动到第3秒18帧，设置【缩放】为90.0,90.0%，如图14-166所示。

07 将时间线拖动到第4秒，设置【缩放】为100.0,100.0%，如图14-167所示。

图14-166

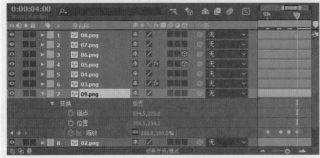

图14-167

08 拖动时间线查看此时的动画效果，如图14-168所示。

图14-168

09 在时间线窗口导入素材"10.png"。将时间线拖动到第3秒，打开【位置】前面的◎按钮，并设置【位置】为1270.0,300.0，如图14-169所示。

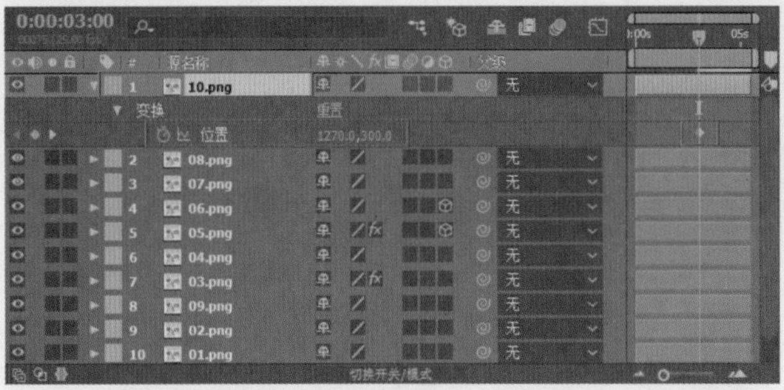

图14-169

10 将时间线拖动到第4秒，打开【位置】前面的◎按钮，并设置【位置】为503.5,300.0，如图14-170所示。

11 拖动时间线查看此时的动画效果，如图14-171所示。

12 在时间线窗口导入素材"11.png"，设置其起始时间为4秒，如图14-172所示。

13 在时间线窗口导入素材"12.png"，设置其起始时间为4秒，如图14-173所示。

图14-170

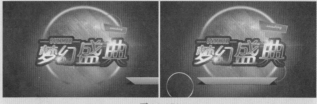

图14-171

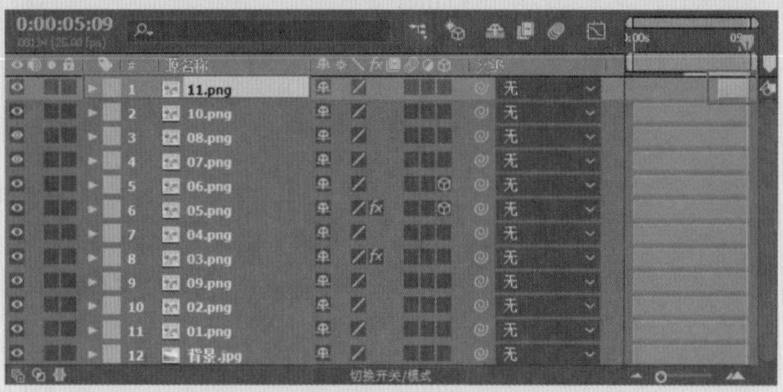

图14-172

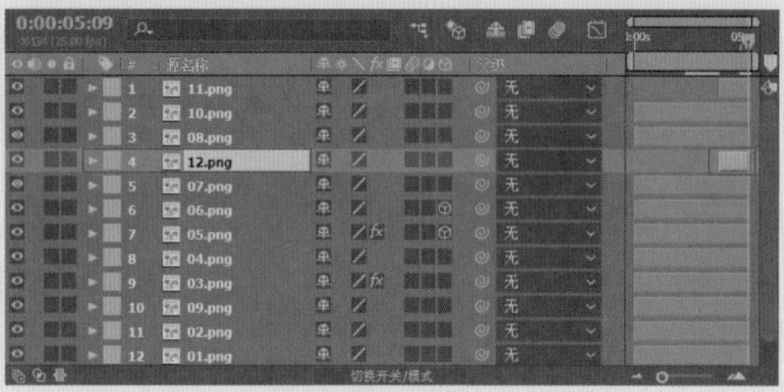

图14-173

14 选择素材"12.png"，将时间线拖动到第4秒，打开【位置】前面的◎按钮，并设置【位置】为503.5,364.0，如图14-174所示。

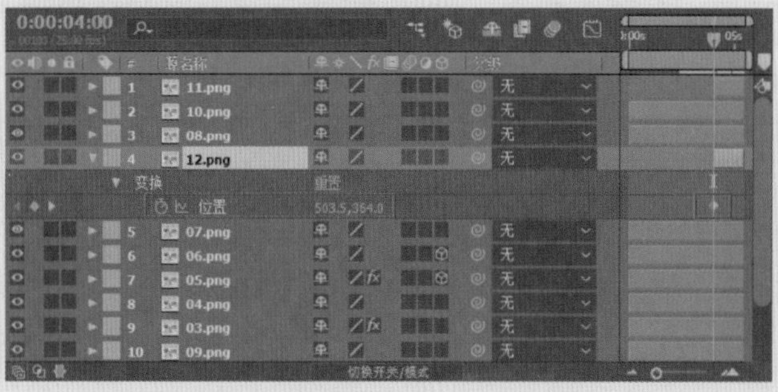

图14-174

15 将时间线拖动到第5秒，设置【位置】为503.5,300.0，如图14-175所示。

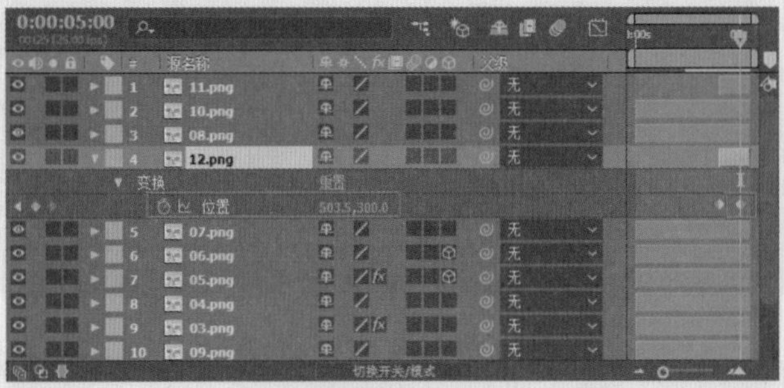

图14-175

16 在时间线窗口导入素材"13.png"。将时间线拖动到第4秒，打开【缩放】前面的按钮，并设置【缩放】为180.0,180.0%，如图14-176所示。

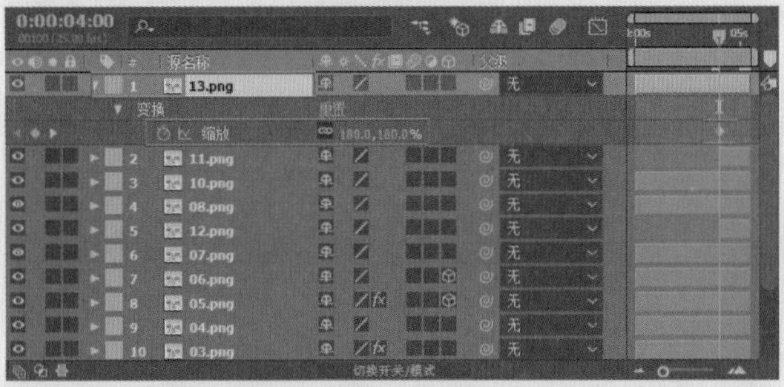

图14-176

17 将时间线拖动到第5秒，设置【缩放】为100.0,100.0%，如图14-177所示。

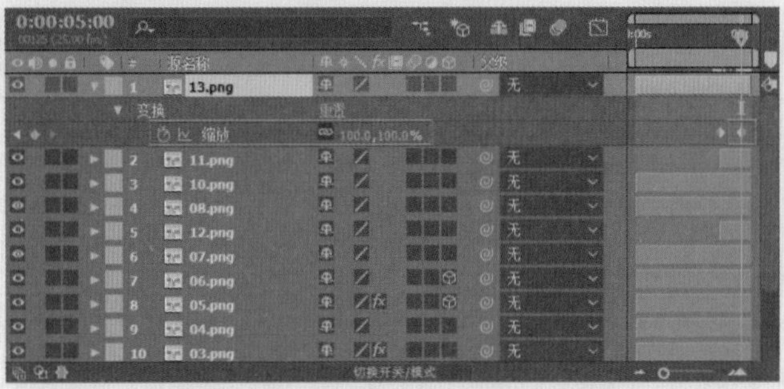

图14-177

18 在时间线窗口导入素材"13.png"和"14.png"。将时间线拖动到第4秒，打开【缩放】前面的按钮，并分别设置【缩放】为180.0,180.0%，如图14-178所示。

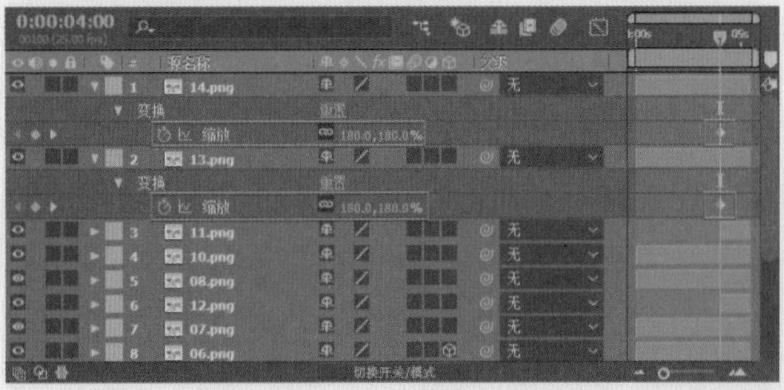

图14-178

19 将时间线拖动到第5秒，分别设置【缩放】为100.0,100.0%，如图14-179所示。

图14-179

20 拖动时间线查看此时的动画效果，如图14-180所示。

图14-180

21 在时间线窗口导入素材"15.png"，设置其起始时间为4秒，如图14-181所示。

图14-181

22 拖动时间线查看此时的动画效果，如图14-182所示。

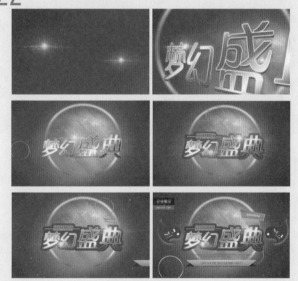

图14-182

实例219 纯净水广告设计——背景

文件路径	第14章\纯净水广告设计
难易指数	★★★★★
技术要点	● 【梯度渐变】效果 ● 关键帧动画

扫码深度学习

操作思路

本例通过对纯色图层添加【梯度渐变】效果制作渐变背景，设置关键帧动画制作不透明度动画。

案例效果

案例效果如图14-183所示。

图14-183

操作步骤

01 在时间线窗口中右击鼠标，在弹出的快捷菜单中选择【新建】|【纯色】命令，如图14-184所示。

02 此时创建的黑色纯色图层如图14-185所示。

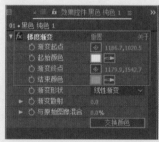
图14-184

图14-185

03 为该纯色层添加【梯度渐变】效果，设置【渐变起点】为1186.7,1020.5，【起始颜色】为白色，【渐变终点】为1179.9,1542.7，【结束颜色】为浅蓝色，如图14-186所示。

04 此时产生了渐变的背景效果，如图14-187所示。

图14-186   图14-187

05 在时间线窗口导入素材"01.png"，如图14-188所示。

06 此时素材"01.png"的画面效果如图14-189所示。

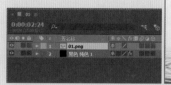

图14-188   图14-189

07 将时间线拖动到第0秒，打开"01.png"中的【不透明度】前面的按钮，并设置【不透明度】为0%，如图14-190所示。

图14-190

08 将时间线拖动到第2秒，设置【不透明度】为100%，如图14-191所示。

图14-191

09 拖动时间线查看最终动画效果，如图14-192所示。

图14-192

实例220 纯净水广告设计——水花动画

文件路径	第14章\纯净水广告设计
难易指数	★★★★★
技术要点	● 关键帧动画 ● 矩形工具

扫码深度学习

操作思路

本例通过对素材设置关键帧动画制作【位置】、【缩放】、【旋转】和【不透明度】属性变化的动画，应用矩形工具制作遮罩动画。

案例效果

案例效果如图14-193所示。

图14-193

操作步骤

01 在时间线窗口导入素材"02.png"，如图14-194所示。

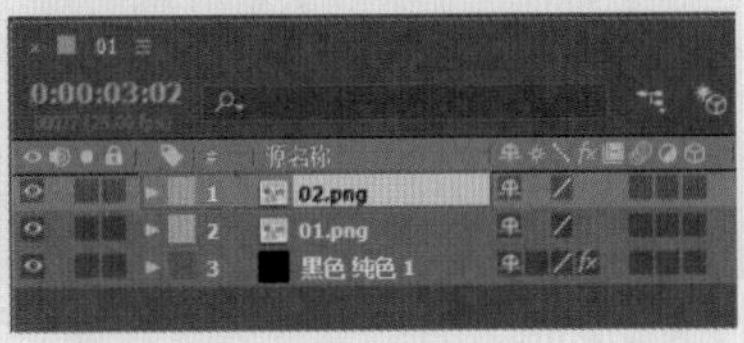

图14-194

02 设置【锚点】为1273.5,1291.5，【位置】为1358.2,1190.1。将时间线拖动到第1秒，打开"02.png"中的【缩放】前面的按钮，并设置【缩放】为0.0,0.0%，如图14-195所示。

图14-195

03 将时间线拖动到第1秒13帧，设置"02.png"的【缩放】为100.0,100.0%，如图14-196所示。

图14-196

04 拖动时间线查看此时的动画效果，如图14-197所示。

05 在时间线窗口导入素材"03.png"，如图14-198所示。

06 设置【锚点】为1178.5,1221.5，【位置】为1178.5,1126.5。将时间线拖动到第1秒，打开

【缩放】前面的按钮，设置"03.png"的【缩放】为0.0,0.0%，如图14-199所示。

图14-197

图14-198

图14-199

07 将时间线拖动到第1秒10帧，设置【缩放】为100.0,100.0%，如图14-200所示。

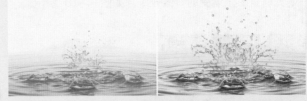

图14-200

08 拖动时间线查看此时的动画效果，如图14-201所示。

图14-201

09 在时间线窗口导入素材"04.png"，如图14-202所示。

10 将时间线拖动到第1秒，打开【旋转】和【不透明度】前面的按钮，并设置【旋转】为0x-65°，【不透明

度】为0%，如图14-203所示。

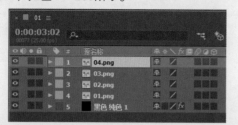
图14-202

图14-203

11 将时间线拖动到第1秒04帧，设置【不透明度】为100%，如图14-204所示。

图14-204

12 将时间线拖动到第1秒10帧，设置【旋转】为0x+0.0°，如图14-205所示。

图14-205

13 拖动时间线查看此时的动画效果，如图14-206所示。

图14-206

14 在时间线窗口导入素材"05.png"，如图14-207所示。

图14-207

15 将时间线拖动到第19帧，打开【位置】前面的 按钮，并设置【位置】为1178.5,-600.0，如图14-208所示。

图14-208

16 将时间线拖动到第1秒04帧，设置【位置】为1178.5,820.5，如图14-209所示。

图14-209

17 拖动时间线查看此时的动画效果，如图14-210所示。

图14-210

18 在时间线窗口导入素材"06.png"，如图14-211所示。

图14-211

19 设置【锚点】为1178.5,1419.5,【位置】为1178.5,
1434.5。将时间线拖动到第1秒03帧,打开【缩放】前
面的按钮,设置"06.png"的【缩放】为0.0,0.0%,
如图14-212所示。

图14-212

20 将时间线拖动到第1秒09帧,设置"06.png"的【缩
放】为100.0,100.0%,如图14-213所示。

图14-213

21 拖动时间线查看此时的动画效果,如图14-214所示。

图14-214

22 在时间线窗口导入素材"07.png",如图14-215
所示。

图14-215

23 设置【锚点】为1178.5,1341.5,【位置】为
1178.5,1318.5。将时间线拖动到第1秒03帧,打开
【缩放】前面的按钮,设置"07.png"的【缩放】为
0.0,0.0%,如图14-216所示。

24 将时间线拖动到第1秒09帧,设置"07.png"的【缩
放】为100.0,100.0%,如图14-217所示。

图14-216

图14-217

25 拖动时间线查看此时的动画效果,如图14-218所示。

26 在时间线窗口导入素材"08.png",如图14-219
所示。

图14-218

图14-219

27 拖动时间线查看此时的效果,如图14-220所示。

图14-220

28 选择"08.png"素材,然后使用□(矩形工具)绘制
一个方形遮罩,设置【蒙版羽化】为60。将时间线

拖动到第1秒06帧，打开【蒙版路径】前面的◎按钮，如图14-221所示。

图14-221

29 此时的矩形位置，如图14-222所示。

图14-222

30 将时间线拖动到第2秒，如图14-223所示。

图14-223

31 调整矩形的大小，如图14-224所示。

图14-224

32 拖动时间线查看动画效果，如图14-225所示。

图14-225

实例221　纯净水广告设计——装饰元素动画

文件路径	第14章 \ 纯净水广告设计
难易指数	★★★★★
技术要点	关键帧动画

⌕扫码深度学习

操作思路

　　本例通过对【位置】、【不透明度】属性设置关键帧动画，制作纯净水广告设计中的装饰元素动画。

案例效果

　　案例效果如图14-226所示。

图14-226

操作步骤

01 在时间线窗口导入素材"09.png"，如图14-227所示。

图14-227

02 将时间线拖动到第24帧，打开【位置】前面的◎按钮，设置"09.png"的【位置】为1178.5，-700.0，如图14-228所示。

图14-228

03 将时间线拖动到第1秒16帧，设置"09.png"的【位置】为1178.5,820.5，如图14-229所示。

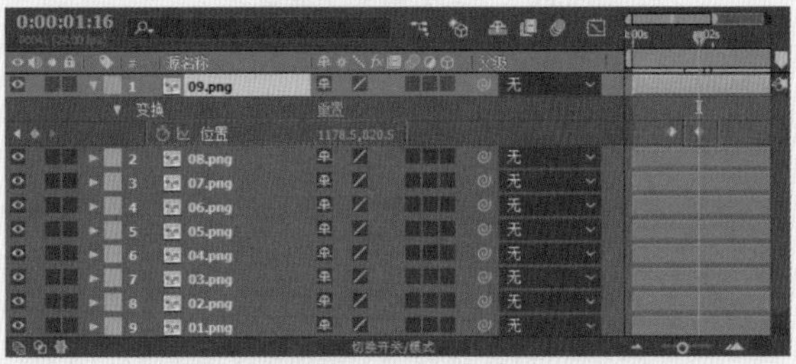

图14-229

04 拖动时间线查看此时的动画效果，如图14-230所示。

图14-230

05 在时间线窗口导入素材"10.png"，如图14-231所示。

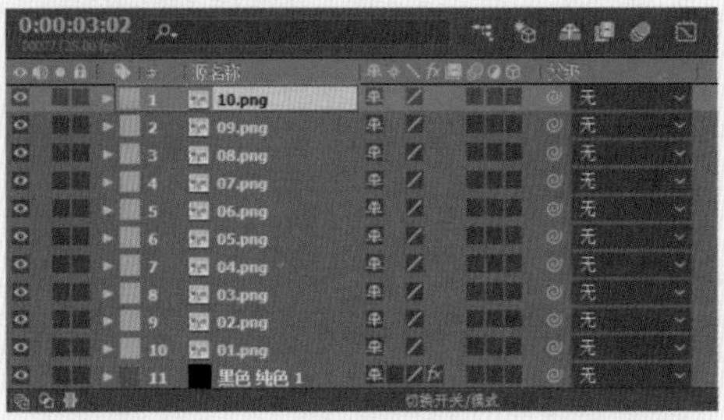

图14-231

06 将时间线拖动到第1秒04帧，打开【不透明度】前面的◎按钮，设置"10.png"的【不透明度】为0%，如图14-232所示。

图14-232

07 将时间线拖动到第2秒，设置【不透明度】为100%，如图14-233所示。

图14-233

08 拖动时间线查看此时的动画效果，如图14-234所示。

图14-234

09 在时间线窗口导入素材"11.png"，如图14-235所示。

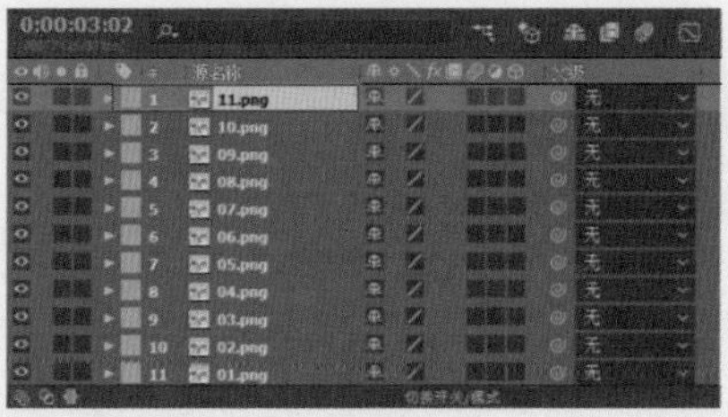

图14-235

10 此时素材"11.png"的效果如图14-236所示。

图14-236

11 将时间线拖动到第1秒04帧，打开【不透明度】前面的◎按钮，设置"11.png"的【不透明度】为0%，如图14-237所示。

图14-237

艺圃 中文版After Effects影视后期特效设计与制作全视频

实战228例

After Effects

12
将时间线拖动到第2秒，设置【不透明度】为100%，如图14-238所示。

图14-238

13
拖动时间线查看最终动画效果，如图14-239所示。

图14-239

实例222　创意电脑广告——动态背景

文件路径	第14章 \ 创意电脑广告
难易指数	★★★★★
技术要点	● 【梯度渐变】效果 ● 关键帧动画

扫码深度学习

操作思路

本例通过对纯色图层添加【梯度渐变】效果制作渐变背景，设置关键帧动画制作动态运动背景。

案例效果

案例效果如图14-240所示。

图14-240

操作步骤

01
在时间线窗口右击鼠标，在弹出的快捷菜单中选择【新建】|【纯色】命令，如图14-241所示。

02
此时的黑色纯色图层如图14-242所示。

图14-241

图14-242

03
为该黑色纯色层添加【梯度渐变】效果，设置【渐变起点】为881.0,780.0，【起始颜色】为蓝色，【渐变终点】为881.0,928.0，【结束颜色】为浅蓝色，如图14-243所示。

04
拖动时间线查看此时的效果，如图14-244所示。

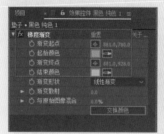

图14-243

图14-244

05
在时间线窗口导入素材"云朵.png"，如图14-245所示。

06
拖动时间线查看此时的效果，如图14-246所示。

图14-245

图14-246

07
将时间线拖动到第0帧，打开【位置】前面的◎按钮，设置【位置】为877.0,620.0，如图14-247所示。

图14-247

08
将时间线拖动到第19帧，设置【位置】为1000.0,620.0，如图14-248所示。

After Effects

图14-248

09 将时间线拖动到第1秒16帧，设置【位置】为877.0,620.0，如图14-249所示。

图14-249

10 将时间线拖动到第2秒13帧，设置【位置】为1000.0,620.0，如图14-250所示。

图14-250

11 将时间线拖动到第3秒11帧，设置【位置】为877.0,620.0，如图14-251所示。

图14-251

12 将时间线拖动到第4秒09帧，设置【位置】为1000.0,620.0，如图14-252所示。

图14-252

13 将时间线拖动到第5秒03帧，设置【位置】为883.2,620.0，如图14-253所示。

图14-253

14 拖动时间线查看此时的背景动画效果，如图14-254所示。

图14-254

实例223　创意电脑广告——电脑动画

文件路径	第14章 \ 创意电脑广告
难易指数	★★★★★
技术要点	关键帧动画

扫码深度学习

操作思路

　　本例通过对素材的【位置】属性设置关键帧动画制作创意电脑广告中的电脑动画。

案例效果

　　案例效果如图14-255所示。

图14-255

操作步骤

01 在时间线窗口导入素材"电脑.png"，如图14-256所示。

02 拖动时间线查看此时的效果，如图14-257所示。

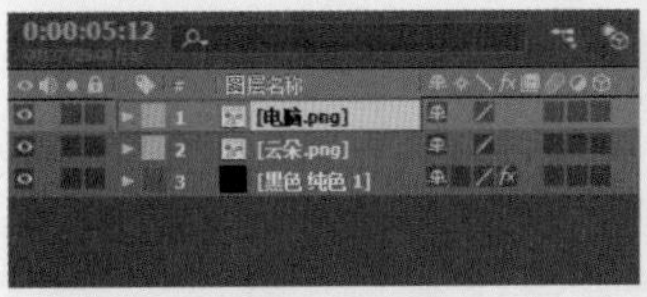

图14-256　　　　　　　　图14-257

03 在时间线窗口导入素材"电脑.png"。将时间线拖
动到第0帧，打开【位置】前面的 🕐 按钮，设置【位
置】为877.0,-391.0，如图14-258所示。

图14-258

04 将时间线拖动到第1秒，设置【位置】为
877.0,620.0，如图14-259所示。

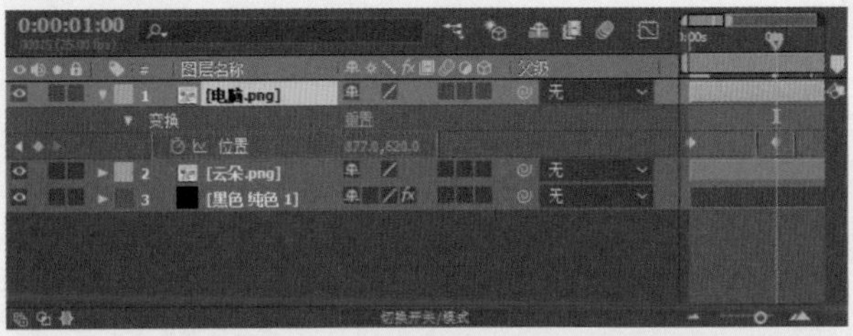

图14-259

05 拖动时间线查看此时的效果，如图14-260所示。

图14-260

06 在时间线窗口导入素材"眼镜.png"，如图14-261
所示。

07 拖动时间线查看此时的效果，如图14-262所示。

图14-261 　　　　　　　图14-262

08 在时间线窗口中选择素材"眼镜.png"，将时间线拖
动到第1秒，打开"眼镜.png"中的【位置】前面的
按钮，设置【位置】为877.0,1330.0，如图14-263所示。

图14-263

09 将时间线拖动到第1秒09帧，设置【位置】为
877.0,815.0，如图14-264所示。

图14-264

10 将时间线拖动到第3秒04帧，设置【位置】为
877.0,815.0，如图14-265所示。

图14-265

11 将时间线拖动到第3秒09帧，设置【位置】为
877.0,620.0，如图14-266所示。

图14-266

12 拖动时间线查看此时的效果，如图14-267所示。

图14-267

13 在时间线窗口导入素材"帽子.png"，如图14-268
所示。

14 拖动时间线查看此时的效果，如图14-269所示。

图14-268

图14-269

15 将时间线拖动到第1秒24帧，打开【位置】前面的 ◎ 按钮，设置【位置】为877.0,0.0，如图14-270所示。

图14-270

16 将时间线拖动到第2秒24帧，设置【位置】为877.0,595.2，如图14-271所示。

图14-271

17 拖动时间线查看此时的动画效果，如图14-272所示。

图14-272

实例224	创意电脑广告——装饰动画
文件路径	第14章\创意电脑广告
难易指数	★★★★★
技术要点	● 关键帧动画 ● 【投影】效果 ● 3D图层 ● 【填充】效果

Q 扫码深度学习

💡 **操作思路**

　　本例通过对素材设置关键帧动画制作【位置】动画，添加【投影】效果制作阴影。开启3D图层，并制作动画，添加【填充】效果和【高斯模糊】效果制作椅子阴影部分。

🖱 **案例效果**

　　案例效果如图14-273所示。

图14-273

🎤 **操作步骤**

01 在时间线窗口导入素材"垫子.png"，如图14-274所示。

02 拖动时间线查看此时的效果，如图14-275所示。

图14-274　　　　　　图14-275

03 在时间线窗口导入素材"垫子.png"。将时间线拖动到第2秒16帧，打开【位置】前面的 ◎ 按钮，设置【位置】为100.0,620.0，如图14-276所示。

图14-276

04 将时间线拖动到第3秒16帧，设置【位置】为877.0,620.0，如图14-277所示。

05 拖动时间线查看此时的效果，如图14-278所示。

06 为素材"垫子.png"添加【投影】效果。设置【距离】为10.0，【柔和度】为30.0，如图14-279所示。

07 在时间线窗口导入素材"椅子.png"，如图14-280所示。

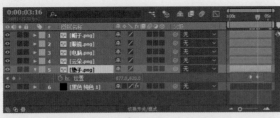

图14-277

图14-283

图14-278

图14-279 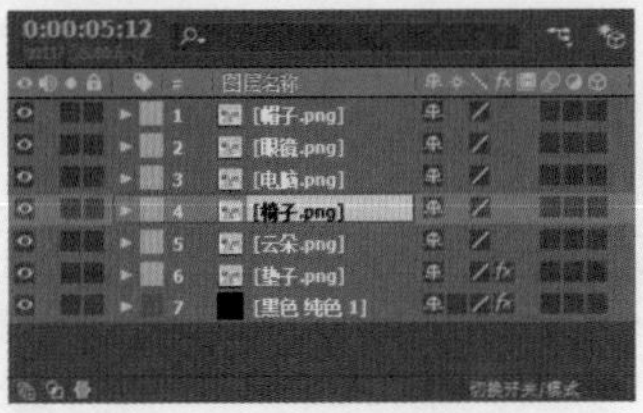   图14-280

图14-284

图14-285

08 将时间线拖动到第3秒，打开【位置】前面的 ⏱ 按钮，设置【位置】为1546.0,620.0，如图14-281所示。

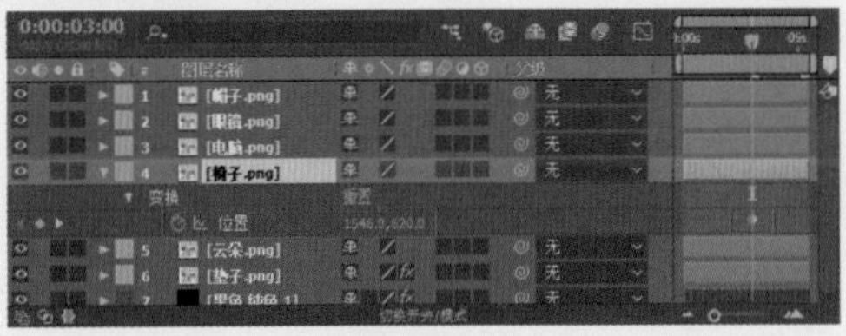

图14-281

13 拖动时间线查看此时的效果，如图14-286所示。

14 为"椅子投影.png"添加【填充】效果，设置【颜色】为绿色。继续为其添加【高斯模糊】效果，设置【模糊度】为50.0，如图14-287所示。

09 将时间线拖动到第3秒24帧，设置【位置】为903.8,620.0，如图14-282所示。

图14-282

10 将项目窗口中的素材"椅子.png"再次导入到时间线窗口中，然后将其摆放在"椅子.png"图层的下方位置，命名为"椅子投影.png"，开启 ☀（3D图层）按钮，如图14-283所示。

11 设置【椅子.png】的【缩放】为120.0,16.0,100.0%，【Y轴旋转】为0x+6.0°。将时间线拖动到第3秒，打开【位置】前面的 ⏱ 按钮，设置【位置】为1513.1,965.0,0.0，如图14-284所示。

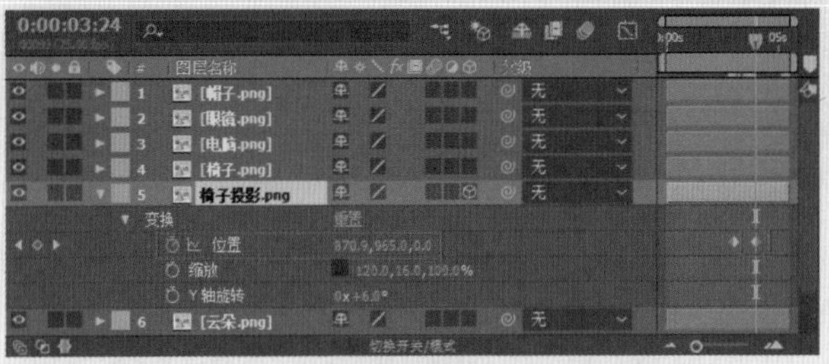

12 将时间线拖动到第3秒24帧，设置【位置】为870.9,965.0,0.0，如图14-285所示。

图14-286

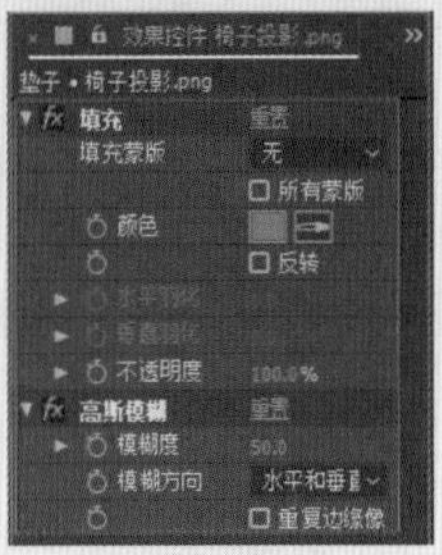

图14-287

15 拖动时间线查看此时的效果，如图14-288所示。

图14-288

16 在时间线窗口导入素材"鸟.png"，将时间线拖动到第2秒，打开【位置】前面的◎按钮，设置【位置】为-638.2,1182.5，如图14-289所示。

图14-289

17 将时间线拖动到第2秒24帧，设置【位置】为811.1,636.6，如图14-290所示。

图14-290

18 拖动曲线，使鸟产生曲线飞行效果，如图14-291所示。

图14-291

19 拖动时间线查看最终动画效果，如图14-292所示。

图14-292

实例225　趣味立体卡片——背景动画

文件路径	第14章\趣味立体卡片
难易指数	⭐⭐⭐⭐⭐
技术要点	关键帧动画

🔍扫码深度学习

操作思路

本例通过设置素材的【位置】属性创建关键帧动画，制作趣味立体卡片中的背景动画部分。

案例效果

案例效果如图14-293所示。

图14-293

操作步骤

01 在时间线窗口导入素材"背景.png"，如图14-294所示。

02 拖动时间线查看此时的效果，如图14-295所示。

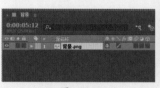　

图14-294　　　　　　　图14-295

03 在时间线窗口导入素材"桌面.png"，如图14-296所示。

04 拖动时间线查看此时的效果，如图14-297所示。

图14-296　　　　　　　图14-297

中文版After Effects影视后期特效设计与制作全视频　实战228例

05 在时间线窗口导入素材"教学楼.png",如图14-298
所示。

06 拖动时间线查看此时的效果,如图14-299所示。

图14-298

图14-299

07 在时间线窗口导入素材"教学楼.png"。将时间线拖动到第0秒,打开【位置】前面的◎按钮,设置【位置】为-600,469.0,如图14-300所示。

图14-300

08 将时间线拖动到第1秒,设置【位置】为750.0,469.0,如图14-301所示。

图14-301

09 拖动时间线查看此时的效果,如图14-302所示。

图14-302

10 在时间线窗口导入素材"云朵.png",如图14-303所示。

11 拖动时间线查看此时的效果,如图14-304所示。

图14-303

图14-304

12 在时间线窗口导入素材"云朵.png"。将时间线拖动到第19帧,打开【位置】前面的◎按钮,设置【位置】为117.0,469.0,如图14-305所示。

图14-305

13 将时间线拖动到第1秒24帧,设置【位置】为728.9,469.0,如图14-306所示。

图14-306

14 拖动时间线查看此时的动画效果,如图14-307所示。

图14-307

实例226　趣味立体卡片——剪纸动画

文件路径	第14章\趣味立体卡片
难易指数	★★★★★
技术要点	● 3D 图层 ● 关键帧动画

🔍扫码深度学习

💡**操作思路**

　　本例通过对素材开启3D图层,并对【方向】、【位置】设置关键帧动画制作趣味立体卡片中的剪纸动画部分。

🖱**案例效果**

　　案例效果如图14-308所示。

图14-308

图14-312

05 在时间线窗口导入素材"旗帜.png"，开启 (3D图层)按钮，如图14-313所示。

图14-313

操作步骤

01 在时间线窗口导入素材"车.png"，开启 (3D图层)按钮，如图14-309所示。

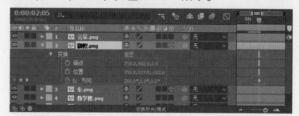

图14-309

02 设置"车.png"的【锚点】为750.0,682.0,0.0，【位置】为750.0,608.0,−202.0。将时间线拖动到第2秒11帧，打开【方向】前面的 按钮，设置【方向】为266.0°,0.0°,0.0°，如图14-310所示。

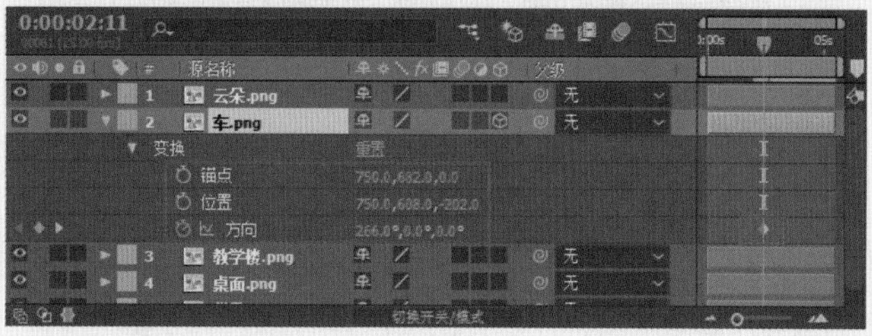

图14-310

03 再将时间线拖动到第3秒03帧，设置【方向】为0.0°,0.0°,0.0°，如图14-311所示。

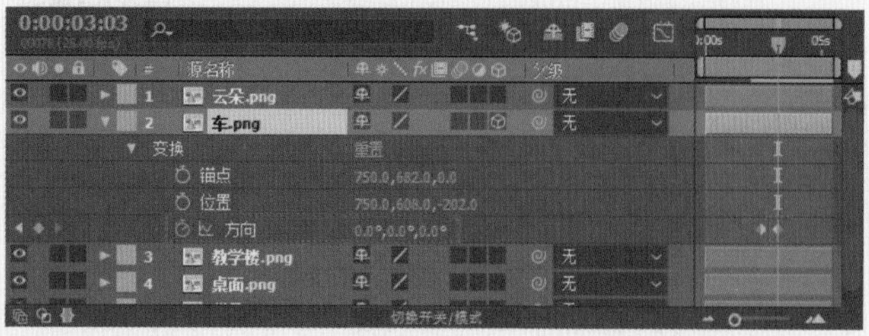

图14-311

04 拖动时间线查看此时的效果，如图14-312所示。

06 设置"旗帜.png"的【锚点】为750.0,682.0,0.0，【位置】为750.0,637.0,−202.0，将时间线拖动到第2秒05帧，打开【方向】前面的 按钮，设置【方向】为266.0°,0.0°,0.0°，如图14-314所示。

图14-314

07 将时间线拖动到第2秒13帧，设置【方向】为0.0°,0.0°,0.0°，如图14-315所示。

图14-315

08 拖动时间线查看此时的效果，如图14-316所示。

图14-316

09 将素材"人物.png"导入到项目窗口中，然后将其拖动到时间线窗口中，开启 (3D图层)按钮，如图14-317所示。

10 设置"人物.png"的【锚点】为750.0,682.0,0.0，【位置】为750.0,608.0,−202.0。将时间线拖动到

中文版After Effects影视后期特效设计与制作全视频 实战228例

第2秒，打开【方向】前面的 按钮，设置【方向】为266.0°,0.0°,0.0°，如图14-318所示。

图14-317

图14-318

11 将时间线拖动到第3秒，设置【方向】为0.0°,0.0°,0.0°，如图14-319所示。

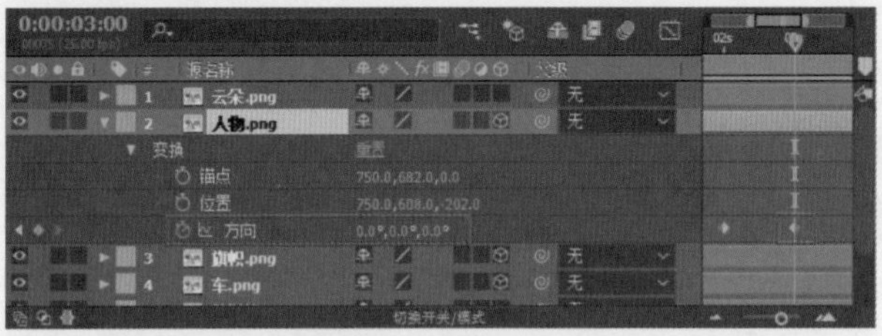

图14-319

12 在时间线窗口导入素材"图形.png"，并设置起始时间为第4秒，如图14-320所示。

图14-320

13 拖动时间线查看此时的效果，如图14-321所示。

图14-321

14 设置"图形.png"的【位置】为772.8,397.0，如图14-322所示。

图14-322

15 在时间线窗口导入素材"书本.png"，开启 （3D图层）按钮，如图14-323所示。

图14-323

16 将时间线拖动到第1秒，打开【位置】前面的 按钮，设置【位置】为750.0,469.0,-1450.0，如图14-324所示。

图14-324

17 将时间线拖动到第2秒，设置【位置】为750.0,469.0,0.0，如图14-325所示。

图14-325

18 拖动时间线查看此时的动画效果，如图14-326所示。

图14-326

文件路径	第 14 章 \ 杂志广告
难易指数	★★★★★
技术要点	● Keylight（1.2）效果 ● 关键帧动画 ● 钢笔工具

扫码深度学习

操作思路

本例通过对素材添加Keylight（1.2）效果从而将人物背景抠除，并制作【不透明度】的关键帧动画。使用钢笔工具制作图形，并应用关键帧动画制作人像动画。

案例效果

案例效果如图14-327所示。

图14-327

操作步骤

01 在时间线窗口导入素材"01.jpg"，如图14-328所示。

02 拖动时间线查看此时的效果，如图14-329所示。

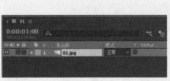

图14-328

图14-329

03 为素材"01.jpg"加载Keylight（1.2）效果，单击█按钮，吸取素材中的背景蓝色，并设置Screen Balance为0，如图14-330所示。

04 拖动时间线查看此时的效果，如图14-331所示。

图14-330

图14-331

05 将时间线拖动到第0秒，打开【不透明度】前面的█按钮，设置【不透明度】为0%，如图14-332所示。

图14-332

06 将时间线拖动到第1秒，设置【不透明度】为100%，如图14-333所示。

图14-333

07 拖动时间线查看此时的效果，如图14-334所示。

08 在不选择任何图层的情况下，单击█（钢笔工具）按钮，并绘制一个区域。然后将该图层调整至"01.jpg"图层的下方，如图14-335所示。

图14-334

图14-335

09 将时间线移动到第0秒位置，单击【路径】前面的█按钮，如图14-336所示。

图14-336

10 将此时的图形形状进行调整，如图14-337所示。

11 将时间线移动到第1秒位置，如图14-338所示。

12 将此时的图形形状进行调整，如图14-339所示。

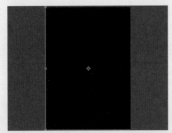

图14-337

图14-341

图14-338

图14-339

13 拖动时间线查看此时的效果，如图14-340所示。

图14-340

实例228	杂志广告——图形动画
文件路径	第14章 \ 杂志广告
难易指数	★★★★★
技术要点	● 钢笔工具 ● 关键帧动画

扫码深度学习

操作思路

本例应用钢笔工具绘制图形，并使用关键帧动画制作图形的变换动画。

案例效果

案例效果如图14-341所示。

操作步骤

01 在不选择任何图层的情况下，单击 ✍（钢笔工具）按钮，并绘制一个区域，如图14-342所示。

图14-342

02 将时间线移动到第2秒位置，单击打开【位置】前面的 ○ 按钮，设置【位置】为1146.5,533.0，如图14-343所示。

图14-343

03 再将时间线移动到第3秒位置，设置【位置】为379.5,533.0，如图14-344所示。

图14-344

04 继续在不选择任何图层的情况下，单击▶（钢笔工具），并绘制一个区域，如图14-345所示。

图14-345

05 将时间线拖动到第1秒位置，单击【位置】前面的按钮，设置【位置】为805.5,533.0，如图14-346所示。

图14-346

06 将时间线拖动到第3秒位置，设置【位置】为379.5,533.0，如图14-347所示。

图14-347

07 将素材"03.png""04.png""05.png"导入时间线窗口中，并设置起始时间为第4秒，如图14-348所示。

图14-348

08 拖动时间线查看此时的效果，如图14-349所示。

图14-349

09 拖动时间线查看最终动画效果，如图14-350所示。

图14-350